H. Heyer

Mathematische Theorie statistischer Experimente

Unter Mitwirkung von Hartmut Scheller

Springer-Verlag
Berlin Heidelberg New York 1973

Dr. Herbert Heyer
o. Professor am Mathematischen Institut der Universität Tübingen

AMS Subject Classifications (1970): Primary 62B05, 62B15, 62C05, 62F05, 62F10, 62G05, 62G10
Secondary 60Bxx, 28Axx, 46Exx

ISBN-13: 978-3-540-06487-9 e-ISBN-13: 978-3-642-80793-0
DOI: 10.1007/978-3-642-80793-0

Das Werk ist urheberrechtlich geschützt. Die dadurch begründeten Rechte, insbesondere die der Übersetzung, des Nachdruckes, der Funksendung, der Wiedergabe auf photomechanischem oder ähnlichem Wege und der Speicherung in Datenverarbeitungsanlagen bleiben, auch bei nur auszugsweiser Verwertung, vorbehalten. Bei Vervielfältigungen für gewerbliche Zwecke ist gemäß § 54 UrhG eine Vergütung an den Verlag zu zahlen, deren Höhe mit dem Verlag zu vereinbaren ist. © by Springer-Verlag Berlin–Heidelberg 1973. Library of Congress Catalog Card Number 73-13424.

Vorwort

Eine Darstellung der Grundbegriffe der mathematischen Statistik sollte wenigstens die Elemente dieses Gebietes behandeln, mit möglichst geringem artfremdem Aufwand an die Kernfragen der Theorie heranführen und einen einheitlichen Gesichtspunkt in den Mittelpunkt der Betrachtungen rücken. Im vorliegenden Text wurde der Versuch gemacht, diesen drei Bedürfnissen zu entsprechen: Die Auswahl des Stoffes beschränkt sich auf die mathematische Behandlung der Grundbegriffe der Test- und Schätztheorie im finiten Rahmen, also ohne Berücksichtigung der asymptotischen Theorie. Es wird unter Heranziehung von Maßtheorie und Funktionalanalysis der allgemeine Erschöpftheitsbegriff (auch im nicht dominierten Fall) diskutiert, die Existenz trennscharfer Tests analysiert, in die Theorie der Minimalschätzungen eingeführt und die Theorie des Vergleichs von Experimenten ausführlich dargestellt. Dabei steht gerade dies inzwischen stark ausgebaute und mathematisch weit verzweigte Teilgebiet der mathematischen Statistik zwar nicht am Anfang, doch im Mittelpunkt der Darstellung. Es ist die Richtschnur für die Auswahl der behandelten Themen ebenso wie für die angewandten Methoden. Die maßtheoretische Behandlung des Erschöpftheitsbegriffs in den Kapiteln I und II wird nach vielseitiger Anwendung in den Kapiteln III bis V schließlich in Kapitel VI wieder aufgegriffen und im Rahmen der Theorie des Vergleichs von Experimenten umfassend ergänzt. In Kapitel VII erfährt der Erschöpftheitsbegriff sodann eine Deutung innerhalb der Theorie der Integraldarstellung kompakter, konvexer Mengen.

Methodisch liegt der Schwerpunkt der Darstellung näher bei Maßtheorie und Funktionalanalysis als bei der Wahrscheinlichkeitstheorie. Letzterer sind Eigenschaften und grundlegende Sätze über Verteilungen von Zufallsvariablen, Unabhängigkeit und bedingte Erwartungen zu entnehmen, am Rande auch Ergoden- und Martingalkonvergenz-Satz. Grundlegend für die funktionalanalytische Methode ist die durchgehende Benützung des stochastischen Kerns, dessen Bedeutung für die Kapitel VI und VII besonders hervorgehoben wird.

Der vorliegende Text entstand aus Aufzeichnungen zu Vorlesungen über mathematische Statistik, die ich an den Universitäten Erlangen und Tübingen während der letzten drei Jahre für Mathematikstudenten mittlerer Semester gehalten habe. In die endgültige Fassung des Manuskripts wurde zudem ein Teil des Inhalts eines Seminars über den Vergleich von Experimenten eingearbeitet, das ich während des Winter-Semesters 1971/72 an der Universität Tübingen veranstaltete. Selbstverständlich konnte die neuere Literatur nur zum Teil berücksichtigt werden; ihre ausführlichere Aufnahme hätte eine größere Allgemeinheit der Darstellung notwendig gemacht, wodurch der Rahmen einer Einführung gesprengt worden wäre.
Um den Stoff möglichst unabhängig von weiterer Lehrbuchliteratur anzubieten, wurden ein Vorspann über Bezeichnungen und Hilfsmittel vorangestellt und ein Anhang mit einer Auswahl wichtiger im Text verwendeter Sätze hinzugefügt. Die bibliographischen Bemerkungen enthalten Quellenhinweise und ergänzende Kommentare zur Auswahl des behandelten Materials. Der an der statistischen Motivierung der Begriffe sowie an einer Erweiterung des Stoffes interessierte Leser sei schließlich an die Standardwerke der mathematischen Statistik erinnert, welche über den Rahmen der vorliegenden Einführung hinaus unter Berücksichtigung verschiedener Aspekte zusätzliche Information enthalten: Als wegbereitend seien die Werke [8] von Fraser, [11] von Lehmann, [18] von Schmetterer und [20] von van der Waerden genannt, ein Standardwerk mit entscheidungstheoretischem Zugang ist [7] von Ferguson, funktionalanalytische Aspekte stehen im Vordergrund der Bücher [1] von Barra und [13] von Linnik.

Letztlich möchte ich all denen den Dank aussprechen, die bei der Anfertigung des Manuskriptes zu vorliegendem Text mitgewirkt haben:
Die erste Ausarbeitung der Vorlesung lag in den Händen von Herrn cand.math. H.-J. Krauß, die für die endgültige Fassung des Manuskriptes erforderliche Überarbeitung besorgte Herr Dr.H.Scheller, der auch den Stoff des Seminars über den Vergleich von Experimenten mit einarbeitete und dadurch zum Aufbau des Textes wesentlich beitrug. Herrn Dr. Scheller sei an dieser Stelle eine besondere Anerkennung ausgesprochen.

Bei der Durchsicht des Manuskripts unterstützten mich Herr Dipl.Math. E. Dettweiler sowie die Herren Dr. W. Hazod und Dr. E. Siebert, die Reinschrift fertigte Frau E. Gugl an. Auch den Letztgenannten möchte ich für ihre gründliche Arbeit herzlich danken.

Tübingen, im Februar 1973

Herbert Heyer

Inhaltsverzeichnis

Bezeichnungen und Hilfsmittel

1. Zu einem Meßraum gehörige Funktionenräume

Den Betrachtungen wird im allgemeinen eine Menge Ω zugrundeliegen, welche zusätzlich mit einer topologischen bzw. meßbaren Struktur versehen ist.

Ist Ω ein topologischer Raum mit einer Topologie $\mathfrak{T}$, so bezeichnet $\mathcal{C}(\Omega) := \mathcal{C}(\Omega, \mathfrak{T})$ den Vektorraum der $\mathfrak{T}$-stetigen reellen Funktionen auf Ω und $\mathcal{C}^b(\Omega) := \mathcal{C}^b(\Omega, \mathfrak{T})$ den Teilraum der beschränkten Funktionen von $\mathcal{C}(\Omega)$.

Als Standardbeispiele für topologische Räume Ω werden die mit den üblichen Topologien versehenen Räume $\mathbb{N}, \mathbb{Z}, \mathbb{R}$ und $\mathbb{C}$ der natürlichen, ganzen, reellen und komplexen Zahlen sowie die kompaktifizierte Zahlengerade $\overline{\mathbb{R}}$ und der n-dimensionale euklidische Vektorraum $\mathbb{R}^n$ für $n \geq 1$ (mit der Konvention $\mathbb{R}^1 =: \mathbb{R}$) auftreten.

Um Ω mit einer meßbaren Struktur auszurüsten, zeichnet man Teilsysteme, insbesondere σ-Algebren $\mathfrak{A}$, in der Potenzmenge $\mathfrak{P}(\Omega)$ aus. Ist Ω ein topologischer Raum mit Topologie $\mathfrak{T}$, so bietet sich vorzugsweise die von den $\mathfrak{T}$-offenen Teilmengen von Ω erzeugte Borel-σ-Algebra $\mathfrak{B} := \mathfrak{B}(\Omega)$ an.

Im Falle $\Omega := \mathbb{R}^n$ für $n \geq 1$ schreiben wir für $\mathfrak{B}(\mathbb{R}^n)$ kurz $\mathfrak{B}^n$ und im Spezialfall $n = 1$ für $\mathfrak{B}^1$ auch $\mathfrak{B}$, wenn keine Verwechslung befürchtet werden muß. In natürlicher Weise ergänzt man $\mathfrak{B} := \mathfrak{B}^1$ zur Borel-σ-Algebra $\overline{\mathfrak{B}} := \overline{\mathfrak{B}}^1$ von $\overline{\mathbb{R}}$.

Es sei nun $(\Omega, \mathfrak{A})$ ein Meßraum. Mit $\mathfrak{M}(\Omega, \mathfrak{A})$ werde die Menge aller ($\mathfrak{A}$ - $\mathfrak{B}$ -) meßbaren Funktionen $f : \Omega \to \mathbb{R}$ bezeichnet.
Wir setzen ferner

$$\mathfrak{M}^b(\Omega, \mathfrak{A}) := \{f \in \mathfrak{M}(\Omega, \mathfrak{A}) : \sup_{\omega \in \Omega} | f(\omega) | < \infty\}$$

(=Menge der beschränkten meßbaren Funktionen auf Ω) sowie

$$\mathbb{M}_{(1)}(\Omega,\mathfrak{A}) := \{ f \in \mathbb{M}(\Omega,\mathfrak{A}) : 0 \leq f \leq 1 \}$$

(=Menge der nichtnegativen, durch die konstante Funktion 1 beschränkten $\mathfrak{A}$-meßbaren Funktionen auf Ω)

Ferner benützen wir die Abkürzung $\mathcal{M}(\Omega,\mathfrak{A})$ für die Menge aller Maße auf $(\Omega,\mathfrak{A})$, d.h. aller σ-additiven Abbildungen $\mu : \mathfrak{A} \to \mathbb{R}$. Wir setzen wiederum

$$\mathcal{M}^b(\Omega,\mathfrak{A}) := \{ \mu \in \mathcal{M}(\Omega,\mathfrak{A}) : |\mu(\Omega)| < \infty \}$$

(=Menge der beschränkten Maße auf $(\Omega,\mathfrak{A})$) sowie

$$\mathcal{M}^1(\Omega,\mathfrak{A}) := \{ \mu \in \mathcal{M}_+(\Omega,\mathfrak{A}) : \mu(\Omega) = 1 \}$$

(=Menge der Wahrscheinlichkeits (W-) Maße auf $(\Omega,\mathfrak{A})$).

Die Indikatorfunktion einer Teilmenge $\Omega_o \subset \Omega$ bezeichnen wir mit 1_{Ω_o}, das Punktmaß in einem Punkt $\omega \in \Omega$ mit ε_ω.

Die Menge $\mathbb{M}(\Omega,\mathfrak{A})$ kann charakterisiert werden als ein Vektorraum von Funktionen $f : \Omega \to \mathbb{R}$, welcher stabil ist gegenüber punktweiser Konvergenz monotoner Folgen und der die Indikatorfunktionen eines Erzeugendensystems von $\mathfrak{A}$ enthält. Ähnliche Charakterisierungen lassen sich für $\mathbb{M}_+(\Omega,\mathfrak{A})$ und $\mathbb{M}_{(1)}(\Omega,\mathfrak{A})$ angeben.

$\mathbb{M}^b(\Omega,\mathfrak{A})$ bzw. $\mathcal{M}^b(\Omega,\mathfrak{A})$ sind mit den durch

$$\| f \| := \sup_{\omega \in \Omega} | f(\omega) | \qquad (f \in \mathbb{M}^b(\Omega,\mathfrak{A}))$$

bzw.

$$\| \mu \| := \sup_{\| f \| \leq 1} \left| \int f \, d\mu \right| \qquad (\mu \in \mathcal{M}^b(\Omega,\mathfrak{A}))$$

definierten Normen Banachräume, und die durch

$$< \mu, f > := \int f \, d\mu$$

definierte Bilinearform auf $\mathcal{M}^b(\Omega, \mathfrak{A}) \times \mathfrak{M}^b(\Omega, \mathfrak{A})$ ist nicht entartet.

Es seien nun $(\Omega_1, \mathfrak{A}_1)$ und $(\Omega_2, \mathfrak{A}_2)$ zwei Meßräume.
Wir bezeichnen mit $\mathfrak{A}_1 \otimes \mathfrak{A}_2$ die von der Menge $\{A_1 \times A_2 : A_i \in \mathfrak{A}_i \ (i=1,2)\}$ erzeugte σ-Algebra.

Zu Funktionen $f_i \in \mathfrak{M}^b(\Omega_i, \mathfrak{A}_i)$ $(i=1,2)$ sei $f_1 \otimes f_2 \in \mathfrak{M}^b(\Omega_1 \times \Omega_2, \mathfrak{A}_1 \otimes \mathfrak{A}_2)$ die durch

$$(f_1 \otimes f_2)(\omega_1, \omega_2) := f_1(\omega_1)\, f_2(\omega_2) \text{ für alle } \omega_1 \in \Omega_1,\ \omega_2 \in \Omega_2$$

definierte Funktion.
Zu Maßen $\mu_i \in \mathcal{M}^b(\Omega_i, \mathfrak{A}_i)$ $(i=1,2)$ sei $\mu_1 \otimes \mu_2 \in \mathcal{M}^b(\Omega_1 \times \Omega_2, \mathfrak{A}_1 \otimes \mathfrak{A}_2)$ das durch

$$\mu_1 \otimes \mu_2 (A_1 \times A_2) := \mu_1(A_1)\, \mu_2(A_2) \text{ für alle } A_1 \in \mathfrak{A}_1,\ A_2 \in \mathfrak{A}_2$$

erklärte Maß. Es gelten dann die Gleichungen

$$\langle f_1 \otimes f_2, \mu_1 \otimes \mu_2 \rangle = \langle f_1, \mu_1 \rangle \langle f_2, \mu_2 \rangle \quad \text{sowie}$$

$$\| f_1 \otimes f_2 \| = \| f_1 \| \, \| f_2 \|,$$

und $\{f_1 \otimes f_2 : f_i \in \mathfrak{M}^b(\Omega_i, \mathfrak{A}_i) \ (i=1,2)\}$ ist total in $\mathfrak{M}^b(\Omega_1 \times \Omega_2, \mathfrak{A}_1 \otimes \mathfrak{A}_2)$.
In diesem Sinn ist die Schreibweise

$$\mathfrak{M}^b(\Omega_1, \mathfrak{A}_1) \otimes \mathfrak{M}^b(\Omega_2, \mathfrak{A}_2) = \mathfrak{M}^b(\Omega_1 \times \Omega_2, \mathfrak{A}_1 \otimes \mathfrak{A}_2)$$

bzw.

$$\mathcal{M}^b(\Omega_1, \mathfrak{A}_1) \otimes \mathcal{M}^b(\Omega_2, \mathfrak{A}_2) = \mathcal{M}^b(\Omega_1 \times \Omega_2, \mathfrak{A}_1 \otimes \mathfrak{A}_2)$$

zu verstehen.

Geeignete Morphismen zwischen $\mathfrak{M}^b(\Omega_1, \mathfrak{A}_1)$ und $\mathfrak{M}^b(\Omega_2, \mathfrak{A}_2)$ sind lineare Abbildungen (Operatoren)

$T : \mathcal{M}^b(\Omega_2, \mathfrak{A}_2) \to \mathcal{M}^b(\Omega_1, \mathfrak{A}_1)$ mit $T(1_{\Omega_2}) = 1_{\Omega_1}$, die mit monotonen Limiten verträglich sind.

Ist T ein solcher Operator, so wird durch

$$N_T(\omega_1, A_2) := [T(1_{A_2})](\omega_1) \quad \text{für alle } \omega_1 \in \Omega_1,\ A_2 \in \mathfrak{A}_2$$

eine Funktion $N_T : \Omega_1 \times \mathfrak{A}_2 \to \mathbb{R}$ gewonnen, die ein stochastischer Kern von $(\Omega_1, \mathfrak{A}_1)$ nach $(\Omega_2, \mathfrak{A}_2)$ ist.

Dabei heißt eine Abbildung $N : \Omega_1 \times \mathfrak{A}_2 \to \mathbb{R}_+$ substochastischer (bzw. stochastischer) Kern von $(\Omega_1, \mathfrak{A}_1)$ nach $(\Omega_2, \mathfrak{A}_2)$, wenn die Abbildung $\omega_1 \to N(\omega_1, A_2)$ $\mathfrak{A}_1$-meßbar ist für alle $A_2 \in \mathfrak{A}_2$ und die Abbildung $A_2 \to N(\omega_1, A_2)$ ein Maß ist auf $(\Omega_2, \mathfrak{A}_2)$ mit $N(\omega_1, \Omega_2) \leq 1$ (bzw. $N(\omega_1, \Omega_2) = 1$) für alle $\omega_1 \in \Omega_1$. Ist $(\Omega_1, \mathfrak{A}_1) = (\Omega_2, \mathfrak{A}_2)$, so nennt man N einen substochastischen (bzw. stochastischen) Kern auf $(\Omega_1, \mathfrak{A}_1)$.

Es bezeichne $\mathrm{Stoch}((\Omega_1, \mathfrak{A}_1), (\Omega_2, \mathfrak{A}_2))$ die Menge aller stochastischen Kerne von $(\Omega_1, \mathfrak{A}_1)$ nach $(\Omega_2, \mathfrak{A}_2)$.

Jedem $N \in \mathrm{Stoch}((\Omega_1, \mathfrak{A}_1), (\Omega_2, \mathfrak{A}_2))$ wird umgekehrt mittels

$$[T_N(f_2)](\omega_1) = \int f_2(\omega_2)\, N(\omega_1, d\omega_2) =: (Nf_2)(\omega_1)$$

für alle $f_2 \in \mathcal{M}^b(\Omega_2, \mathfrak{A}_2)$, $\omega_1 \in \Omega_1$,

bzw.

$$(T'_N \mu_1)(A_2) = \int \mu_1(d\omega_1)\, N(\omega_1, A_2) =: (\mu_1 N)(A_2) = N(\mu_1)(A_2)$$

für alle $\mu_1 \in \mathcal{M}^b(\Omega_1, \mathfrak{A}_1)$, $A_2 \in \mathfrak{A}_2$

ein Operator $T_N : \mathcal{M}^b(\Omega_2, \mathfrak{A}_2) \to \mathcal{M}^b(\Omega_1, \mathfrak{A}_1)$ bzw.

ein Operator $T'_N : \mathcal{M}^b(\Omega_1, \mathfrak{A}_1) \to \mathcal{M}^b(\Omega_2, \mathfrak{A}_2)$ zugeordnet, der verträglich ist mit monotonen Limiten und 1_{Ω_2} in 1_{Ω_1} bzw. W-Maße auf $(\Omega_1, \mathfrak{A}_1)$ in W-Maße auf $(\Omega_2, \mathfrak{A}_2)$ überführt.

Es gilt $\langle \mu N, f\rangle = \langle \mu, N f\rangle$ für alle $f \in \mathbb{M}^b(\Omega_2, \mathfrak{A}_2)$, $\mu \in \mathcal{M}^b(\Omega_1, \mathfrak{A}_1)$ sowie $T_{N_T} = T$ und $N_{T_N} = N$.

Unter Heranziehung von Komposition und Tensorprodukt von Operatoren erhält man die entsprechenden Operationen für stochastische Kerne.

Es seien $(\Omega_i, \mathfrak{A}_i)$ $(i=1,2,3)$ und $(\Omega'_k, \mathfrak{A}'_k)$ $(k=1,2)$ Meßräume, und es seien $N_1 \in \mathrm{Stoch}((\Omega_1, \mathfrak{A}_1), (\Omega_2, \mathfrak{A}_2))$, $N_2 \in \mathrm{Stoch}((\Omega_2, \mathfrak{A}_2), (\Omega_3, \mathfrak{A}_3))$ sowie $K_i \in \mathrm{Stoch}((\Omega_i, \mathfrak{A}_i), (\Omega'_i, \mathfrak{A}'_i))$ $(i=1,2)$ stochastische Kerne. Dann sind $N_1 N_2$ bzw. $K_1 \otimes K_2$ definiert durch

$$N_1 N_2 (\omega_1, A_3) := \int N_1 (\omega_1, d\omega_2) N_2 (\omega_2, A_3) \quad (\omega_1 \in \Omega_1, A_3 \in \mathfrak{A}_3)$$

bzw.

$$K_1 \otimes K_2 ((\omega_1, \omega_2), A'_1 \times A'_2) := K_1 (\omega_1, A'_1) K_2 (\omega_2, A'_2)$$

$$(\omega_1 \in \Omega_1, \omega_2 \in \Omega_2, A'_1 \in \mathfrak{A}'_1, A'_2 \in \mathfrak{A}'_2)$$

Ist $(\Omega_1, \mathfrak{A}_1) = (\Omega_2, \mathfrak{A}_2) =: (\Omega, \mathfrak{A})$, so hat man noch das diagonale Tensorprodukt $K_1 \underset{\sim}{\otimes} K_2 : \Omega \times (\mathfrak{A}'_1 \otimes \mathfrak{A}'_2) \to \mathbb{R}_+$ definiert durch

$$K_1 \underset{\sim}{\otimes} K_2 (\omega, A'_1 \times A'_2) := K_1 (\omega, A'_1) K_2 (\omega, A'_2)$$

$$(\omega \in \Omega, A'_1 \in \mathfrak{A}'_1, A'_2 \in \mathfrak{A}'_2)$$

Zur Verkürzung der Formeln benutzen wir bei Bedarf die Konvention, Meßräume mit $X, Y, \ldots$ und die zugehörigen Mengen bzw. σ-Algebren mit $\Omega_X, \Omega_Y, \ldots$ bzw. $\mathfrak{A}_X, \mathfrak{A}_Y, \ldots$ zu bezeichnen.

Die obige Bezeichnungsweise überträgt sich ohne weiteres auf beliebige Familien von Meßräumen: Ist nämlich $(\Omega_i, \mathfrak{A}_i)_{i \in I}$ eine derartige Familie, so sei $\bigotimes_{i \in I} \mathfrak{A}_i \subset \mathfrak{P}(\prod_{i \in I} \Omega_i)$ diejenige σ-Algebra, die erzeugt wird von den Mengen der Form $\prod_{i \in I} A_i$, bei denen alle $A_i \in \mathfrak{A}_i$ und nur endlich viele A_i von Ω_i verschieden sind $(i \in I)$.

Ist $(\Omega_i, \mathfrak{A}_i) = (\Omega, \mathfrak{A})$ für alle $i \in I$, so wird $\bigotimes_{i \in I} \mathfrak{A}_i$ auch mit $\mathfrak{A}^{\otimes I}$ bezeichnet. $\mathfrak{A}^{\odot I}$ sei die Unter-σ-Algebra aller gegen Permutationen von I invarianten Mengen. Schließlich seien $\mathfrak{A}^{\otimes n} := \mathfrak{A}^{\otimes \{1,\ldots,n\}}$ und $\mathfrak{A}^{\odot n} := \mathfrak{A}^{\odot \{1,\ldots,n\}}$ für alle $n \in \mathbb{N}$.

2. Einem Maß zugeordnete Halbnormen

Jedem Maß $\mu \in \mathcal{M}_+(\Omega, \mathfrak{A})$ wird durch die Festsetzung

$$N_p^{(\mu)}(f) := \left(\int |f|^p \, d\mu\right)^{\frac{1}{p}} \quad (f \in \mathfrak{M}(\Omega, \mathfrak{A}))$$

für $1 \leq p < \infty$ und

$$N_\infty^{(\mu)}(f) := \inf_{\substack{A \in \mathfrak{A} \\ \mu(\complement A)=0}} \ \sup_{\omega \in A} |f(\omega)|$$

eine Schar von Funktionen $N_p^{(\mu)} : \mathfrak{M}(\Omega, \mathfrak{A}) \to \overline{\mathbb{R}}_+$ $(1 \leq p \leq \infty)$ zugeordnet.

Eingeschränkt auf

$$\mathcal{L}^p(\Omega, \mathfrak{A}, \mu) := \{f \in \mathfrak{M}(\Omega, \mathfrak{A}) : N_p^{(\mu)}(f) < \infty\}$$

$(1 \leq p \leq \infty)$ ist $N_p^{(\mu)}$ eine Halbnorm. Die durch Quotientenbildung gewonnenen normierten Räume bezeichnet man mit $L^p(\Omega, \mathfrak{A}, \mu)$ und ihre Normen mit $\|\cdot\|_p^{(\mu)}$ oder kurz mit $\|\cdot\|_p$.

Die Räume $L^p(\Omega, \mathfrak{A}, \mu)$ sind Banachräume.

Ist μ σ-endlich und sind p,q Zahlen mit $1 < p,q < \infty$ und $\frac{1}{p} + \frac{1}{q} = 1$, so gilt für jedes $f \in \mathcal{L}^p(\Omega, \mathfrak{A}, \mu)$ und $g \in \mathcal{L}^q(\Omega, \mathfrak{A}, \mu)$ die Höldersche Ungleichung

$$\int | f \cdot g | \, d\mu \leq N_p^{(\mu)} (f) \, N_q^{(\mu)} (g)$$

Unter der durch $\langle f,g \rangle := \int f \cdot g \, d\mu$ definierten Bilinearform sind $L^p (\Omega, \mathfrak{A}, \mu)$ und $L^q (\Omega, \mathfrak{A}, \mu)$ jeweils Dualräume voneinander.

$L^\infty (\Omega, \mathfrak{A}, \mu)$ ist der Dualraum von $L^1 (\Omega, \mathfrak{A}, \mu)$.

Insbesondere ist die Einheitskugel $\{f \in L^\infty (\Omega, \mathfrak{A}, \mu) : ||f||_\infty \leq 1\}$ von $L^\infty (\Omega, \mathfrak{A}, \mu)$ kompakt in der $\sigma (L^\infty(\Omega, \mathfrak{A}, \mu), L^1 (\Omega, \mathfrak{A}, \mu))$-Topologie, d.h. in der gröbsten Topologie auf $L^\infty (\Omega, \mathfrak{A}, \mu)$, bzgl. deren alle Linearformen $\langle \cdot, f \rangle$ $(f \in L^1 (\Omega, \mathfrak{A}, \mu))$ stetig sind.

Ist μ ein W-Maß, so ist für $1 \leq p \leq q \leq \infty$

$$L^q (\Omega, \mathfrak{A}, \mu) \subset L^p (\Omega, \mathfrak{A}, \mu),$$

und es gilt der Rieszsche Konvexitätssatz:

Ist $T : L^1 (\Omega, \mathfrak{A}, \mu) \to L^1 (\Omega, \mathfrak{A}, \mu)$ ein linearer Operator mit $T (L^\infty(\Omega, \mathfrak{A}, \mu)) \subset L^\infty(\Omega, \mathfrak{A}, \mu)$ und $|| T f ||_1 \leq || f ||_1$ bzw. $||Tf||_\infty \leq ||f||_\infty$ für alle $f \in L^1 (\Omega, \mathfrak{A}, \mu)$ bzw. für $f \in L^\infty (\Omega, \mathfrak{A}, \mu)$, so hat man $|| T f ||_p \leq || f ||_p$ für alle $f \in L^p (\Omega, \mathfrak{A}, \mu)$ und $1 \leq p \leq \infty$.

3. Moduln über $\mathfrak{M}^b (\Omega, \mathfrak{A})$ und $L^\infty (\Omega, \mathfrak{A}, \mu)$

Jedem $f \in \mathfrak{M}^b (\Omega, \mathfrak{A})$ und jedem $\mu \in \mathcal{M}^b (\Omega, \mathfrak{A})$ wird durch

(*) $$f \cdot \mu (A) = \int 1_A \, f \, d\mu \qquad (A \in \mathfrak{A})$$

ein Maß $f \cdot \mu \in \mathcal{M}^b (\Omega, \mathfrak{A})$ zugeordnet. $\mathcal{M}^b (\Omega, \mathfrak{A})$ wird mit dieser Operation zu einem $\mathfrak{M}^b (\Omega, \mathfrak{A})$-Modul.

Ist $f \in L^\infty (\Omega, \mathfrak{A}, \mu)$ und $g \in L^p (\Omega, \mathfrak{A}, \mu)$, so ist $f \cdot g \in L^p (\Omega, \mathfrak{A}, \mu)$; mit der Repräsentanten-Multiplikation ist jeder Raum $L^p (\Omega, \mathfrak{A}, \mu)$ daher ein $L^\infty (\Omega, \mathfrak{A}, \mu)$-Modul.

Die in (*) eingeführte Bezeichnungsweise benutzen wir auch noch für die folgende Operation, die jedem $\mu \in \mathcal{M}^b (\Omega, \mathfrak{A})$ und jedem $f \in L^1 (\Omega, \mathfrak{A}, \mu)$ das durch

$$(f \cdot \mu)(A) = \int 1_A f \, d\mu \quad (A \in \mathfrak{A})$$

definierte Maß zuordnet. Insbesondere ist $f \cdot \mu$ in dieser Bedeutung für jedes $f \in L^{\infty}(\Omega, \mathfrak{A}, \mu)$ definiert.

Die Menge der zu μ total(absolut)stetigen Maße $\nu \in \mathcal{M}^b(\Omega, \mathfrak{A})$ (d.h. der Maße $\nu \in \mathcal{M}^b(\Omega, \mathfrak{A})$ mit $\nu \ll \mu$) bildet bzgl. dieser Multiplikation einen $L^{\infty}(\Omega, \mathfrak{A}, \mu)$-Modul.

Nach dem Satz von Radon-Nikodym ist durch $f \to f \cdot \mu$ ein surjektiver normerhaltender Modul-Isomorphismus von $L^1(\Omega, \mathfrak{A}, \mu)$ auf die Menge der zu μ totalstetigen Maße auf $(\Omega, \mathfrak{A})$ definiert.
Das Urbild eines Maßes $\nu \in \mathcal{M}^b(\Omega, \mathfrak{A})$ mit $\nu \ll \mu$ unter diesem Isomorphismus (die Radon-Nikodym-Ableitung von ν bzgl. μ) bezeichnen wir mit $\frac{d\nu}{d\mu}$.

4. Bedingte Erwartungen

Ist $\mu \in \mathcal{M}^b(\Omega, \mathfrak{A})$ und ist $\mathfrak{T} \subset \mathfrak{A}$ eine Unter-σ-Algebra von $\mathfrak{A}$, so bezeichnen wir mit $\mu_{\mathfrak{T}} \in \mathcal{M}^b(\Omega, \mathfrak{T})$ die Einschränkung von μ auf $\mathfrak{T}$.
Für $P \in \mathcal{M}^1(\Omega, \mathfrak{A})$ nennen wir die durch

$$E_P^{\mathfrak{T}}(f) := \frac{d(f.P)_{\mathfrak{T}}}{dP_{\mathfrak{T}}}$$

definierte Abbildung $E_P^{\mathfrak{T}} : L^1(\Omega, \mathfrak{A}, P) \to L^1(\Omega, \mathfrak{T}, P_{\mathfrak{T}})$ die <u>bedingte Erwartung von</u> P <u>bezüglich</u> $\mathfrak{T}$.
Anstelle von $E_P^{\mathfrak{T}}(1_A)$ schreiben wir auch $P^{\mathfrak{T}}(A)$ und nennen die Abbildung $P^{\mathfrak{T}} : \mathfrak{A} \to L^1(\Omega, \mathfrak{T}, P_{\mathfrak{T}})$ die <u>bedingte Wahrscheinlichkeit von</u> P <u>bezüglich</u> $\mathfrak{T}$.
Die Abbildung $E_P^{\mathfrak{T}} : L^1(\Omega, \mathfrak{A}, P) \to L^1(\Omega, \mathfrak{T}, P_{\mathfrak{T}})$ besitzt folgende Eigenschaften:

(i) $E_P^{\mathfrak{T}}$ ist ein positiver linearer normkontrahierender Operator.

(ii) Sind $\mathfrak{T}_1 \subset \mathfrak{T}_2$ zwei Unter-σ-Algebren, so gilt
$E_P^{\mathfrak{T}_1} = E_P^{\mathfrak{T}_1} E_P^{\mathfrak{T}_2} = E_P^{\mathfrak{T}_2} E_P^{\mathfrak{T}_1}$.

(iii) Ist $(f_n)_{n \in \mathbb{N}}$ eine majorisierte und P-fast überall gegen f konvergente Folge in $L^1(\Omega, \mathfrak{A}, P)$, so gilt $E_P^{\mathfrak{T}}(f) = \lim_{n \to \infty} E_P^{\mathfrak{T}}(f_n)$.

(iv) (Jensensche Ungleichung)
Ist $f \in L^1(\Omega, \mathfrak{A}, P)$ und ist $u : I \to \mathbb{R}$ eine konvexe Funktion auf einem Intervall $I \subset \mathbb{R}$ mit $f(\Omega) \subset I$, $u \circ f \in L^1(\Omega, \mathfrak{A}, P)$, so gilt $u \circ E_P^{\mathfrak{T}}(f) \leq E_P^{\mathfrak{T}}(u \circ f)$.

(v) Für $f \in L^1(\Omega, \mathfrak{A}, P)$ und $g \in L^\infty(\Omega, \mathfrak{T}, P_{\mathfrak{T}})$ ist $E_P^{\mathfrak{T}}(g \cdot f) = g\, E_P^{\mathfrak{T}}(f)$.

(vi) $E_P^{\mathfrak{T}}(L^\infty(\Omega, \mathfrak{A}, P)) \subset L^\infty(\Omega, \mathfrak{A}, P)$, $E_P^{\mathfrak{T}}(L^2(\Omega, \mathfrak{A}, P)) \subset L^2(\Omega, \mathfrak{A}, P)$

(vii) Eingeschränkt auf $L^2(\Omega, \mathfrak{A}, P)$ ist $E_P^{\mathfrak{T}}$ eine orthogonale Projektion; umgekehrt ist jede positive orthogonale Projektion $L^2(\Omega, \mathfrak{A}, P)$, welche 1_Ω in 1_Ω überführt, die Einschränkung einer bedingten Erwartung.

Es sei $\mathfrak{T}$ eine Unter-σ-Algebra von $\mathfrak{A}$ in Ω. Eine Abbildung $P_{\mathfrak{T}} : \Omega \times \mathfrak{A} \to \mathbb{R}$ heißt (zu $\mathfrak{T}$ gehöriger) <u>Erwartungskern</u>, falls die Abbildung $\omega \to P_{\mathfrak{T}}(\omega, A)$ für jedes $A \in \mathfrak{A}$ eine Version von $P^{\mathfrak{T}}(A)$ und die Abbildung $A \to P_{\mathfrak{T}}(\omega, A)$ für jedes $\omega \in \Omega$ ein W-Maß auf $(\Omega, \mathfrak{A})$ ist.

$P_{\mathfrak{T}}$ ist stets ein stochastischer Kern von $(\Omega, \mathfrak{T})$ nach $(\Omega, \mathfrak{A})$.

5. Standard-Meßräume

Ein Meßraum $(\Omega, \mathfrak{A})$ heißt <u>Standard-Meßraum</u>, wenn eine der drei folgenden äquivalenten Bedingungen erfüllt ist.

(i) Es gibt eine bijektive bimeßbare Abbildung von Ω auf das Einheitsintervall in $\mathbb{R}$.

(ii) Es gibt auf Ω eine kompakte, metrisierbare Topologie, die $\mathfrak{A}$ erzeugt.

(iii) Es gibt auf Ω eine vollständig metrisierbare Topologie mit abzählbarer Basis, welche $\mathfrak{A}$ erzeugt.

Standard-Meßräume können maßtheoretisch dadurch charakterisiert werden, daß es zu jedem $P \in \mathcal{M}^1(\Omega, \mathfrak{A})$ und jeder σ-Algebra $\mathfrak{T} \subset \mathfrak{A}$ ein $N \in \mathrm{Stoch}((\Omega, \mathfrak{T}), (\Omega, \mathfrak{A}))$ gibt mit $N(\cdot, A) = P^{\mathfrak{T}}(A)$ [P] für alle $A \in \mathfrak{A}$.

In einem Standard-Meßraum $(\Omega, \mathfrak{A})$ existiert zu jedem $P \in \mathcal{M}^1(\Omega, \mathfrak{A})$ ein <u>Lifting</u> $L : \mathfrak{M}^b(\Omega, \mathfrak{A}) \to \mathfrak{M}^b(\Omega, \mathfrak{A})$ bzgl. P, d.h. ein Algebren-Homomorphismus von $\mathfrak{M}^b(\Omega, \mathfrak{A})$ in sich mit $L(1_\Omega) = 1_\Omega$ derart, daß $L(f) = f\ [P]$ für alle $f \in \mathfrak{M}^b(\Omega, \mathfrak{A})$ gilt und daß aus $f = g\ [P]$ $L(f) = L(g)$ folgt.

Ist G eine lokalkompakte Gruppe mit Topologie $\mathfrak{T}$, welche eine abzählbare Basis besitzt, und bezeichnet $\mathfrak{B} := \mathfrak{B}(G)$ die von $\mathfrak{T}$ erzeugte (Borel-)σ-Algebra, so besitzt das Haarmaß λ auf $(G, \mathfrak{B})$ ein <u>invariantes Lifting</u>, d.h. ein Lifting $L : \mathfrak{M}^b(G, \mathfrak{B}) \to \mathfrak{M}^b(G, \mathfrak{B})$ bezüglich λ, das zusätzlich $L({}_xf) = {}_xL(f)$ für alle $x \in G$, $f \in \mathfrak{M}^b(G, \mathfrak{B})$ erfüllt. Dabei sei für festes $x \in G$ die Linkstranslation ${}_xf$ von f durch ${}_xf(y) := f(x \cdot y)$ (alle $y \in G$) definiert.

Zum Beispiel besitzt für jedes $n \geq 1$ der Meßraum $(\mathbb{R}^n, \mathfrak{B}^n)$ des n-dimensionalen euklidischen Raumes $\mathbb{R}^n$ mit seiner Borel-σ-Algebra $\mathfrak{B}^n$ stets ein bzgl. des n-dimensionalen Lebesgue-Maßes $\lambda \in \mathcal{M}_+(\mathbb{R}^n, \mathfrak{B}^n)$ invariantes Lifting.
(Im Falle $n = 1$ schreiben wir für den Borelschen Meßraum bzw. das Lebesgue-Maß auch $(\mathbb{R}, \mathfrak{B})$ bzw. λ.)

6. <u>Beschreibung von Maßen auf $(\mathbb{R}^n, \mathfrak{B}^n)$ durch Funktionen</u>

Es sei $P \in \mathcal{M}^1(\mathbb{R}^n, \mathfrak{B}^n)$ (für $n \geq 1$).
Die durch

$$F_P(\xi_1, \ldots, \xi_n) := P(\{(\eta_1, \ldots, \eta_n) \in \mathbb{R}^n : \eta_i \leq \xi_i \text{ mit } i=1, \ldots, n\})$$

für alle $(\xi_1, \ldots, \xi_n)$ $\mathbb{R}^n$ definierte Funktion $F_P : \mathbb{R}^n \to \mathbb{R}$ heißt <u>Verteilungsfunktion von P</u>.

Die durch

$$\hat{P}(\xi_1, \ldots, \xi_n) := \int_{\mathbb{R}^n} e^{i(\xi_1\eta_1 + \ldots + \xi_n\eta_n)} P(d(\eta_1, \ldots, \eta_n))$$

für alle $(\xi_1, \ldots, \xi_n) \in \mathbb{R}^n$ definierte Funktion $\hat{P} : \mathbb{R}^n \to \mathbb{C}$ heißt <u>Fourier-Transformierte von P</u>.

Ist die durch

$$L_P(\xi_1,\ldots,\xi_n) := \int_{\mathbb{R}^n} e^{\xi_1\eta_1+\ldots+\xi_n\eta_n}\; P(d(\eta_1,\ldots,\eta_n))$$

für alle $(\xi_1,\ldots,\xi_n) \in \mathbb{R}^n$ definierte Funktion $L_P : \mathbb{R}^n \to \overline{\mathbb{R}}$ nur endlicher Werte fähig, so heißt L_P Laplace-Transformierte von P.

P ist durch jede der drei Funktionen $F_P, \hat{P}, L_P$ eindeutig bestimmt.

Einleitung: Der Begriff des statistischen Experiments

1. Ein statistisches Experiment ist die Auswertung einer Stichprobe mit dem Ziel, aufgrund derselben eine Entscheidung zu treffen. Die Auswertung der Stichprobe wird auch Messung genannt. Die Werte der Messung werden als Werte einer Zufallsvariablen auf einem Meßraum interpretiert. Die zu treffenden Entscheidungen sind Funktionen dieser Zufallsvariablen.
Das Bemühen, statistische Experimente auszuwerten unter Berücksichtigung der dabei auftretenden Fehler, fand seinen Eingang in die Mathematik mit den früheren Arbeiten von R.A. Fisher, J. Neyman und A. Wald. Während Fishers Hauptanliegen in der Beschreibung möglicher Verfahren lag, konnten Neyman und Wald eine erste mathematische Präzisierung des statistischen Experimentierens geben, zumal die inzwischen entwickelte Grundlegung der Wahrscheinlichkeitstheorie die Voraussetzungen für einen quantitativen Ausbau der Statistik geliefert hatte. Auf der Basis der Ideen von Neyman und Wald ist sodann der mathematische Begriff des statistischen Experiments geprägt worden, welcher durch die Beiträge von Blackwell und LeCam schließlich zur heute vorliegenden mathematischen Theorie der statistischen Experimente geführt hat.

2. Es seien $(\Omega_1, \mathfrak{A}_1)$ und $(\Omega, \mathfrak{A})$ zwei Meßräume sowie X eine meßbare Abbildung von $(\Omega_1, \mathfrak{A}_1)$ in $(\Omega, \mathfrak{A})$. Das einer statistischen Entscheidung zugrundeliegende Beobachtungsmaterial wird als Bild $X(\omega_1)$ unter X eines Elementes $\omega_1 \in \Omega_1$ aufgefaßt.

   X heißt <u>Stichprobenvariable</u>, $\omega := X(\omega_1)$ <u>Stichprobe</u> zur Stichprobenvariablen X. Der Meßraum $(\Omega, \mathfrak{A})$, welcher als Bildraum der Stichprobenvariablen auftritt, wird <u>Stichprobenraum</u> genannt. In ihm lassen sich mögliche Stichproben als Punkte realisieren.

   Im Folgenden wird X stets ein zufälliger Vektor $(X_1,\ldots,X_n)$ mit reellen Komponenten $X_1,\ldots,X_n$ auf $(\Omega_1, \mathfrak{A}_1)$ sein und demgemäß x ein Punkt $(x_1,\ldots,x_n)$ des $\mathbb{R}^n$. Wir haben also $(\Omega, \mathfrak{A})$ spezialisiert zu einem Meßraum $(A, \mathfrak{B}_A)$, wobei A eine Borelsche Teilmenge des $\mathbb{R}^n$ und $\mathfrak{B}_A$ die Spur der Borel-σ-Algebra $\mathfrak{B} = \mathfrak{B}(\mathbb{R}^n)$ von $\mathbb{R}^n$ auf A bezeichnet. In diesem Fall ist für jedes $k = 1,\ldots,n$ die Zahl x_k Stichprobe zur Stichprobenvariablen X_k. Besitzen die Stichprobenvariablen $X_1,\ldots,X_n$ die gleiche Verteilung, gilt also $P_{X_1} = \cdots = P_{X_n}$, so heißt $x := (x_1,\ldots,x_n)$ <u>entnommene Stichprobe vom Umfang</u> n.

Als weitere Konvention soll vereinbart werden, daß die einer entnommenen Stichprobe vom Umfang n zugrundeliegenden Stichprobenvariablen $X_1,\ldots,X_n$ stochastisch unabhängig sind und daß $X = (X_1,\ldots,X_n)$ <u>Stichprobe vom Umfang</u> n genannt wird.

Jede meßbare Abbildung des Stichprobenraums $(\Omega, \mathfrak{A})$ in einem weiteren Meßraum $(\Omega', \mathfrak{A}')$ heißt <u>Statistik</u>. Ist speziell $\Omega' := \mathbb{R}$ und $\mathfrak{A}' := \mathfrak{L}(\mathbb{R})$, so spricht man von einer reellen Statistik auf $(\Omega, \mathfrak{A})$. Statistiken T können also als meßbare Funktionen der Stichprobenvariablen X aufgefaßt werden; man kann sie als meßbare Abbildungen $T \circ X$ von $(\Omega_1, \mathfrak{A}_1)$ in $(\Omega', \mathfrak{A}')$ deuten.

3. Unter einem (klassischen) <u>Experiment</u> mit Stichprobenraum $(\Omega, \mathfrak{A})$ und zugehöriger Familie $\mathfrak{P}$ von Wahrscheinlichkeitsmaßen auf $(\Omega, \mathfrak{A})$ versteht man das Tripel $(\Omega, \mathfrak{A}, \mathfrak{P})$.
Dabei kann Ω als die Menge der möglichen Meßwerte, $\mathfrak{A}$ als das System der Aussagen über Meßwerte und $\mathfrak{P}$ als die Familie der möglichen Verteilungen (Themen, Modelle) interpretiert werden.
Ist $\mathfrak{P}$ eine indizierte Familie $(P_i)_{i\in I}$, so nennen wir $(\Omega, \mathfrak{A}, (P_i)_{i\in I})$ ein <u>Experiment mit Stichprobenraum</u> $(\Omega, \mathfrak{A})$ <u>und Indexmenge</u> I.
Im Mittelpunkt einer mathematischen Theorie statistischer Experimente stehen zwei Klassen abstrakter Experimente, die zugleich die zentralen Gegenstände der Entscheidungstheorie sind: Testexperimente und Schätzexperimente.
Die Entscheidungstheorie von Neyman und Wald geht aus von der Betrachtung von Entscheidungsverfahren, welche mit größtmöglicher Sicherheit zu einer richtigen Entscheidung führen. Die <u>Entscheidungsverfahren</u> werden qualitativ analysiert, nicht die Entscheidungen selbst. Dabei wird die Qualität der Verfahren, zur richtigen Entscheidung zu führen, wahrscheinlichkeitstheoretisch beschrieben. Vernachlässigt werden bei diesem Vorgehen offenbar andere für die Anwendungen der Statistik wichtige Gesichtspunkte wie die Exaktheit des zugrundeliegenden Modells, die Verläßlichkeit der Messungen, die der Situation angepaßte Wahl der in das Entscheidungsverfahren ein-

gehenden Funktionen sowie deren Berechenbarkeit.
Es wird also darauf ankommen, dem Experiment $(\Omega, \mathfrak{A}, \mathfrak{P})$ ein <u>Entscheidungsproblem</u> im Sinne der Testtheorie bzw. der Schätztheorie zuzuordnen.

4. Ein Entscheidungsverfahren, welches zu jeder entnommenen Stichprobe vom Umfang n eine Entscheidung spezifiziert, führt zur Definition der <u>Entscheidungsfunktion</u> als einer Abbildung e des Stichprobenraums $(\Omega, \mathfrak{A})$ in die Menge D der möglichen Entscheidungen. Um zu sehen, wie e gewählt werden muß, hat man die Qualität verschiedener Entscheidungsverfahren zu vergleichen: Es wird der <u>Verlust</u> $V(P,d) \in \mathbb{R}_+$ eingeführt, welcher bei Wahl der Entscheidung d entsteht, falls $P \in \mathfrak{P}$ die Verteilung der Stichprobe X vom Umfang n ist. Der bei Wahl der Entscheidungsfunktion e über mehrere Versuche gemittelte <u>mittlere Verlust</u> ist der Erwartungswert $E_P(V(P,e \circ X))$ von $V(P,e \circ X)$ bzgl. $P \in \mathfrak{P}$, falls P die Verteilung P_X von X ist, und wird das <u>Risiko</u> $R(P,e)$ von e genannt. Entsprechend definiert man <u>Verlust-</u> und <u>Risikofunktion</u>.
Es sei nun eine Abbildung $g : \mathfrak{P} \to \mathbb{R}$ gegeben.
Will man entscheiden, ob $g(P)$ für $P \in \mathfrak{P}$ größer oder kleiner ist als eine vorgegebene Zahl $g_o \in \mathbb{R}$, so liegt die Wahl zwischen den beiden Entscheidungen $d_o : g(P) > g_o$ und $d_1 : g(P) \leq g_o$. Die Wahl der Verlustfunktion hängt natürlich von der speziellen Anwendung ab.

In der Theorie der Testexperimente wählt man als Verlustfunktion diejenige Funktion V, welche den Wert o hat, falls die gewählte Entscheidung richtig ist, während im Falle falscher Entscheidungen die Verluste $V(P,d_o)$ und $V(P,d_1)$ isotone Funktionen des noch zu präzisierenden Unterschiedes zwischen $g(P)$ und g_o sind.
Definiert man insbesondere $V(P,d_o) = \alpha$ für $g(P) \leq g_o$ und $V(P,d_1) = \beta$ für $g(P) > g_o$, so erhält man $R(P,e) = \alpha P[e \circ X = d_o]$ für $g(P) \leq g_o$ und $R(P,e) = \beta P[e \circ X = d_1]$ für $g(P) > g_o$.

In der Theorie der Schätzexperimente wird eine numerische Schätzung von g gesucht. Eine Entscheidung d der gewünschten Art ist eine reelle Zahl, und eine wählbare Verlustfunktion ist die Funktion V definiert durch $V(P,d) := w(|d - g(P)|)$ für alle $P \in \mathfrak{P}$ und $d \in D$, wobei w eine isotone Funktion des Fehlers $|d - g(P)|$ ist.
Als besonders erprobte Verlustfunktion tritt dabei die durch $V(P,d) := |d - g(P)|^2$ für alle $P \in \mathfrak{P}$, $d \in D$ definierte Funktion V auf.

5. Für Experimente $(\Omega, \mathfrak{A}, (P_i)_{i\in I})$ mit gleicher Indexmenge lassen sich Vergleichsrelationen im Sinne der in 4. ausgeführten Entscheidungstheorie einführen, welche auf Blackwell und LeCam zurückgehen. Der <u>Vergleich von Experimenten</u> hat zu einer mittlerweile weit ausgedehnten Theorie geführt, die durch folgendes elementare Beispiel der Testtheorie motiviert werden soll: In der 2x2-Kontingenztafel wird eine Menge von Individuen daraufhin untersucht, ob gewisse Merkmale A und B an ihnen vorhanden sind oder nicht. Man interessiert sich für einen Test für die Unabhängigkeit von A und B. Die relativen Häufigkeiten von A und B seien $p := P(A)$ und $\pi := P(B)$ $(o<p\leq\pi\leq \frac{1}{2})$. Wir betrachten die Merkmalkombinationen $A\,B$, $A\,\overline{B}$, $\overline{A}\,B$ und $\overline{A}\,\overline{B}$, wobei der Querstrich das Nichtvorhandensein eines Merkmals bedeutet, unter der Hypothese, daß A und B unabhängig sind im Sinne $P(A\,B) = P(A)\,P(B)$ gegen die Alternative $P(A\,B) = \rho \neq \pi\,p$ $(\rho \in [o,1])$.

Man kann nun dem Stichprobenraum eine Stichprobe von festem Umfang entnehmen und dabei auf vier verschiedene Weisen vorgehen. Zum Beispiel kann man die Stichprobe der Menge derjenigen Individuen entnehmen, die Merkmal A besitzen, und durch Inspektion jedes Individuums feststellen, ob B vorliegt oder nicht. Hierbei hat man es also mit einer (binomialverteilten) Stichprobe zu tun, für die $P(B|A) = \pi$ unter der Hypothese sowie $P(B|A) = \frac{\rho}{p}$ unter der Alternative gilt. Geht man von denjenigen Individuen aus, welche B besitzen, so erhält man analog $P(A|B) = p$ unter der Hypothese und $P(A|B) = \frac{\rho}{\pi}$ unter der Alternative. Es zeigt sich, daß das erstgenannte Experiment informativer ist als das zweitgenannte. Darüber hinaus kann das unter den vier Möglichkeiten maximal informative Experiment dadurch gewonnen werden, daß man das (innerhalb der Grundgesamtheit) seltenste Merkmal auswählt.

Das vorliegende Beispiel der 2x2-Kontingenztafel läßt die Wirksamkeit des Begriffs des statistischen Experiments erkennen. Die auf diesen Begriff aufbauende mathematische Theorie soll im Folgenden dargestellt werden.

Kapitel I: Erschöpfende σ-Algebren

§ 1 Allgemeines über erschöpfende σ-Algebren und Statistiken

Der für die mathematische Statistik wichtige Teil der Wahrscheinlichkeitsrechnung beginnt mit der Einführung des Begriffes der bedingten Wahrscheinlichkeit bezüglich einer beliebigen σ-Algebra. Dabei spielen diejenigen σ-Algebren eine besondere Rolle, für die man eine Version der bedingten Wahrscheinlichkeit finden kann, welche von den einzelnen zur Diskussion stehenden W-Maßen unabhängig ist, also diejenigen σ-Algebren, bezüglich deren sich W-Maße eines Experiments im Hinblick auf die bedingte Wahrscheinlichkeit wie ein einzelnes W-Maß verhalten.

Definition 1.1: Es sei $(\Omega, \mathfrak{A}, \mathfrak{P})$ ein Experiment. Eine Unter-σ-Algebra $\mathfrak{T} \subset \mathfrak{A}$ heißt erschöpfend (für $\mathfrak{P}$ bzw. $(\Omega, \mathfrak{A}, \mathfrak{P})$), wenn es zu jedem $A \in \mathfrak{A}$ eine Funktion $Q_A \in \mathfrak{M}_{(1)}(\Omega, \mathfrak{T})$ gibt mit

$$(E) \qquad Q_A = E_P^{\mathfrak{T}}(1_A) \quad [P] \quad \text{für alle } P \in \mathfrak{P} .$$

Bemerkung zur Bezeichnungsweise

(1) Der allgemeinen Konvention folgend werden wir im allgemeinen zwischen Funktionen und Restklassen modulo Nullmengensystemen nicht unterscheiden, da die dabei entstehenden Mehrdeutigkeiten selten schwerwiegend sind.
Falls es der Deutlichkeit wegen notwendig sein sollte, werden folgende Bezeichnungen benutzt:
Nullmengensystem einer σ-Algebra $\mathfrak{A} \subset \mathfrak{P}(\Omega)$ heiße jeder σ-Ring $\mathfrak{R} \subset \mathfrak{P}(\Omega)$ derart, daß mit $R \in \mathfrak{R}$ und $A \in \mathfrak{A}$ stets $R \cap A \in \mathfrak{R}$ gilt.
Ist $\mathfrak{R}$ ein Nullmengensystem für $\mathfrak{A}$, so ist auf $\mathfrak{M}(\Omega, \mathfrak{A})$ durch

$$f \underset{\mathfrak{R}}{\sim} g \; :\Longleftrightarrow \; [f \neq g] \in \mathfrak{R}$$

eine Äquivalenzrelation erklärt, die mit Addition, Multiplikation und Limiten von Folgen verträglich ist.

Wir geben drei wichtige <u>Beispiele</u> von Nullmengensystemen an:

(α) $\{\emptyset\}$ ist ein Nullmengensystem für jede σ-Algebra.

(β) Ist $\mu \in \mathcal{M}_+ (\Omega, \mathfrak{A})$, so ist $\mathfrak{N}_\mu := \{A \in \mathfrak{A} : \mu(A) = 0\}$ ein Nullmengensystem für $\mathfrak{A}$.

Weitere mit μ verbundene Nullmengensysteme sind
$\{A \in \mathfrak{A} : \mu(A \cap B) = 0$ für alle $B \in \mathfrak{A}$ mit $\mu(B) < \infty\}$ und
$\{A \in \mathfrak{A} : 1_A \cdot \mu$ ist σ-endlich$\}$.

Die suggestive Bezeichnung "Nullmengensystem" ist also nicht in jedem Fall zutreffend.

(γ) Ist $\mathcal{P} \subset \mathcal{M}_+ (\Omega, \mathfrak{A})$, so ist $\mathfrak{N}_{\mathcal{P}} := \bigcap_{\mu \in \mathcal{P}} \mathfrak{N}_\mu$

ein Nullmengensystem für $\mathfrak{A}$.

Ist $f \in \mathfrak{M}(\Omega, \mathfrak{A})$ und ist $\mathfrak{N}$ ein Nullmengensystem für $\mathfrak{A}$, so sei $[f]_{\mathfrak{N}} := \{g \in \mathfrak{M}(\Omega, \mathfrak{A}) : f \sim g\}$.

Für $M \subset \mathfrak{M}(\Omega, \mathfrak{A})$ sei $[M]_{\mathfrak{N}} := \bigcup_{f \in M} [f]_{\mathfrak{N}}$.

Sind M_1 und M_2 Teilmengen von $\mathfrak{M}(\Omega, \mathfrak{A})$, so schreiben wir anstelle von $[M_1]_{\mathfrak{N}} = [M_2]_{\mathfrak{N}}$ auch $M_1 = M_2 \; [\mathfrak{N}]$.

Statt $M_1 = M_2 \; [\mathfrak{N}_\mu]$ bzw. $M_1 = M_2 \; [\mathfrak{N}_{\mathcal{P}}]$ wird $M_1 = M_2 \; [\mu]$ bzw. $M_1 = M_2 \; [\mathcal{P}]$ geschrieben.

(2) Es seien $(\Omega, \mathfrak{A})$, $(\Omega', \mathfrak{A}')$ Meßräume, $\mathfrak{T} \subset \mathfrak{A}$ eine σ-Algebra und $T : (\Omega, \mathfrak{A}) \to (\Omega', \mathfrak{A}')$ eine meßbare Abbildung.

Ist P ein W-Maß auf $(\Omega, \mathfrak{A})$, so sei $P_{\mathfrak{T}}$ die Einschränkung von P auf $\mathfrak{T}$. Für jede nichtnegative oder P-integrierbare Funktion $f \in \mathfrak{M}(\Omega, \mathfrak{A})$ setzen wir:

$$E_P^{\mathfrak{T}}(f) := \frac{d(f \cdot P)_{\mathfrak{T}}}{dP_{\mathfrak{T}}}$$

und

$$E_P^T(f) := \frac{dT(f \cdot P)}{dT(P)} .$$

Definitionsgemäß besteht $E_P^{\mathfrak{T}}(f)$ aus Äquivalenzklassen modulo P und E_P^T (f) aus Äquivalenzklassen modulo T (P).

Für eine Funktion $Q \in \mathfrak{M}(\Omega, \mathfrak{T})$ bzw. $Q' \in \mathfrak{M}(\Omega', \mathfrak{A}')$ gilt genau dann $Q = E_P^{\mathfrak{T}}(f)$ [P] bzw. $Q' = E_P^T(f)$ [T(P)], wenn

$$\int_S Q \, d P = \int_S f \, d P \quad \text{für alle } S \in \mathfrak{T}$$

bzw.

$$\int_{A'} Q' \, d\, T(P) = \int_{T^{-1}(A')} f \, d P \quad \text{für alle } A' \in \mathfrak{A}'$$

gilt.

Ist $\mathfrak{P}$ eine Menge von W-Maßen auf $(\Omega, \mathfrak{A})$ und existiert zu $f \in \mathfrak{M}(\Omega, \mathfrak{A})$ eine Funktion $Q_f \in \mathfrak{M}(\Omega, \mathfrak{T})$ bzw. eine Funktion $Q_f' \in \mathfrak{M}(\Omega', \mathfrak{A}')$ derart, daß

$$Q_f = E_P^{\mathfrak{T}}(f) \; [P] \quad \text{bzw.} \quad Q_f' = E_P^T(f) \; [T(P)]$$

für alle $P \in \mathfrak{P}$ gilt, so schreiben wir in Übereinstimmung mit (1)

$$Q_f = E_{\mathfrak{P}}^{\mathfrak{T}}(f) \; [\mathfrak{P}] \quad \text{bzw.} \quad Q_f' = E_{\mathfrak{P}}^T(f) \; [T(\mathfrak{P})].$$

Schließlich treffen wir die Vereinbarungen

$$P^{\mathfrak{T}}(A) := E_P^{\mathfrak{T}}(1_A), \; \mathfrak{P}^{\mathfrak{T}}(A) := E_{\mathfrak{P}}^{\mathfrak{T}}(1_A), \; P^T(A) := E_P^T(1_A) \text{ und}$$

$$\mathfrak{P}^T(A) := E_{\mathfrak{P}}^T(1_A)$$

<u>Satz 1.1:</u> Es seien $(\Omega, \mathfrak{A}, \mathfrak{P})$ ein Experiment und $\mathfrak{T} \subset \mathfrak{A}$ eine σ-Algebra. Dann sind folgende Aussagen äquivalent:

(i') $\mathfrak{T}$ ist erschöpfend

(i'') Zu jedem $A \in \mathfrak{A}$ existiert eine Funktion $Q_A \in \mathfrak{M}(\Omega, \mathfrak{T})$ mit $Q_A = E_P^{\mathfrak{T}}(1_A)$ [P] für alle $P \in \mathfrak{P}$.

(i''') Für alle $A \in \mathfrak{A}$ ist $\bigcap_{P \in \mathfrak{P}} E_P^{\mathfrak{T}}(1_A) \neq \emptyset$.

(ii') Zu jedem $f \in \mathfrak{M}_+(\Omega, \mathfrak{A})$ existiert eine Funktion $Q_f \in \mathfrak{M}_+(\Omega, \mathfrak{T})$ mit $Q_f = E_P^{\mathfrak{T}}(f)$ [P] für alle $P \in \mathfrak{P}$.

(ii'') Zu jedem $f \in \mathfrak{M}_+(\Omega, \mathfrak{A})$ existiert eine Funktion $Q_f \in \mathfrak{M}(\Omega, \mathfrak{T})$ mit $Q_f = E_P^{\mathfrak{T}}(f)\ [P]$ für alle $P \in \mathfrak{P}$.

(ii''') Für alle $f \in \mathfrak{M}_+(\Omega, \mathfrak{A})$ ist $\bigcap_{P \in \mathfrak{P}} E_P^{\mathfrak{T}}(f) \neq \emptyset$.

(iii') Zu jedem $f \in \bigcap_{P \in \mathfrak{P}} \mathcal{L}^1(\Omega, \mathfrak{A}, P)$ existiert eine Funktion $Q_f \in \bigcap_{P \in \mathfrak{P}} \mathcal{L}^1(\Omega, \mathfrak{A}, P_{\mathfrak{T}})$ mit $Q_f = E_P^{\mathfrak{T}}(f)\ [P]$ für alle $P \in \mathfrak{P}$.

(iii'') Für alle $f \in \bigcap_{P \in \mathfrak{P}} \mathcal{L}^1(\Omega, \mathfrak{A}, P)$ ist $\bigcap_{P \in \mathfrak{P}} E_P^{\mathfrak{T}}(f) \neq \emptyset$.

<u>Beweis:</u> Die Äquivalenzen innerhalb der Gruppen (i), (ii), (iii) sind klar.

Trivial sind ferner die Implikationen (iii'') $\Rightarrow$ (i''') und (ii''') $\Rightarrow$ (i''').

(i') $\Rightarrow$ (ii'):

Es gelte (i'). Wir setzen $K := \{f \in \mathfrak{M}_+(\Omega, \mathfrak{A})$: Es gibt eine Funktion $Q_f \in \mathfrak{M}_+(\Omega, \mathfrak{T})$ mit $Q_f = E_P^{\mathfrak{T}}(f)\ [P]$ für alle $P \in \mathfrak{P}\}$

Dann ist K ein konvexer Kegel mit den Eigenschaften

a) Für alle $A \in \mathfrak{A}$ gilt $1_A \in K$.

b) Ist $(f_n)_{n \in \mathbb{N}}$ eine Folge aus K mit $f_n \uparrow f \in \mathfrak{M}(\Omega, \mathfrak{A})$, so ist $f \in K$.
(Satz von der monotonen Konvergenz für bedingte Erwartungen)

Also ist $K = \mathfrak{M}_+(\Omega, \mathfrak{A})$.

(i') $\Rightarrow$ (iii'):

Es gelte (i'). Wir setzen $L := \{f \in \bigcap_{P \in \mathfrak{P}} \mathcal{L}^1(\Omega, \mathfrak{A}, P)$: Es gibt eine Funktion $Q_f \in \bigcap_{P \in \mathfrak{P}} \mathcal{L}^1(\Omega, \mathfrak{T}, P_{\mathfrak{T}})$ mit $Q_f = E_P^{\mathfrak{T}}(f)\ [P]$ für alle $P \in \mathfrak{P}\}$.

Dann ist L ein linearer Raum mit den Eigenschaften

a) Für alle $A \in \mathfrak{A}$ gilt $1_A \in L$.

b) Ist $(f_n)_{n \in \mathbb{N}}$ eine Folge aus L mit $f_n \to f \in \mathfrak{M}(\Omega, \mathfrak{A})$ und gibt es eine Funktion $g \in \bigcap_{P \in \mathcal{P}} \mathcal{L}^1(\Omega, \mathfrak{A}, P)$ mit $|f_n| \leq g$ für alle $n \in \mathbb{N}$,

so gilt $f \in L$.

(Satz von Lebesque für bedingte Erwartungen)

Also ist $L = \bigcap_{P \in \mathcal{P}} \mathcal{L}^1(\Omega, \mathfrak{A}, P)$. ⌋

<u>Definition 1.2:</u> Es sei $(\Omega, \mathfrak{A}, \mathcal{P})$ ein Experiment. Eine Statistik $T : (\Omega, \mathfrak{A}) \to (\Omega', \mathfrak{A}')$ heißt <u>erschöpfend</u>, wenn es zu jedem $A \in \mathfrak{A}$ eine Funktion $Q'_A \in \mathcal{M}_{(1)}(\Omega', \mathfrak{A}')$ gibt mit

$$(E') \qquad Q'_A = E_P^T(1_A) \quad [T(P)] \qquad \text{für alle } P \in \mathcal{P}$$

<u>Satz 1.2:</u> Es seien $(\Omega, \mathfrak{A}, \mathcal{P})$ ein Experiment und $T : (\Omega, \mathfrak{A}) \to (\Omega', \mathfrak{A}')$ eine Statistik. Genau dann ist T erschöpfend, wenn $\mathfrak{A}(T) := T^{-1}(\mathfrak{A}')$ erschöpfend ist.

<u>Beweis:</u> a) Seien T erschöpfend und $A \in \mathfrak{A}$. Man wähle eine Funktion $Q'_A \in \mathcal{M}_{(1)}(\Omega', \mathfrak{A}')$ mit $Q'_A = E_P^T(1_A)$ $[T(P)]$ für alle $P \in \mathcal{P}$ und setze $Q_A := Q'_A \circ T$.

Ist dann $S = T^{-1}(A')$ eine beliebige Menge aus $\mathfrak{A}(T)$, so gilt für jedes $P \in \mathcal{P}$

$$\int_S Q_A \, dP = \int_{T^{-1}(A')} Q'_A \circ T \, dP = \int_{A'} Q'_A \, dT(P)$$

$$= \int_{A'} E_P^T(1_A) \, dT(P) = \int_{T^{-1}(A')} 1_A \, dP$$

Daher ist $Q_A = E_P^{\mathfrak{A}(T)}(1_A)$ $[P]$ für alle $P \in \mathcal{P}$.

b) Seien $\mathfrak{A}(T)$ erschöpfend und $A \in \mathfrak{A}$. Man wähle eine Funktion $Q_A \in \mathcal{M}_{(1)}(\Omega, \mathfrak{A}(T))$ mit $Q_A = E_P^{\mathfrak{A}(T)}(1_A)$ $[P]$ für alle $P \in \mathcal{P}$. Da Q_A $\mathfrak{A}(T)$-meßbar ist, existiert eine Funktion $Q'_A \in \mathcal{M}_{(1)}(\Omega', \mathfrak{A}')$ mit $Q_A = Q'_A \circ T$. Für jedes $A' \in \mathfrak{A}'$ gilt dann

$$\int_{A'} Q'_A \, dT(P) = \int_{T^{-1}(A')} Q'_A \circ T \, dP = \int_{T^{-1}(A')} Q_A \, dP = \int_{T^{-1}(A')} 1_A \, dP,$$

also ist $Q'_A = E_P^T(1_A)$ [T(P)] für alle $P \in \mathfrak{P}$. ┘

Satz 1.3: Es seien $(\Omega, \mathfrak{A}, \mathfrak{P})$ ein Experiment und $T : (\Omega, \mathfrak{A}) \to (\Omega', \mathfrak{A}')$ eine Statistik. Weiter seien $\mathfrak{T}' \subset \mathfrak{A}'$ eine σ-Algebra und $\mathfrak{T} := T^{-1}(\mathfrak{T}')$.

a) Ist $\mathfrak{T}$ erschöpfend für $\mathfrak{P}$, so ist $\mathfrak{T}'$ erschöpfend für $T(\mathfrak{P})$.

b) Ist T erschöpfend, so ist $\mathfrak{T}$ genau dann erschöpfend für $\mathfrak{P}$, wenn $\mathfrak{T}'$ für $T(\mathfrak{P})$ erschöpfend ist.

Beweis: a) Es seien $\mathfrak{T}$ erschöpfend für $\mathfrak{P}$ und $A' \in \mathfrak{A}'$ vorgegeben. Dann gibt es eine Funktion $Q \in \mathfrak{M}_{(1)}(\Omega, \mathfrak{T})$ mit $Q = E_P^{\mathfrak{T}}(1_{T^{-1}(A')})$ [P] für alle $P \in \mathfrak{P}$. Wegen $\mathfrak{T} = T^{-1}(\mathfrak{T}')$ gibt es eine Funktion $Q_{A'} \in \mathfrak{M}_{(1)}(\Omega', \mathfrak{T}')$ mit $Q = Q_{A'} \circ T$.
Für jedes $S' \in \mathfrak{T}'$ und $P \in \mathfrak{P}$ gilt

$$\int_{S'} Q_{A'}\, dT(P) = \int_{T^{-1}(S')} Q_{A'} \circ T\, dP = \int_{T^{-1}(S')} Q\, dP$$

$$= P(T^{-1}(S') \cap T^{-1}(A')) = (T(P))(A' \cap S') = \int_{S'} 1_{A'}\, dT(P),$$

also ist $Q_{A'} = E_{T(P)}^{\mathfrak{T}'}(1_{A'})$ [T(P)] für alle $P \in \mathfrak{P}$.

b) Es seien T eine erschöpfende Statistik und $\mathfrak{T}' \subset \mathfrak{A}'$ eine für $T(\mathfrak{P})$ erschöpfende σ-Algebra. Dann gibt es zu jedem $A \in \mathfrak{A}$ eine Funktion $q'_A \in \mathfrak{M}_{(1)}(\Omega', \mathfrak{A}')$ mit $q'_A = E_P^T(1_A)$ [T(P)] für alle $P \in \mathfrak{P}$ und nach Satz 1 eine Funktion $Q'_A \in \mathfrak{M}_{(1)}(\Omega', \mathfrak{A}')$ mit $Q'_A = E_{T(P)}^{\mathfrak{T}'}(q'_A)$ [T(P)] für alle $P \in \mathfrak{P}$.
Man setze $Q_A := Q'_A \circ T$.

Ist $S = T^{-1}(S')$ mit $S' \in \mathfrak{T}'$ eine beliebige Menge aus $\mathfrak{T}$, so gilt für jedes $P \in \mathfrak{P}$

$$\int_S Q_A\, dP = \int_{T^{-1}(S')} Q'_A \circ T\, dP = \int_{S'} Q'_A\, dT(P) = \int_{S'} q'_A\, dT(P)$$

$$= \int_{T^{-1}(S')} 1_A\, dP = \int_S 1_A\, dP;$$

also ist $Q_A = E_P^{\mathfrak{T}}(1_A)$ [P] für alle $P \in \mathfrak{P}$. ┘

<u>Beispiel 1.1:</u> Es sei $(\Omega, \mathfrak{A}, \mathfrak{P})$ ein Experiment. Dann gilt

a) $\mathfrak{A}$ ist erschöpfend.

b) $\{\emptyset,\Omega\}$ ist genau dann erschöpfend, wenn $\mathfrak{P}$ einelementig ist.

<u>Beweis:</u> a) Für jedes $A \in \mathfrak{A}$ ist 1_A eine Funktion $1_A = E_P^{\mathfrak{A}}(1_A)$ [P] für alle $P \in \mathfrak{P}$.
b) Es sei $\{\emptyset,\Omega\}$ erschöpfend, und es seien P_o sowie $P \in \mathfrak{P}$. Dann gibt es für jedes $A \in \mathfrak{A}$ eine Funktion $Q_A \in \mathfrak{M}_{(1)}(\Omega,\{\emptyset,\Omega\})$, also eine Funktion der Gestalt $Q_A = q_A 1_\Omega$ mit $q_A \in [0,1]$, so daß

$$Q_A = E_P^{\{\emptyset,\Omega\}}(1_A) = E_{P_o}^{\{\emptyset,\Omega\}}(1_A)$$

gilt.
Für jedes $A \in \mathfrak{A}$ hat man also

$$P(A) = \int_\Omega Q_A \, dP = q_A = \int_\Omega Q_A \, dP_o = P_o(A),$$

d.h. $\mathfrak{P} = \{P_o\}$. ┘

<u>Beispiel 1.2:</u> Es seien $\Omega := \{0,1\}^n$, $\mathfrak{A} := \mathfrak{P}(\Omega)$, $\mathfrak{P} := \{(p\varepsilon_o+(1-p)\varepsilon_1)^{\otimes n} : 0<p<1\}$ und $T : (\Omega, \mathfrak{A}) \to (\mathbb{Z}, \mathfrak{P}(\mathbb{Z}))$ erklärt durch $T((x_1,\ldots,x_n)) := \sum_{k=1}^{n} x_k$ für alle $(x_1,\ldots,x_n) \in \Omega$.

Dann ist T erschöpfend für $\mathfrak{P}$.

<u>Beweis:</u> Für $A \in \mathfrak{A}$ und $i \in \{0,1,\ldots,n\}$ ist für jedes $p \in]0,1[$

$$[T(1_A(p\varepsilon_o+(1-p)\varepsilon_1)^{\otimes n})](\{i\})$$

$$= [1_A(p\varepsilon_o+(1-p)\varepsilon_1)^{\otimes n}](\{(x_1,\ldots,x_n)\in\Omega : \sum_{k=1}^{n} x_k = i\}).$$

$$= \text{card}(A \cap \{(x_1,\ldots,x_n)\in\Omega : \sum_{k=1}^{n} x_k = i\}) \, p^{n-i}(1-p)^i,$$

insbesondere ist

$$[T((p\varepsilon_o+(1-p)\varepsilon_1)^{\otimes n})](\{i\}) = \binom{n}{i} p^{n-i} (1-p)^i.$$

Durch

$$Q'_A(i) = \begin{cases} \frac{1}{\binom{n}{i}} \operatorname{card}(A \cap \{(x_1,\ldots,x_n) \in \Omega : \sum_{k=1}^{n} x_k = i\}) & \text{für } i \in \{0,1,\ldots,n\} \\ 0 & \text{für } i \notin \{0,1,\ldots,n\} \end{cases}$$

wird nun eine Funktion $Q'_A \in \mathcal{M}_{(1)}(\mathbb{Z}, \mathfrak{P}(\mathbb{Z}))$ erklärt, für die

$$Q'_A = E_P^T(1_A) \quad \text{für alle } P \in \mathfrak{P}$$

gilt. ⌋

Beispiel 1.3: Es seien $(\Omega', \mathfrak{A}')$ ein Meßraum und $(\Omega, \mathfrak{A}) := (\Omega'^n, \mathfrak{A}'^{\otimes n})$ für ein $n \in \mathbb{N}$.
Man bezeichne die Punkte von Ω mit $\omega := (\omega'_1,\ldots,\omega'_n)$.

Σ_n sei die Menge aller Permutationen der Menge $\{1,\ldots,n\}$.

Zu $\pi \in \Sigma_n$ definiert man $T_\pi : (\Omega, \mathfrak{A}) \to (\Omega, \mathfrak{A})$ durch

$$T_\pi(\omega'_1,\ldots,\omega'_n) := (\omega'_{\pi(1)},\ldots,\omega'_{\pi(n)}).$$

Seien ferner $\mathfrak{P} := \{P'^{\otimes n} : P' \in \mathcal{M}^1(\Omega', \mathfrak{A}')\}$ und
$\mathfrak{T} := \{A \in \mathfrak{A} : T_\pi^{-1}(A) = A \text{ für alle Permutationen } \pi \in \Sigma_n\}$
Dann ist $\mathfrak{T}$ erschöpfend für $\mathfrak{P}$.

Beweis: Zu $A \in \mathfrak{A}$ wird durch

$$Q_A(\omega) := \frac{1}{n!} \sum_{\pi \in \Sigma_n} 1_A(\omega'_{\pi(1)},\ldots,\omega'_{\pi(n)}) \text{ für alle } \omega := (\omega'_1,\ldots,\omega'_n) \in \Omega$$

eine Funktion $Q_A \in \mathcal{M}_{(1)}(\Omega, \mathfrak{T})$ definiert, für die

$$Q_A = E_P^{\mathfrak{T}}(1_A) \quad [P] \quad \text{für alle } P \in \mathfrak{P}$$

gilt. ⌋

§ 2 Eigenschaften des Systems der erschöpfenden σ-Algebren

Es sei $(\Omega, \mathfrak{A}, \mathfrak{P})$ ein Experiment. Wir definieren zunächst eine mit $\mathfrak{P}$ verknüpfte σ-Algebra, die für Fragen der Erschöpftheit eine besondere Rolle spielt.

Definition 2.1: Es seien $(\Omega, \mathfrak{A})$ ein Meßraum und $\mathfrak{P} \subset \mathcal{M}^1(\Omega, \mathfrak{A})$. Dann setzen wir

$$\mathfrak{R}_{\mathfrak{P}} := \{A \in \mathfrak{A} : P(A) = 0 \text{ für alle } P \in \mathfrak{P}\}$$

$$\mathcal{N}_{\mathfrak{P}} := \{A \in \mathfrak{A} : A \in \mathfrak{R}_{\mathfrak{P}} \text{ oder } \complement A \in \mathfrak{R}_{\mathfrak{P}}\}.$$

Ferner möge für Unter-σ-Algebren $\mathfrak{T}_1, \mathfrak{T}_2 \subset \mathfrak{A}$ die folgende Bezeichnungsweise gelten:

a) $\mathfrak{T}_1 \subset \mathfrak{T}_2 \, [\mathfrak{P}] \; :\Leftrightarrow \; \mathfrak{T}_1 \vee \mathcal{N}_{\mathfrak{P}} \subset \mathfrak{T}_2 \vee \mathcal{N}_{\mathfrak{P}}$

b) $\mathfrak{T}_1 \sim \mathfrak{T}_2 \, [\mathfrak{P}] \; :\Leftrightarrow \; \mathfrak{T}_1 \vee \mathcal{N}_{\mathfrak{P}} = \mathfrak{T}_2 \vee \mathcal{N}_{\mathfrak{P}}$

Es gilt der folgende

Satz 2.1: Es sei $(\Omega, \mathfrak{A}, \mathfrak{P})$ ein Experiment. Dann hat man:

a) $\mathfrak{R}_{\mathfrak{P}}$ ist ein σ-Ring, und mit $A \in \mathfrak{A}$, $R \in \mathfrak{R}_{\mathfrak{P}}$ ist $A \cap R \in \mathfrak{R}_{\mathfrak{P}}$.

b) $\mathcal{N}_{\mathfrak{P}}$ ist eine σ-Algebra.

c) Für zwei σ-Algebren $\mathfrak{T}_1, \mathfrak{T}_2 \subset \mathfrak{A}$ sind folgende Aussagen äquivalent:

(i) Zu jeder Menge $S_1 \in \mathfrak{T}_1$ existiert eine Menge $S_2 \in \mathfrak{T}_2$ mit $P(S_1 \Delta S_2) = 0$ für alle $P \in \mathfrak{P}$.

(ii) Zu jeder Funktion $f_1 \in \mathbb{M}(\Omega, \mathfrak{T}_1)$ gibt es eine Funktion $f_2 \in \mathbb{M}(\Omega, \mathfrak{T}_2)$ mit $P[f_1 \neq f_2] = 0$ für alle $P \in \mathfrak{P}$.

(iii) $\mathfrak{T}_1 \subset \mathfrak{T}_2 \, [\mathfrak{P}]$

d) Sind $\mathfrak{T}_1, \mathfrak{T}_2 \subset \mathfrak{A}$ zwei σ-Algebren mit $\mathfrak{T}_1 \sim \mathfrak{T}_2 \, [\mathfrak{P}]$, so ist $\mathfrak{T}_1$ genau dann erschöpfend, wenn $\mathfrak{T}_2$ erschöpfend ist.

Beweis: Die Aussagen a) und b) sind klar und nur für Referenzzwecke in den Satz mit aufgenommen worden. d) ist eine Folgerung aus c).

c): Wir zeigen (i) $\Rightarrow$ (ii) $\Rightarrow$ (iii) $\Rightarrow$ (i).

(i) $\Rightarrow$ (ii): Es gelte (i), und es sei

$$L := \{f \in \mathfrak{M}(\Omega, \mathfrak{T}_1) : \text{Es gibt } g \in \mathfrak{M}(\Omega, \mathfrak{T}_2) \text{ mit } P[f \neq g] = 0 \text{ für alle } P \in \mathfrak{P}\}.$$

Dann ist L ein linearer Raum, der wegen $P(S_1 \Delta S_2) = P[1_{S_1} \neq 1_{S_2}]$ die Indikatorfunktionen von Mengen aus $\mathfrak{T}_1$ enthält und bzgl. der Konvergenz von Folgen stabil ist.
Damit ist $L = \mathfrak{M}(\Omega, \mathfrak{T}_1)$.

(ii) $\Rightarrow$ (iii): Es gelte (ii), und es sei $S_1 \in \mathfrak{T}_1$ vorgegeben.
Man wähle eine Funktion $f_2 \in \mathfrak{M}(\Omega, \mathfrak{T}_2)$, so daß $P[1_{S_1} \neq f_2] = 0$ für alle $P \in \mathfrak{P}$ ist. Wegen $[1_{S_1} \neq f_2] \in \mathfrak{N}_{\mathfrak{P}}$ und $S_1 \cap [1_{S_1} \neq f_2] \in \mathfrak{N}_{\mathfrak{P}}$ ist $1_{S_1} = 1_{S_1} 1_{[1_{S_1} = f_2]} + 1_{S_1} 1_{[1_{S_1} \neq f_2]} = f_2 1_{[1_{S_1} = f_2]} + 1_{S_1 \cap [1_{S_1} \neq f_2]} \in \mathfrak{M}(\Omega, \mathfrak{T}_2 \vee \mathcal{N}_{\mathfrak{P}})$.

Also gilt $\mathfrak{T}_1 \subset \mathfrak{T}_2 \vee \mathcal{N}_{\mathfrak{P}}$ und damit $\mathfrak{T}_1 \vee \mathcal{N}_{\mathfrak{P}} \subset \mathfrak{T}_2 \vee \mathcal{N}_{\mathfrak{P}}$.

(iii) $\Rightarrow$ (i) folgt unmittelbar aus dem folgenden

<u>Lemma 2.1:</u> Es seien $(\Omega, \mathfrak{A})$ ein Meßraum und $\mathfrak{N}$ ein Nullmengensystem für $\mathfrak{A}$, d.h. ein σ-Ring auf Ω von der Art, daß mit $R \in \mathfrak{N}$ und $A \in \mathfrak{A}$ stets $R \cap A \in \mathfrak{N}$ gilt.
Sei $\tilde{\mathfrak{A}}$ die von $\mathfrak{A}$ und $\mathfrak{N}$ erzeugte σ-Algebra. Dann ist
$\tilde{\mathfrak{A}} = \{A \Delta R : A \in \mathfrak{A}, R \in \mathfrak{N}\}$.

<u>Beweis des Lemmas:</u> Wir führen den Beweis in drei Schritten durch.

(α) Mit $\tilde{A} \in \tilde{\mathfrak{A}}$ und $R \in \mathfrak{N}$ ist $\tilde{A} \cap R \in \mathfrak{N}$, denn die Menge der $\tilde{B} \in \tilde{\mathfrak{A}}$, für die mit $R \in \mathfrak{N}$ stets $\tilde{B} \cap R \in \mathfrak{N}$ ist, ist eine σ-Algebra, die $\mathfrak{A}$ und $\mathfrak{N}$ umfaßt.

(β) Für $\tilde{A} \in \tilde{\mathfrak{A}}$ sind folgende beiden Aussagen äquivalent:

a) Es gibt Mengen $A \in \mathfrak{A}$, $R \in \mathfrak{N}$ mit $\tilde{A} = A \Delta R$.

b) Es gibt Mengen $A \in \mathfrak{A}$, $R \in \mathfrak{N}$ mit $\tilde{A} \Delta A \subset R$.

Sind nämlich $\tilde{A}$, A, R drei Mengen, die a) erfüllen, so erfüllen sie wegen $\tilde{A} \Delta A = (A \Delta R) \Delta A = R$ auch b).
Seien umgekehrt $\tilde{A}$, A, R drei Mengen, die b) erfüllen, also $\tilde{A} \Delta A \subset R$. Nach ($\alpha$) ist wegen $\tilde{A} \Delta A \in \tilde{\mathfrak{A}}$ und $R \in \mathfrak{R}$ $\tilde{A} \Delta A \; (= (\tilde{A} \Delta A) \cap R) \in \mathfrak{R}$. Wegen $\tilde{A} = A \Delta (A \Delta \tilde{A})$ sind also $\tilde{A}$, A, $\tilde{A} \Delta A$ drei Mengen, die a) erfüllen.

(γ) Wir kommen nun zum eigentlichen Beweis des Lemmas, indem wir zeigen, daß $\tilde{\mathfrak{B}} := \{A \Delta R : A \in \mathfrak{A}, R \in \mathfrak{R}\}$ stabil ist gegen symmetrische Differenz, Durchschnitt und abzählbare Vereinigung, daß also $\tilde{\mathfrak{B}}$ eine σ-Algebra ist.
Es seien zu diesem Zweck die Mengen $\tilde{A}_n := A_n \Delta R_n$ mit $A_n \in \mathfrak{A}$ und $R_n \in \mathfrak{R}$ $(n \in \mathbb{N})$ vorgegeben. Dann gilt

$$\tilde{A}_1 \Delta \tilde{A}_2 = (A_1 \Delta R_1) \Delta (A_2 \Delta R_2) = (A_1 \Delta A_2) \Delta (R_1 \Delta R_2)$$

$$\tilde{A}_1 \Delta \tilde{A}_2 = (A_1 \Delta R_1) \cap (A_2 \Delta R_2)$$

$$= (A_1 \cap A_2) \Delta (A_1 \cap R_2 \Delta R_1 \cap A_2 \Delta R_1 \cap R_2) \in \tilde{\mathfrak{B}}$$

$$(\bigcup_{n \in \mathbb{N}} \tilde{A}_n) \Delta (\bigcup_{n \in \mathbb{N}} A_n) \subset \bigcup_{n \in \mathbb{N}} (\tilde{A}_n \Delta A_n) = \bigcup_{n \in \mathbb{N}} (A_n \Delta R_n \Delta A_n)$$

$$= \bigcup_{n \in \mathbb{N}} R_n \in \mathfrak{R} \quad ,$$

nach (β) ist also $(\bigcup_{n \in \mathbb{N}} \tilde{A}_n) \Delta (\bigcup_{n \in \mathbb{N}} A_n) \in \tilde{\mathfrak{B}}$, also gilt

$$\tilde{A}_n = \bigcup_{n \in \mathbb{N}} A_n \Delta ((\bigcup_{n \in \mathbb{N}} \tilde{A}_n) \Delta (\bigcup_{n \in \mathbb{N}} A_n)) \in \tilde{\mathfrak{B}} . \; \lrcorner$$

Wir beweisen im folgenden einige Abgeschlossenheitseigenschaften des Systems der erschöpfenden σ-Algebren.

Satz 2.2: Es seien $(\Omega, \mathfrak{A}, \mathfrak{P})$ ein Experiment und $\mathfrak{T}$, $\mathfrak{A}_0$ zwei σ-Algebren mit $\mathfrak{T} \subset \mathfrak{A}_0 \subset \mathfrak{A}$. Ist dann $\mathfrak{A}_0$ erschöpfend für $\mathfrak{P}$ und $\mathfrak{T}$ erschöpfend für $\{P_{\mathfrak{A}_0} : P \in \mathfrak{P}\}$, so ist $\mathfrak{T}$ erschöpfend für $\mathfrak{P}$.

Beweis: Es seien die Voraussetzungen des Satzes erfüllt und $A \in \mathfrak{A}$ beliebig gewählt. Man wähle eine Funktion $Q_A^0 \in \mathbb{M}_{(1)}(\Omega, \mathfrak{A}_0)$ derart, daß für alle $A_0 \in \mathfrak{A}_0$ und alle $P \in \mathfrak{P}$ $\int_{A_0} Q_A^0 \, dP = P(A \cap A_0)$ gilt.

Zu Q_A^o gibt es nach Satz 1.1 eine Funktion $Q_A \in \mathbb{M}_{(1)}(\Omega, \mathfrak{T})$ derart, daß für alle $S \in \mathfrak{T}$ und alle $P_{\mathfrak{A}_o}$ $(P \in \mathfrak{P})$

$\int_S Q_A \, dP_{\mathfrak{A}_o} = \int_S Q_A^o \, dP_{\mathfrak{A}_o}$ gilt.

Damit gibt es zu $A \in \mathfrak{A}$ eine Funktion $Q_A \in \mathbb{M}_{(1)}(\Omega, \mathfrak{T})$ derart, daß für jedes $S \in \mathfrak{T}$

$$\int_S Q_A \, dP = \int_S Q_A \, dP_{\mathfrak{A}_o} = \int_S Q_A^o \, dP_{\mathfrak{A}_o} = \int_S Q_A^o \, dP = P(A \cap S)$$

gilt; $\mathfrak{T}$ ist also erschöpfend für $\mathfrak{P}$. $\lrcorner$

<u>Satz 2.3:</u> Es sei $(\Omega, \mathfrak{A}, \mathfrak{P})$ ein Experiment, und $(\mathfrak{T}_n)_{n \in \mathbb{N}}$ sei eine Folge erschöpfender σ-Algebren.

a) Ist $(\mathfrak{T}_n)_{n \in \mathbb{N}}$ isoton, so ist $\bigvee_{n \in \mathbb{N}} \mathfrak{T}_n$ erschöpfend.

b) Ist $(\mathfrak{T}_n)_{n \in \mathbb{N}}$ antiton, so ist $\bigcap_{n \in \mathbb{N}} \mathfrak{T}_n$ erschöpfend.

<u>Beweis:</u> Beide Aussagen folgen unmittelbar aus dem Martingalsatz:

a) Es sei $A \in \mathfrak{A}$ vorgegeben und zu jedem $n \in \mathbb{N}$ eine Funktion

$Q_A^n \in \mathbb{M}_{(1)}(\Omega, \mathfrak{T}_n)$ gewählt mit $Q_A^n = E_P^{\mathfrak{T}_n}(1_A)$ [P] für alle $P \in \mathfrak{P}$.

Da $(\mathfrak{T}_n)_{n \in \mathbb{N}}$ eine isotone Folge ist, gilt für $n < m$ und alle $P \in \mathfrak{P}$

$$E_P^{\mathfrak{T}_n}(Q_A^m) = E_P^{\mathfrak{T}_n}(E_P^{\mathfrak{T}_m}(1_A)) = E_P^{\mathfrak{T}_n}(1_A) = Q_A^n \quad [P].$$

Die Q_A^n bilden also für jedes $P \in \mathfrak{P}$ ein Martingal, und dieses ist wegen $0 \leq Q_A^n \leq 1$ gleichgradig integrabel.

Es seien nun $K := \{\omega \in \Omega : \underline{\lim}_{n \to \infty} Q_A^n(\omega) = \overline{\lim}_{n \to \infty} Q_A^n(\omega)\}$

und $Q_A := 1_K \lim_{n \to \infty} Q_A^n$.

Nach dem Konvergenzsatz für Martingale bezüglich aufsteigender Systeme von σ-Algebren gilt für jedes $P \in \mathfrak{P}$

$P(K) = 1$ und $Q_A = E_P^{\bigvee \mathfrak{T}_n}(1_A)$ [P], $\bigvee \mathfrak{T}_n$ ist also erschöpfend.

b) folgt analog aus dem Martingalsatz für absteigende Folgen von σ-Algebren. $\lrcorner$

<u>Satz 2.4:</u> Es seien $(\Omega, \mathfrak{A}, \mathcal{T})$ ein Experiment und $\mathcal{T}_1, \mathcal{T}_2 \subset \mathfrak{A}$ zwei erschöpfende σ-Algebren. Ist außerdem $\mathcal{N}_{\mathcal{T}}$ in $\mathcal{T}_1$ oder $\mathcal{T}_2$ enthalten, so ist $\mathcal{T}_1 \cap \mathcal{T}_2$ erschöpfend.

Wir beweisen diesen Satz, indem wir durch Operieren mit Zahlenfolgen die Konvergenzaussage des individuellen Ergodensatzes ausnutzen und daraus einen Satz über iterierte bedingte Erwartungen ableiten. Der Beweis wird dabei in mehrere Abschnitte aufgespalten.

<u>Lemma 2.2:</u> Es seien $(\Omega, \mathfrak{A}, P)$ ein W-Raum und $T : L^1(\Omega, \mathfrak{A}, P) \to L^1(\Omega, \mathfrak{A}, P)$ ein linearer Operator mit $\| T \|_\infty \leq 1$ und $\| T \|_1 \leq 1$ derart, daß die Restriktion von T auf $L^2 (\Omega, \mathfrak{A}, P)$, welche wieder mit T bezeichnet werde, selbstadjungiert ist.
Dann gibt es einen idempotenten selbstadjungierten Operator $Q : L^2 (\Omega, \mathfrak{A}, P) \to L^2 (\Omega, \mathfrak{A}, P)$ derart, daß die Folge $(T^{2n})_{n \in \mathbb{N}}$ stark gegen Q konvergiert und für jedes $f \in L^2 (\Omega, \mathfrak{A}, P)$ die Folge $(T^{2n} f)_{n \in \mathbb{N}}$ P-fast sicher gegen Q f konvergiert.

Den Beweis dieses Lemmas gliedern wir in sechs Schritte auf:

(A) Es sei $(a_n)_{n \in \mathbb{N}}$ eine antitone beschränkte Folge reeller Zahlen, und es gelte für alle $n \geq 1$

$$\Delta^2 (a_n) := a_n - 2 a_{n+1} + a_{n+2} \geq 0$$

Dann ist $\sum_{n=1}^{\infty} n \Delta^2 (a_n) = a_1 - \lim_{n \to \infty} a_n .$

<u>Beweis:</u> Man zeigt durch Induktion, daß für jedes $k \in \mathbb{N}$

$\sum_{n=1}^{k} n \Delta^2 (a_n) = a_1 - (k+1) a_{k+1} + k a_{k+2}$ gilt.

Aus der Konvergenz von $\sum_{n=1}^{k} n \Delta^2 (a_n)$ erhält man, daß

$\lim_{k \to \infty} k (a_{k+1} - a_{k+2}) =: c$ existiert, und aus der Konvergenz von

$\sum_{k \geq 0} (a_{k+1} - a_{k+2})$ folgt $c = 0$.

(B) $(T^{2n})_{n \in \mathbb{N}}$ konvergiert stark gegen einen idempotenten selbstadjungierten Operator Q, und es gilt

$$\sum_{n \geq 1} n \int (T^n f - T^{n+2} f)^2 \, dP \leq \int f^2 \, dP$$

für alle $f \in L^2(\Omega, \mathfrak{A}, P)$. ⌋

<u>Beweis:</u> a) Sei $f \in L^2(\Omega, \mathfrak{A}, P)$. Für jedes $n \in \mathbb{N}$ setzen wir: $a_n := \int (T^n f)^2 \, dP$.

T ist eine $\|\cdot\|_2$-Kontraktion: $L^2(\Omega, \mathfrak{A}, P) \to L^2(\Omega, \mathfrak{A}, P)$.

[Dies folgt mittels der Voraussetzungen von Lemma 2 aus dem Rieszschen Konvexitätssatz.]

Also ist $(a_n)_{n \in \mathbb{N}}$ eine antitone beschränkte Folge reeller Zahlen.

Wegen der Symmetrie von T ist außerdem für jedes $n \in \mathbb{N}$:

$$\begin{aligned}\Delta^2(a_n) &= \int (T^n f)^2 \, dP - 2 \int T^{n+1} f \, T^{n+1} f \, dP + \int (T^{n+2} f)^2 \, dP \\ &= \int (T^n f)^2 \, dP - 2 \int T^n f \, T^{n+2} f \, dP + \int (T^{n+2} f)^2 \, dP \\ &= \int (T^n f - T^{n+2} f)^2 \, dP \geq 0\end{aligned}$$

Aus (A) folgt also

$$\sum_{n \geq 1} n \int (T^n f - T^{n+2} f)^2 \, dP = \int (T f)^2 \, dP - \lim_{n \to \infty} a_n$$

und damit

$$\sum_{n \geq 1} n \int (T^n f - T^{n+2} f)^2 \, dP \leq \int (T f)^2 \, dP \leq \int f^2 \, dP$$

b) Nach a) gilt insbesondere

$$\lim_{m,n \to \infty} \| T^{2m} f - T^{2n} f \|_2 = \lim_{m,n \to \infty} (a_{2m} - 2a_{n+m} + a_{2n}) = 0.$$

$(T^{2n} f)_{n \in \mathbb{N}}$ ist also für jedes $f \in L^2(\Omega, \mathfrak{A}, P)$ eine $\|\cdot\|_2$-konvergente Folge. Es existiert daher ein Operator Q, gegen den $(T^{2n})_{n \in \mathbb{N}}$ stark konvergiert. Q ist offensichtlich idempotent und als Limes selbstadjungierter Operatoren auch selbstadjungiert.

(C) Für $f \in L^2(\Omega, \mathfrak{A}, P)$ ist $\left(\sum_{n=1}^{k} n \, (T^{2n} f - T^{2n+2} f)^2 \right)_{k \in \mathbb{N}}$

eine isotone Folge nichtnegativer Funktionen. Mittels des Satzes von der monotonen Konvergenz folgt daher aus (B):

$$\int \sum_{n\geq 1} n\,(T^{2n}f - T^{2n+2}f)^2\,dP = \sum_{n\geq 1} n \int (T^{2n}f - T^{2n+2}f)^2\,dP$$

und damit

$$\sum_{n\geq 1} n\,(T^{2n}\,f - T^{2n+2}\,f)^2 < \infty\ [P]$$

(D) Wegen $\|T^2\|_1 \leq 1$ und $\|T^2\|_\infty \leq 1$ existiert nach dem individuellen Ergodensatz:

$$\lim_{n\to\infty} \frac{1}{n} \sum_{k=1}^{n} T^{2k}\,f \quad [P]$$

(E) a) Ist $(a_n)_{n\in\mathbb{N}}$ eine Folge, für die $\lim_{n\to\infty} \frac{1}{n} \sum_{k=1}^{n} a_k$ existiert und für die $\sum_{n\geq 1} n\,(a_n - a_{n+1})^2 < \infty$ ist, so existiert $\lim_{n\to\infty} a_n$.

[Dies ist eine Folgerung aus der Cauchy-Schwarzschen Ungleichung.]

b) Ist $f \in L^2(\Omega, \mathfrak{A}, P)$ gegeben, so werden nach (C) und (D) die Voraussetzungen von a) von P-fast allen $\omega \in \Omega$ für die Folge $((T^{2n}f)(\omega))_{n\in\mathbb{N}}$ erfüllt.

Für alle $f \in L^2(\Omega, \mathfrak{A}, P)$ konvergiert also die Folge $(T^{2n}f)_{n\in\mathbb{N}}$ P-fast sicher.

(F) Aus (E) und (B) folgt $\lim_{n\to\infty} T^{2n}\,f = Q\,f\ [P]$. ┘

<u>Lemma 2.3:</u> Es sei $(T_n)_{n\in\mathbb{N}}$ eine Folge selbstadjungierter idempotenter Operatoren auf $L^2(\Omega, \mathfrak{A}, P)$. Für alle $n \in \mathbb{N}$ setze man $S_n := T_n \cdot T_{n-1} \cdot \ldots \cdot T_1$. Dann gilt für jedes $f \in L^2(\Omega, \mathfrak{A}, P)$:

$$\lim_{n\to\infty} (S_n\,f - S_{n+1}\,f) = 0$$

P-fast sicher und in der L^2-Norm.

<u>Beweis:</u> Idempotenz und Symmetrie von T_{n+1} für jedes $n \in \mathbb{N}$ ergeben für $f \in L^2(\Omega, \mathfrak{A}, P)$:

$$\|S_n\,f - S_{n+1}\,f\|_2^2 = \int (T_n \cdot \ldots \cdot T_1\,f - T_{n+1} \cdot \ldots \cdot T_1\,f)^2\,dP$$

$$= \int (T_n \cdot \ldots \cdot T_1 f)^2 \, dP - 2 \int (T_n \cdot \ldots \cdot T_1 f)(T_{n+1} T_n \cdot \ldots \cdot T_1 f) \, dP$$

$$+ \int (T_{n+1} T_n \cdot \ldots \cdot T_1 f)^2 \, dP = || S_n f ||_2^2 - || S_{n+1} f ||_2^2$$

und damit

$$\int \sum_{n \geq 1} (S_n f - S_{n+1} f)^2 \, dP = \lim_{n \to \infty} \sum_{i=1}^{n} \int (S_i f - S_{i+1} f)^2 \, dP$$

$$= \lim_{n \to \infty} \sum_{i=1}^{n} ||S_i f - S_{i+1} f||_2^2 = \lim_{n \to \infty} \sum_{i=1}^{n} (||S_i f||_2^2 - ||S_{i+1} f||_2^2)$$

$$= ||S_1 f||_2^2 - \lim_{n \to \infty} ||S_{n+1} f||_2^2 < \infty ,$$

woraus $\lim_{n \to \infty} || S_n f - S_{n+1} f ||_2 = 0$ folgt.

Aus der Endlichkeit des Integrals folgt weiter

$$\sum_{n \geq 1} (S_n f - S_{n+1} f)^2 < \infty \; [P]$$

und damit $\lim_{n \to \infty} (S_n f - S_{n+1} f) = 0 \; [P]$. ┘

Lemma 2.4: Es seien $(\Omega, \mathfrak{A}, P)$ ein W-Raum und $\mathfrak{T}_1, \mathfrak{T}_2 \subset \mathfrak{A}$ zwei σ-Algebren. Man setze für jedes $n \in \mathbb{N}$

$$T_{2n-1} := E_P^{\mathfrak{T}_1}, \; T_{2n} := E_P^{\mathfrak{T}_2}$$

und $S_n := T_n \cdot \ldots \cdot T_1$.

Dann gilt für alle $f \in L^2(\Omega, \mathfrak{A}, P)$

$$\lim_{n \to \infty} S_n f = E_P^{\mathfrak{T}}(f) \quad [P]$$

mit $\mathfrak{T} = (\mathfrak{T}_1 \vee \mathcal{N}_P) \cap (\mathfrak{T}_2 \vee \mathcal{N}_P)$.

Beweis: Da die bedingte Erwartung auf $L^2(\Omega, \mathfrak{A}, P)$ eine orthogonale Projektion ist, erfüllt S_3 die Voraussetzungen von Lemma 2. Wegen $(S_3)^{2n} = S_{4n+1}$ gibt es daher einen idempotenten symmetrischen Operator Q auf $L^2(\Omega, \mathfrak{A}, P)$ derart, daß für alle $f \in L^2(\Omega, \mathfrak{A}, P)$

$\lim_{n \to \infty} S_{4n+1} f = Q f$ P-fast sicher und in der L^2-Norm gilt.

Nach Lemma 3 gilt deshalb sogar $\lim_{n \to \infty} S_n \; f = Q \; f$ P-fast sicher und in der L^2-Norm.

Wir setzen $\mathcal{T} := (\mathcal{T}_1 \vee \mathcal{N}_P) \cap (\mathcal{T}_2 \vee \mathcal{N}_P)$ und beweisen nun $Q = E_P^{\mathcal{T}}$:

Zunächst ist für jedes $f \in L^2 (\Omega, \mathfrak{A}, P)$ und $n \in \mathbb{N}$ $\quad S_{2n-1} \; f \quad \mathcal{T}_1$-meßbar und $S_{2n} \; f \quad \mathcal{T}_2$-meßbar. Da $Q \; f = \lim_{n \to \infty} S_n \; f$ [P] gilt, ist daher $Q \; f \in L^2 (\Omega, \mathcal{T}, P)$.

Für $f \in L^2 (\Omega, \mathcal{T}, P)$ gilt andererseits $T_n \; f = f$ [P] für alle $n \in \mathbb{N}$ und damit $Q \; f = f$. Q ist daher orthogonale Projektion von $L^2 (\Omega, \mathfrak{A}, P)$ auf $L^2 (\Omega, \mathcal{T}, P)$, also $Q = E_P^{\mathcal{T}}$. ┘

<u>Beweis von Satz 4:</u> Wir setzen für jedes $n \in \mathbb{N}$

$$\mathfrak{T}_{2n-1} := \mathcal{T}_1, \; \mathfrak{T}_{2n} := \mathcal{T}_2$$

Sei $A \in \mathfrak{A}$ vorgegeben.

Da $\mathfrak{T}_k$ für jedes $k \in \mathbb{N}$ erschöpfend ist, können wir nach Satz 1.1 eine Funktion $Q_A^{(k)} \in \mathbb{M}_{(1)} (\Omega, \mathfrak{T}_k)$ wählen mit

$$Q_A^{(1)} = E_P^{\mathfrak{T}_1} (1_A) \; [P] \qquad \text{für alle } P \in \mathfrak{P}$$

$$Q_A^{(k+1)} = E_P^{\mathfrak{T}_{k+1}} (Q_A^{(k)}) \; [P] \quad \text{für alle } P \in \mathfrak{P}$$

Wir setzen

$$Q_A' (\omega) := \begin{cases} \lim_{n \to \infty} Q_A^{(2n-1)} (\omega), & \text{falls der Limes existiert} \\ 0 & \text{sonst} \end{cases}$$

$$Q_A'' (\omega) := \begin{cases} \lim_{n \to \infty} Q_A^{(2n)} (\omega), & \text{falls der Limes existiert} \\ 0 & \text{sonst} \end{cases}$$

Nach Lemma 4 gilt $Q_A' = Q_A'' = E_P^{\mathcal{T}} (1_A)$ [P] für alle $P \in \mathfrak{P}$, insbesondere

$[Q'_A \neq Q''_A] \in \mathcal{N}_{\mathfrak{P}}$.

Sei oBdA $\mathcal{N}_{\mathfrak{P}} \subset \mathcal{T}_2$; nach Lemma 1 ist dann $(\mathcal{T}_1 \cap \mathcal{T}_2) \vee \mathcal{N}_{\mathfrak{P}}$ $= (\mathcal{T}_1 \vee \mathcal{N}_{\mathfrak{P}}) \cap \mathcal{T}_2$. Damit folgt aus Satz 1 c), daß Q'_A $\mathcal{T}_1 \cap \mathcal{T}_2$-meßbar ist. Daher ist

$$Q'_A = E_P^{\mathcal{T}_1 \cap \mathcal{T}_2}(1_A) \; [P] \text{ für alle } P \in \mathfrak{P} ,$$

d.h. $\mathcal{T}_1 \cap \mathcal{T}_2$ ist erschöpfend. ⌋

§ 3 Vollständigkeit und Minimal-Erschöpftheit

Bei der Einführung des Erschöpftheitsbegriffes hatten wir bemerkt, daß die triviale σ-Algebra $\{\emptyset,\Omega\}$ genau dann erschöpfend für ein Experiment $(\Omega, \mathfrak{A}, \mathfrak{P})$ ist, wenn $\mathfrak{P}$ einelementig ist.
Für mehrelementige $\mathfrak{P}$ ist also die kleinste erschöpfende σ-Algebra, wenn sie überhaupt existiert, von $\{\emptyset,\Omega\}$ verschieden.

Eine der Eigenschaften der trivialen σ-Algebra $\{\emptyset,\Omega\}$ bezüglich eines einelementigen Experimentes $(\Omega, \mathfrak{A}, \{P\})$ ist die folgende: Jede modulo P $\{\emptyset,\Omega\}$ -meßbare (d.h. jede P-fast überall konstante) Funktion $f \in \mathbb{M}(\Omega, \mathfrak{A})$ mit $\int f \, dP = 0$ ist modulo P gleich Null.

In diesem Paragraphen axiomatisieren wir die letztgenannte Eigenschaft im Begriff der $\mathfrak{P}$ -vollständigen σ-Algebra. Wir untersuchen weiter Minimalitäts-Eigenschaften erschöpfender σ-Algebren und Statistiken und zeigen, daß eine enge Beziehung zwischen Vollständigkeit und Minimalität auch für allgemeine Experimente bestehen bleibt.

Definition 3.1: Es seien $(\Omega,\mathfrak{A},\mathfrak{P})$ ein Experiment, $\mathfrak{T} \subset \mathfrak{A}$ eine Unter-σ-Algebra und $1 \leq p < \infty$.

a) $\mathfrak{T}$ heißt p-vollständig (für $\mathfrak{P}$ bzw. $(\Omega, \mathfrak{A}, \mathfrak{P})$), wenn für jede

$\mathfrak{T}$-meßbare Funktion $f \in \bigcap_{P \in \mathfrak{P}} \mathcal{L}^p(\Omega, \mathfrak{A}, P)$ aus $E_P(f) = 0$ für alle

$P \in \mathfrak{P}$ stets $f = 0$ $[\mathfrak{P}]$ folgt.

1-vollständige σ-Algebren nennt man auch vollständig.

b) $\mathfrak{T}$ heißt beschränkt vollständig, wenn aus $f \in \mathbb{M}^b(\Omega, \mathfrak{T})$ und $E_P(f) = 0$ für alle $P \in \mathfrak{P}$ stets $f = 0$ $[\mathfrak{P}]$ folgt.

c) Eine Statistik $T : (\Omega, \mathfrak{A}) \rightarrow (\Omega', \mathfrak{A}')$ heißt vollständig (bzw. beschränkt vollständig), wenn $\mathfrak{A}(T)$ vollständig (bzw. beschränkt vollständig) ist.

Wir verdeutlichen diese Vollständigkeitsbegriffe in einem einfachen Satz und an einigen Beispielen.

Satz 3.1: a) Es seien $(\Omega, \mathfrak{A}, \mathfrak{P})$ ein Experiment und $\mathfrak{T} \subset \mathfrak{A}$ eine Unter-σ-Algebra. Genau dann ist $\mathfrak{T}$ p-vollständig (beschränkt vollständig), wenn für jede Statistik $T : (\Omega, \mathfrak{A}) \rightarrow (\Omega', \mathfrak{A}')$ mit $\mathfrak{T} = \mathfrak{A}(T)$ die σ-Algebra $\mathfrak{A}'$ p-vollständig (beschränkt vollständig) ist für

$T(\mathfrak{P}) := \{T(P) : P \in \mathfrak{P}\}$.

b) Es seien $(\Omega, \mathfrak{A}, \mathfrak{P})$ ein Experiment und $\mathfrak{T} \subset \mathfrak{A}$ eine vollständige Unter-σ-Algebra. Weiter sei $\mathfrak{P}' \subset \mathcal{M}^1(\Omega, \mathfrak{A})$ eine Menge von Wahrscheinlichkeitsmaßen mit $\mathfrak{P} \subset \mathfrak{P}'$ derart, daß für jede Menge $S \in \mathfrak{T}$ $P(S) = 0$ genau dann für alle $P \in \mathfrak{P}'$ gilt, wenn es für alle $P \in \mathfrak{P}$ gilt. Dann ist $\mathfrak{T}$ vollständig für $(\Omega, \mathfrak{A}, \mathfrak{P}')$.

Beweis: a) Es sei $\mathfrak{T}$ p-vollständig für $(\Omega, \mathfrak{A}, \mathfrak{P})$, und es sei $T : (\Omega, \mathfrak{A}) \to (\Omega', \mathfrak{A}')$ eine Statistik mit $\mathfrak{T} = \mathfrak{A}(T)$.
Sei weiter $f' : (\Omega', \mathfrak{A}') \to (\overline{\mathbb{R}}, \overline{\mathfrak{B}})$ eine numerische Funktion derart, daß

$f' \in \bigcap_{P \in \mathfrak{P}} \mathcal{L}^p(\Omega', \mathfrak{A}', T(P))$ mit $\int f' \, dT(P) = 0$ für alle $P \in \mathfrak{P}$.

Nach dem Transformationssatz für Integrale gilt dann für jedes $P \in \mathfrak{P}$

$$\int f' \circ T \, dP = \int f' \circ dT(P) = 0.$$

Da außerdem $f' \circ T \in \bigcap_{P \in \mathfrak{P}} \mathcal{L}^p(\Omega, \mathfrak{A}, P)$ und da $f' \circ T$ meßbar bezüglich $\mathfrak{A}(T) = \mathfrak{T}$ ist, folgt aus der Vollständigkeit von $\mathfrak{T}$, daß $P[f' \circ T \neq 0] = 0$ für alle $P \in \mathfrak{P}$, also $T(P)[f' \neq 0] = 0$ für alle $P \in \mathfrak{P}$, d.h. es folgt die Vollständigkeit von $\mathfrak{A}'$ bezüglich $T(\mathfrak{P})$.

Sei nun umgekehrt für jede Statistik $T : (\Omega, \mathfrak{A}) \to (\Omega', \mathfrak{A}')$ mit $\mathfrak{T} = \mathfrak{A}(T)$ die σ-Algebra $\mathfrak{A}'$ p-vollständig bezüglich $T(\mathfrak{P})$, dann gilt dies insbesondere für die identische Abbildung $id_\Omega : (\Omega, \mathfrak{A}) \to (\Omega, \mathfrak{T})$, und damit ist $\mathfrak{T}$ bezüglich $\mathfrak{P}$ vollständig.

Beide Beweisteile gelten auch für Beschränkt-Vollständigkeit, da mit $f' \in \mathfrak{M}^b(\Omega', \mathfrak{A}')$ stets $f' \circ T \in \mathfrak{M}^b(\Omega, T^{-1}(\mathfrak{A}'))$ ist.

b) Sei $f \in \mathfrak{M}(\Omega, \mathfrak{T}) \cap \bigcap_{P' \in \mathfrak{P}'} \mathcal{L}^1(\Omega, \mathfrak{A}, P')$ mit $E_{P'}(f) = 0$ für alle $P' \in \mathfrak{P}'$.
Dann ist erst recht für alle $P \in \mathfrak{P}$ $E_P(f) = 0$.
Aus der Vollständigkeit von $\mathfrak{T}$ bezüglich $\mathfrak{P}$ folgt dann $P[f \neq 0] = 0$ für alle $P \in \mathfrak{P}$; damit ist nach Voraussetzung $P'[f \neq 0]$ für alle $P' \in \mathfrak{P}'$, d.h. $\mathfrak{T}$ ist vollständig bezüglich $\mathfrak{P}'$. ┘

Beispiel 3.1: Es seien $\Omega := \{1,2,3\}$, $\mathfrak{A} := \mathfrak{P}(\Omega)$, $\mathfrak{T} := \{\{1\}, \{2,3\}, \emptyset, \Omega\}$, $\mathfrak{P}_1 := \{\varepsilon_3\}$, $\mathfrak{P}_2 := \{\frac{1}{2}(\varepsilon_1 + \varepsilon_2)\}$, $\mathfrak{P} := \mathfrak{P}_1 \cup \mathfrak{P}_2$.
Dann ist $\mathfrak{T}$ vollständig bezüglich $\mathfrak{P}$ und $\mathfrak{P}_1$, aber nicht bezüglich $\mathfrak{P}_2$, und $\mathfrak{A}$ ist vollständig bezüglich $\mathfrak{P}_1$, aber nicht bezüglich $\mathfrak{P}$.

Beispiel 3.2: Es seien $(\Omega, \mathfrak{A})$ ein beliebiger Meßraum und $\mathfrak{P} := \{\varepsilon_\omega : \omega \in \Omega\}$. Dann ist jede Unter-σ-Algebra $\mathfrak{T} \subset \mathfrak{A}$ vollständig für $\mathfrak{P}$.

Beispiel 3.3: Es seien $(\Omega, \mathfrak{A}) := (\mathbb{R}^n, \mathfrak{B}^n)$ und $\mathfrak{P} := \{\nu_{\alpha,1}^{\otimes n} : \alpha \in \mathbb{R}\}$, wobei ν_{α,σ^2} die Normalverteilung mit Mittelwert $\alpha \in \mathbb{R}$ und Varianz $\sigma^2 > o$ bezeichnet, sowie $T := \overline{X} = \frac{1}{n} \sum_{k=1}^{n} X_i$ mit $X_k((x_1,\dots,x_n)) = x_k$ für alle $(x_1,\dots,x_n) \in \Omega$.

Mit dem Beweis von Satz 1 a) wollen wir zeigen, daß T vollständig ist. Zunächst ist

$$T(\nu_{\alpha,1}^{\otimes n}) = \overline{X}(\nu_{\alpha,1}^{\otimes n}) = \nu_{\alpha,\frac{1}{n}}$$

Sei nun

$$f \in \bigcap_{\alpha \in \mathbb{R}} \mathfrak{L}^1(\mathbb{R}, \mathfrak{B}, \nu_{\alpha,\frac{1}{n}}) \qquad \text{mit}$$

$$0 = \int f \, d\, T(\nu_{\alpha,1}^{\otimes n}) = \int f(y)\, e^{-\frac{n}{2}(y^2+\alpha^2)}\, e^{y\, n\alpha}\, dy$$

für alle $\alpha \in \mathbb{R}$.

Dann ist nach dem Eindeutigkeitssatz für die Laplace-Transformierte $f(y)\, e^{-\frac{n}{2}(y^2+\alpha^2)} = 0$ für λ-fast alle $y \in \mathbb{R}$ und damit $f = 0$ modulo $\nu_{\alpha,\frac{1}{n}} = T(\nu_{\alpha,1}^{\otimes n})$ für alle $\alpha \in \mathbb{R}$.

Beispiel 3.4: Es seien $\Omega := \{-1,0,1,2,3,\dots\}$, $\mathfrak{A} := \mathfrak{P}(\Omega)$ und

$$\mathfrak{P} := \{ \frac{1}{2-\alpha} (\varepsilon_{-1} + (1-\alpha)^2 \sum_{n=o}^{\infty} \alpha^n \varepsilon_n) : \alpha \in]0,1[\}$$

Gezeigt werden soll, daß $\mathfrak{A}$ beschränkt vollständig, aber nicht vollständig für $\mathfrak{P}$ ist.

Sei zunächst $f \in \mathbb{M}^b(\Omega, \mathfrak{A})$ mit $E_P(f) = 0$ für alle $P \in \mathfrak{P}$, also

$$f(-1) + (1-\alpha)^2 \sum_{n \geq o} f(n)\, \alpha^n = 0,$$

d.h. $\qquad f(-1) + f(0) + (f(1) - 2 f(0))\, \alpha$

$$+ \sum_{n \geq 2} (f(n) - 2\,f(n-1) + f(n-2))\,\alpha^n = 0$$

für alle $\alpha \in \,]0,1[$.

Nach dem Identitätssatz für Potenzreihen verschwinden alle Koeffizienten, also

$$f(0) = -f(-1)$$

$$f(1) = -2\,f(-1)$$

$$f(2) = 2\,f(1) - f(0) = -3\,f(-1),$$

und durch Induktion folgt $f(n) = -(n+1)\,f(-1)$. Da f aber beschränkt sein sollte, ist $f \equiv 0$.

Ist eine Funktion $f : \Omega \to \mathbb{R}$ nicht beschränkt, so ist dieser Schluß nicht durchführbar. Er ist sogar falsch: wenn man f durch $f(-1) = -1$ und $f(n) = n+1$ für $n = 0,1,2,\ldots$ definiert, so ist nach obiger Rechnung $E_P(f) = 0$ für alle $P \in \mathfrak{P}$, ohne daß f identisch verschwindet.

$\mathfrak{A}$ ist also nicht vollständig für $\mathfrak{P}$.

[Mit dem Quotientenkriterium für unendliche Reihen zeigt man übrigens, daß für jedes $p \in [1,\infty[$ $f \in \bigcap_{P \in \mathfrak{P}} \mathcal{L}^p(\Omega, \mathfrak{A}, P)$ ist; $\mathfrak{A}$ ist also für kein $P \in [1,\infty[$ p-vollständig bezüglich $\mathfrak{P}$.]

Als nächstes führen wir den Begriff der minimal-erschöpfenden σ-Algebra und der minimal-erschöpfenden Statistik ein.

<u>Definition 3.2:</u> Es seien $(\Omega, \mathfrak{A}, \mathfrak{P})$ ein Experiment, $\mathfrak{T} \subset \mathfrak{A}$ eine erschöpfende Unter-σ-Algebra und $T : (\Omega, \mathfrak{A}) \to (\Omega', \mathfrak{A}')$ eine Statistik mit $\mathfrak{A}(T) = \mathfrak{T}$.

a) $\mathfrak{T}$ heißt <u>minimal-erschöpfende σ-Algebra</u>, wenn $\mathfrak{T}$ modulo $\mathfrak{P}$ die kleinste erschöpfende σ-Algebra ist, d.h. wenn für jede andere erschöpfende σ-Algebra $\mathcal{T}$ stets $\mathfrak{T} \vee \mathcal{N}_{\mathfrak{P}} \subset \mathcal{T} \vee \mathcal{N}_{\mathfrak{P}}$ gilt.

b) T heißt <u>minimal-erschöpfende Statistik</u>, wenn gilt:
Zu jeder erschöpfenden Statistik $V : (\Omega, \mathfrak{A}) \to (\Omega'', \mathfrak{A}'')$ gibt es eine (nicht notwendig meßbare) Abbildung $S : \Omega'' \to \Omega'$ mit $T = S \circ V\ [\mathfrak{P}]$.

<u>Bemerkung:</u> In den Beispielen 7 und 8 des Paragraphen 6 wird gezeigt werden, daß $\mathfrak{A}(T)$ minimal-erschöpfend sein kann, ohne daß T es ist, und daß T minimal-erschöpfend sein kann, ohne daß $\mathfrak{A}(T)$ es ist.

Die Bezeichnung "minimal-erschöpfend" ist in der Literatur in der angegebenen Bedeutung üblich; es ist zu beachten, daß es sich um "Minimalität" in einem allgemeinen Sinn und nicht um "Minimalität" bezüglich einer Halbordnung handelt.

Erste einfache Tatsachen über minimal-erschöpfende Statistiken bringt der folgende

Satz 3.2: Es sei $(\Omega, \mathfrak{A}, \mathfrak{P})$ ein Experiment.

a) Ist $\mathfrak{P}' \subset \mathfrak{P}$ eine Teilmenge mit $\mathcal{N}_{\mathfrak{P}} = \mathcal{N}_{\mathfrak{P}'}$, und ist T eine für $\mathfrak{P}$ erschöpfende und für $\mathfrak{P}'$ minimal-erschöpfende Statistik, so ist T auch für $\mathfrak{P}$ minimal-erschöpfend.

b) Sind $(\Omega', \mathfrak{A}')$ und $(\Omega'', \mathfrak{A}'')$ zwei Meßräume und $\phi : (\Omega', \mathfrak{A}') \to (\Omega'', \mathfrak{A}'')$ ein Isomorphismus, so ist eine Statistik $T : (\Omega, \mathfrak{A}) \to (\Omega', \mathfrak{A}')$ genau dann minimal-erschöpfend, wenn die Statistik $\phi \circ T : (\Omega, \mathfrak{A}) \to (\Omega'', \mathfrak{A}'')$ minimal-erschöpfend ist.

Beweis: a) Sei $V : (\Omega, \mathfrak{A}) \to (\Omega'', \mathfrak{A}'')$ eine weitere $\mathfrak{P}$ -erschöpfende Statistik. Diese ist dann auch für $\mathfrak{P}'$ erschöpfend, also gibt es ein $S : \Omega'' \to \Omega$ mit $P\,[T \neq S \circ V] = 0$ für alle $P \in \mathfrak{P}'$.
Nach Voraussetzung gilt dann auch $P\,[T \neq S \circ V] = 0$ für alle $P \in \mathfrak{P}$.
T ist also minimal-erschöpfend für $\mathfrak{P}$.

b) Sei T minimal-erschöpfend, und es sei $V : (\Omega, \mathfrak{A}) \to (\Omega''', \mathfrak{A}''')$ eine erschöpfende Statistik. Dann gibt es ein $S : \Omega''' \to \Omega'$ mit $T = S \circ V\,[\mathfrak{P}]$, also gibt es zu $\phi \circ T$ und V die Abbildung $\phi \circ S : \Omega''' \to \Omega''$ mit $\phi \circ T = (\phi \circ S) \circ V\,[\mathfrak{P}]$.
Sei umgekehrt $\phi \circ T$ minimal-erschöpfend, und es sei $V : (\Omega, \mathfrak{A}) \to (\Omega''', \mathfrak{A}''')$ erschöpfend, dann gibt es ein $S : \Omega''' \to \Omega''$ mit $\phi \circ T = S \circ V\,[\mathfrak{P}]$; zu T und V gibt es also die Abbildung $\phi^{-1} \circ S : \Omega''' \to \Omega'$ mit $T = \phi^{-1} \circ \phi \circ T =$
$= (\phi^{-1} \circ S) \circ V\,[\mathfrak{P}]$. ⌟

Von fundamentaler Bedeutung sind die folgenden beiden Sätze:

Satz 3.3: Es sei $(\Omega, \mathfrak{A}, \mathfrak{P})$ ein Experiment mit der folgenden Eigenschaft:

(*) Zu jeder Funktion $f \in \mathfrak{M}(\Omega, \mathfrak{A})$ und jeder Menge $M \subset \mathbb{R}$ mit $f^{-1}(M) \in \mathfrak{A}$ gibt es Mengen $B_1, B_2 \in \mathfrak{L}$ mit $B_1 \subset M \subset B_2$ und $f^{-1}(B_2 \setminus B_1) \in \mathfrak{N}_{\mathfrak{P}}$.

Eine Statistik $T : (\Omega, \mathfrak{A}) \to (\mathbb{R}^n, \mathfrak{L}^n)$ ist genau dann minimal-erschöpfend, wenn $\mathfrak{A}(T)$ eine minimal-erschöpfende σ-Algebra ist.

Bemerkung: Ist das Experiment $(\Omega, \mathfrak{A}, \mathfrak{P})$ μ-dominiert durch ein σ-endliches Maß μ auf $(\Omega, \mathfrak{A})$ und $(\Omega, \mathfrak{A})$ ein Standard-Meßraum, so ist die Bedingung (*) stets erfüllt.

Beweis: Wir stellen zunächst einige Fakten zusammen.

I Für jedes $n \in \mathbb{N} \cup \{\infty\}$ sind die Meßräume $(\mathbb{R}, \mathfrak{B})^{\otimes n}$, $(\overline{\mathbb{R}}, \overline{\mathfrak{B}})^{\otimes n}$ und $([0,1], \mathfrak{B}_{[0,1]})^{\otimes n}$ isomorph zu $(\mathbb{R}, \mathfrak{B})$.

II Zu jedem Meßraum $(\Omega, \mathfrak{A})$ und jeder separablen σ-Algebra $\mathfrak{T} \subset \mathfrak{A}$ gibt es ein $f \in \mathfrak{M}^b(\Omega, \mathfrak{A})$ mit $\mathfrak{T} = \mathfrak{A}(f)$.

[Sei $\mathcal{E} := \{A_k : k \in \mathbb{N}\}$ ein endliches oder abzählbares Erzeugendensystem für $\mathfrak{T}$. Dann wird eine Abbildung $\psi : (\Omega, \mathfrak{A}) \to (\mathbb{R}, \mathfrak{B})^{\otimes \mathbb{N}}$ definiert durch

$$pr_k \circ \psi(\omega) := 1_{A_k}(\omega) \quad (k \in \mathbb{N}),$$

wobei $pr_k : (\mathbb{R}, \mathfrak{B})^{\otimes \mathbb{N}} \to (\mathbb{R}, \mathfrak{B})$ die k-te Koordinaten-Abbildung sei. Es ist $A_k = \psi^{-1}[pr_k = 1] \in \mathfrak{A}(\psi)$ für alle $A_k \in \mathfrak{T}$, also $\mathfrak{T} \subset \mathfrak{A}(\psi)$. Andererseits sind alle Abbildungen $pr_k \circ \psi = 1_{A_k}$ $\mathfrak{T}$-meßbar; damit ist ψ $\mathfrak{T}$-meßbar, d.h. $\mathfrak{A}(\psi) \subset \mathfrak{T}$. Also ist $\mathfrak{A}(\psi) = \mathfrak{T}$.

Setzt man nun $f := \phi \circ \psi$, wobei $\phi : (\mathbb{R}, \mathfrak{B})^{\otimes \mathbb{N}} \to (\mathbb{R}, \mathfrak{B})$ ein Isomorphismus sei, so ist $\mathfrak{T} = \mathfrak{A}(f)$.]

III Es seien $(\Omega, \mathfrak{A})$ ein Meßraum und $f, g \in \mathfrak{M}(\Omega, \mathfrak{A})$.
Genau dann gilt $\mathfrak{A}(f) \subset \mathfrak{A}(g)$, wenn es eine meßbare Abbildung $h : (\mathbb{R}, \mathfrak{B}) \to (\mathbb{R}, \mathfrak{B})$ gibt mit $f = h \circ g$.

[Dies ist ein Spezialfall des Faktorisierungssatzes.]

Wir kommen nun zum eigentlichen Beweis. Nach Satz 2 b) können wir oBdA $n = 1$ annehmen.

Sei $T : (\Omega, \mathfrak{A}) \to (\mathbb{R}, \mathfrak{B})$ minimal-erschöpfend und $\mathfrak{T}$ eine für $\mathfrak{P}$ erschöpfende σ-Algebra. Wir wollen zeigen, daß $\mathfrak{A}(T) \vee \mathcal{N}_{\mathfrak{P}} \subset \mathfrak{T} \vee \mathcal{N}_{\mathfrak{P}}$ gilt, und untersuchen zu diesem Zweck $\mathfrak{C} := (\mathfrak{A}(T) \vee \mathcal{N}_{\mathfrak{P}}) \cap (\mathfrak{T} \vee \mathcal{N}_{\mathfrak{P}})$.

Nach Satz 2.4 ist $\mathfrak{C}$ erschöpfend für $\mathfrak{P}$. Wir können also zu einem abzählbaren durchschnittsstabilen Erzeugendensystem $(A_k)_{k \geq 1}$ von

$\mathfrak{A}(T)$ Funktionen $Q_{A_K} \in \mathbb{M}_{(1)}(\Omega, \mathfrak{L})$ wählen mit $Q_{A_k} = E_P^{\mathfrak{L}}(1_{A_k})$ für alle $P \in \mathfrak{P}$. Wir bezeichnen die von den Q_{A_k} erzeugte σ-Algebra mit $\mathfrak{J}$.

Nach II gibt es Funktionen $f, g \in \mathbb{M}^b(\Omega, \mathfrak{A})$ mit $\mathfrak{A}(f) = \mathfrak{J}$ und $\mathfrak{A}(g) = \mathfrak{J} \vee \mathfrak{A}(T)$.

Nach III gibt es ein $h : (\mathbb{R}, \mathfrak{B}) \to (\mathbb{R}, \mathfrak{B})$ mit $h \circ g = f$.
Wegen $\mathfrak{A}(T) \subset \mathfrak{A}(g) \subset \mathfrak{A}(T) \vee \mathcal{N}_{\mathfrak{P}}$ ist oBdA $P[g \neq T] = 0$ für alle $P \in \mathfrak{P}$, also ist $f = h \circ T\ [\mathfrak{P}]$. Andererseits gibt es eine Abbildung $S : \mathbb{R} \to \mathbb{R}$ mit $T = S \circ f\ [\mathfrak{P}]$, da f erschöpfend und T minimal-erschöpfend ist.
Hieraus gewinnt man aufgrund der Voraussetzung (*) schließlich
$\mathfrak{L} = \mathfrak{A}(T) \vee \mathcal{N}_{\mathfrak{P}}$.
$\mathfrak{A}(T)$ ist also eine minimal-erschöpfende σ-Algebra.

Sei umgekehrt $\mathfrak{A}(T)$ eine minimal-erschöpfende σ-Algebra und sei $V : (\Omega, \mathfrak{A}) \to (\Omega', \mathfrak{A}')$ eine beliebige erschöpfende Statistik. Für diese gilt dann nach Voraussetzung $\mathfrak{A}(T) \subset \mathfrak{A}(V)\ [\mathfrak{P}]$, d.h. es gibt eine $\mathfrak{A}(V)$-meßbare reelle Funktion $T_o : (\Omega, \mathfrak{A}) \to (\mathbb{R}, \mathfrak{B})$ mit $T_o = T\ [\mathfrak{P}]$. Diese können wir nach dem Faktorisierungssatz zerlegen in $T_o = S \circ V$, also $T = S \circ V\ [\mathfrak{P}]$. Das bedeutet, daß T minimal-erschöpfend ist. ⌋

<u>Satz 3.4:</u> Es seien $(\Omega, \mathfrak{A}, \mathfrak{P})$ ein Experiment und $\mathfrak{T}$ eine erschöpfende und beschränkt vollständige Unter-σ-Algebra. Dann ist $\mathfrak{T}$ minimal-erschöpfend.

<u>Beweis:</u> Sei $\mathfrak{T}_1$ erschöpfend für $\mathfrak{P}$. Wir wollen zeigen, daß $\mathfrak{T} \subset \mathfrak{T}_1\ [\mathfrak{P}]$, und wählen dazu ein beliebiges $S \in \mathfrak{T}$.
Da $\mathfrak{T}$ und $\mathfrak{T}_1$ erschöpfend sind, gibt es Funktionen $Q_S^{(1)} \in \mathbb{M}_{(1)}(\Omega, \mathfrak{T}_1)$ und $\overline{Q}_S \in \mathbb{M}_{(1)}(\Omega, \mathfrak{T})$ mit

$$Q_S^{(1)} = E_P^{\mathfrak{T}_1}(1_S)\ [P] \qquad \text{für alle } P \in \mathfrak{P}$$

$$\overline{Q}_S = E_P^{\mathfrak{T}}(Q_S^{(1)}) = E_P^{\mathfrak{T}}(E_P^{\mathfrak{T}_1}(1_S))[P] \text{ für alle } P \in \mathfrak{P}$$

Dann gilt für $P \in \mathfrak{P}$

$$\int \overline{Q}_S\, dP = \int E_P^{\mathfrak{T}}(E_P^{\mathfrak{T}_1}(1_S))\, dP = \int 1_S\, dP,$$

wegen der Beschränkt-Vollständigkeit von $\mathfrak{T}$ ist $\overline{Q}_S = 1_S\ [\mathfrak{P}]$.

Hieraus folgt für jedes $P \in \mathfrak{P}$

$$1_S = 1_S \cdot 1_S = 1_S \overline{Q}_S = 1_S E_P^{\mathfrak{T}}(E_P^{\mathfrak{T}_1}(1_S)) = E_P^{\mathfrak{T}}(1_S E_P^{\mathfrak{T}_1}(1_S)) \; [\mathfrak{P}]$$

und damit

$$\int 1_S \, dP = \int E_P^{\mathfrak{T}}(1_S E_P^{\mathfrak{T}_1}(1_S)) \, dP = \int 1_S E_P^{\mathfrak{T}_1}(1_S) \, dP.$$

Andererseits gilt $\quad 1_S \geq 1_S E_P^{\mathfrak{T}_1}(1_S) \; [\mathfrak{P}].$

Insgesamt erhält man also:

$$1_S = 1_S E_P^{\mathfrak{T}_1}(1_S) \; [\mathfrak{P}], \text{ d.h. } S \in \mathfrak{T}_1 \; [\mathfrak{P}]. \quad \lrcorner$$

Kapitel II: Erschöpftheit unter Zusatzbedingungen

§ 4 Erschöpftheit im separablen Fall

Es soll die Frage untersucht werden, inwieweit sich gewisse Aussagen über Erschöpftheit vereinfachen bzw. verschärfen lassen, wenn ein Experiment $(\Omega, \mathfrak{A}, \mathfrak{P})$ eine separable σ-Algebra besitzt.

Wir erinnern daran, daß eine Unter-σ-Algebra einer separablen σ-Algebra im allgemeinen nicht separabel ist (Die Borelsche σ-Algebra $\mathfrak{B}$ auf $\mathbb{R}$ ist abzählbar erzeugt, aber die Unter-σ-Algebra $\mathfrak{T} \subset \mathfrak{B}$ aller Teilmengen von $\mathbb{R}$, die abzählbar sind oder abzählbares Komplement haben, ist nicht abzählbar erzeugt).
Ist $(\Omega, \mathfrak{A}, P)$ ein W-Raum mit separabler σ-Algebra $\mathfrak{A}$, so ist jede Unter-σ-Algebra immerhin noch modulo P abzählbar erzeugt; am Beispiel des Experiments $(\mathbb{R}, \mathfrak{B}, \{\varepsilon_x : x \in \mathbb{R}\})$ sieht man aber, daß auch diese schwache Form der Separabilität sich im allgemeinen nicht auf Unter-σ-Algebren überträgt.

Satz 4.1: Es seien $(\Omega, \mathfrak{A}, \mathfrak{P})$ ein Experiment und $\mathfrak{T} \subset \mathfrak{A}$ eine erschöpfende σ-Algebra. Ist dann $\mathfrak{L} \subset \mathfrak{A}$ eine separable Unter-σ-Algebra, so ist auch $\mathfrak{T} \vee \mathfrak{L}$ erschöpfend.

Zum Beweis stützen wir uns auf das folgende Lemma, das eine einfache Verallgemeinerung der Formel für die bedingte Erwartung bezüglich einer endlichen σ-Algebra ist.

Lemma 4.1: Es seien $(\Omega, \mathfrak{A}, P)$ ein W-Raum und $\mathfrak{L}$ die von einer paarweise disjunkten meßbaren Zerlegung $\{C_1, \ldots, C_n\}$ erzeugte σ-Algebra. Dann gilt für jede σ-Algebra $\mathfrak{T} \subset \mathfrak{A}$ und $f \in L^1(\Omega, \mathfrak{A}, P)$

$$(*) \qquad E_P^{\mathfrak{T} \vee \mathfrak{L}}(f) = \sum_{k=1}^{n} 1_{C_k} \frac{E_P^{\mathfrak{T}}(f \cdot 1_{C_k})}{E_P^{\mathfrak{T}}(1_{C_k})} \qquad [P]$$

Beweis des Lemmas: Zunächst gilt für alle $C \in \mathfrak{A}$ modulo P die Beziehung

$C \subset [E_P^{\mathcal{T}}(1_C) > 0]$; denn es ist

$$P(C \cap [E_P^{\mathcal{T}}(1_C) > 0]) = \int_{[E_P^{\mathcal{T}}(1_C) > 0]} 1_C \, dP$$

$$= \int_{[E_P^{\mathcal{T}}(1_C) > 0]} E_P^{\mathcal{T}}(1_C) \, dP = \int_{\Omega} E_P^{\mathcal{T}}(1_C) \, dP = P(C)$$

Die Funktion auf der rechten Seite von (*) ist also P-fast überall definiert.

Wir rechnen (*) zunächst für positive $f \in L^1(\Omega, \mathfrak{A}, P)$ nach; in diesem Fall braucht man sich nicht um die Integrierbarkeit zu kümmern.

Seien $S \in \mathcal{T}$ und $1 \leq i \leq n$ beliebig. Dann ist

$$\int_{S \cap C_i} \sum_{k=1}^{n} 1_{C_k} \frac{E_P^{\mathcal{T}}(f \cdot 1_{C_k})}{E_P^{\mathcal{T}}(1_{C_k})} \, dP = \int_S 1_{C_i} \frac{E_P^{\mathcal{T}}(f \cdot 1_{C_i})}{E_P^{\mathcal{T}}(1_{C_i})} \, dP$$

$$= \int_S E_P^{\mathcal{T}}\left(1_{C_i} \frac{E_P^{\mathcal{T}}(f \cdot 1_{C_i})}{E_P^{\mathcal{T}}(1_{C_i})}\right) dP = \int_S E_P^{\mathcal{T}}(1_{C_i}) \frac{E_P^{\mathcal{T}}(f \cdot 1_{C_i})}{E_P^{\mathcal{T}}(1_{C_i})} \, dP$$

$$= \int_S E_P^{\mathcal{T}}(f \cdot 1_{C_i}) \, dP = \int_S f \cdot 1_{C_i} \, dP = \int_{S \cap C_i} f \, dP$$

$$= \int_{S \cap C_i} E_P^{\mathcal{T} \vee \mathcal{L}}(f) \, dP.$$

Da diese Identität für ein durchschnitt-stabiles Erzeugendensystem von $\mathcal{T} \vee \mathcal{L}$ gilt, gilt sie für alle Mengen aus $\mathcal{T} \vee \mathcal{L}$.

Die Beschränkung auf positive Funktionen kann man nun wieder fallen lassen, da sich jedes $f \in L^1(\Omega, \mathfrak{A}, P)$ in eine Differenz zweier positiver Funktionen aus $L^1(\Omega, \mathfrak{A}, P)$ zerlegen läßt. ⌋

Beweis des Satzes: Wir behandeln zunächst den Fall, daß $\mathcal{L}$ endlich ist. Dann gibt es eine endliche meßbare Zerlegung $\{C_1,\dots,C_n\}$ von Ω, die $\mathcal{L}$ erzeugt. Durch

$$Q_A^{\mathfrak{T}\vee\mathcal{L}} := \sum_{k=1}^{n} 1_{C_k} \frac{\mathfrak{P}^{\mathfrak{T}}(A\cap C_k)}{\mathfrak{P}^{\mathfrak{T}}(C_k)}$$

wird für jedes $A\in\mathfrak{A}$ eine $\mathfrak{T}\vee\mathcal{L}$ -meßbare Funktion definiert, für die nach (*) von Lemma 1

$$Q_A^{\mathfrak{T}\vee\mathcal{L}} = P^{\mathfrak{T}\vee\mathcal{L}}(A) \quad [P]$$

für jedes $P\in\mathfrak{P}$ gilt, also existiert $\mathfrak{P}^{\mathfrak{T}\vee\mathcal{L}}(A)$ und ist gleich $Q_A^{\mathfrak{T}\vee\mathcal{L}}$ $[\mathfrak{P}]$.

Für endliche $\mathcal{L}$ stimmt also die Aussage des Satzes.

Sei nun $\mathcal{L}$ eine σ-Algebra mit einem abzählbar unendlichen Erzeugendensystem $\{C_1,C_2,\dots\}$. Dann betrachten wir die von den $C_1,\dots,C_n$ erzeugten σ-Algebren $\mathcal{L}_n$. Diese sind endlich, daher sind nach dem eben Bewiesenen die σ-Algebren $\mathfrak{T}\vee\mathcal{L}_n$ erschöpfend. Außerdem gilt $\mathcal{L}_n\uparrow\mathcal{L}$, und damit $\mathcal{L}_n\vee\mathfrak{T}\uparrow\mathcal{L}\vee\mathfrak{T}$, also ist nach Satz 2.3 $\mathcal{L}\vee\mathfrak{T}$ erschöpfend. ┘

Korollar: Seien $(\Omega,\mathfrak{A},\mathfrak{P})$ ein Experiment und $\mathfrak{T}\subset\mathfrak{A}$ eine separable Unter-σ-Algebra, die eine erschöpfende Unter-σ-Algebra $\mathfrak{S}$ enthält. Dann ist $\mathfrak{T}$ selbst erschöpfend.

Beweis: Wegen $\mathfrak{T}=\mathfrak{T}\vee\mathfrak{S}$ ist $\mathfrak{T}$ nach Satz 1 erschöpfend. ┘

Satz 4.2: Es seien $(\Omega,\mathfrak{A},\mathfrak{P})$ ein Experiment mit separabler σ-Algebra $\mathfrak{A}$ und $\mathfrak{T}$ eine erschöpfende Unter-σ-Algebra von $\mathfrak{A}$. Dann existiert eine für $\mathfrak{P}$ erschöpfende separable Unter-σ-Algebra $\mathcal{T}$ von $\mathfrak{A}$ mit $\mathcal{T}\subset\mathfrak{T}\subset\mathcal{T}\vee\mathcal{N}_{\mathfrak{P}}$.

Beweis: Man wähle ein abzählbares durchschnittsstabiles Erzeugendensystem $\mathcal{E}$ für $\mathfrak{A}$ und zu jedem $E\in\mathcal{E}$ eine Funktion

$\mathfrak{P}^{\mathfrak{T}}(E)\in\mathbb{M}_{(1)}(\Omega,\mathfrak{T})$ mit $\mathfrak{P}^{\mathfrak{T}}(E)=P^{\mathfrak{T}}(E)$ $[P]$ für alle $P\in\mathfrak{P}$.

Es sei $\mathcal{T}$ die von den $\mathfrak{P}^{\mathfrak{T}}(E)$ $(E\in\mathcal{E})$ erzeugte σ-Algebra. Dann ist $\mathcal{T}$ abzählbar erzeugt, und es gilt $\mathcal{T}\subset\mathfrak{T}$.

Um die Erschöpftheit von $\mathcal{T}$ und die Inklusion $\mathfrak{T}\subset\mathcal{T}\vee\mathcal{N}_{\mathfrak{P}}$ zu zeigen, betrachten wir

$\mathfrak{D} := \{A \in \mathfrak{A} : \text{Es gibt ein } Q_A \in \mathcal{M}_{(1)}(\Omega, \mathfrak{T}) \text{ mit } Q_A = P^{\mathfrak{T}}(A)\ [P]$

für alle $P \in \mathfrak{P}\}$

$\mathfrak{D}$ ist ein Dynkin-System, das $\mathfrak{E}$ enthält. $\mathfrak{D}$ enthält daher auch das von $\mathfrak{E}$ erzeugte Dynkin-System, und dieses ist gleich $\mathfrak{A}$, da $\mathfrak{E}$ durchschnittsstabil ist.

Insbesondere gibt es also zu jedem $S \in \mathfrak{T}$ ein $Q_S \in \mathcal{M}_{(1)}(\Omega, \mathfrak{T})$ mit $Q_S = 1_S\ [P]$ für alle $P \in \mathfrak{P}$, d.h. $[Q_S \neq 1_S] \in \mathcal{N}_{\mathfrak{P}}$, also $S \in \mathfrak{T} \vee \mathcal{N}_{\mathfrak{P}}$. ⌋

<u>Korollar 4.1:</u> Ist unter den Bedingungen von Satz 2 $\mathcal{N}_{\mathfrak{P}} = \{\emptyset, \Omega\}$, so ist jede erschöpfende σ-Algebra separabel.

<u>Korollar 4.2:</u> Es sei $(\Omega, \mathfrak{A}, \mathfrak{P})$ ein Experiment mit separabler σ-Algebra $\mathfrak{A}$. Ist dann $(\mathfrak{T}_n)_{n \in \mathbb{N}}$ eine Folge erschöpfender σ-Algebren in $\mathfrak{A}$, so ist $\bigvee_{n \in \mathbb{N}} \mathfrak{T}_n$ erschöpfend.

<u>Beweis:</u> Man wähle zu jedem $n \in \mathbb{N}$ eine separable erschöpfende σ-Algebra $\mathfrak{T}_n$ mit $\mathfrak{T}_n \subset \mathfrak{T}_n \subset \mathfrak{T}_n \vee \mathcal{N}_{\mathfrak{P}}$.

Dann gilt $\bigvee_{n \in \mathbb{N}} \mathfrak{T}_n \subset \bigvee_{n \in \mathbb{N}} \mathfrak{T}_n \subset (\bigvee_{n \in \mathbb{N}} \mathfrak{T}_n) \vee \mathcal{N}_{\mathfrak{P}}$.

Nach Satz 1 ist für jedes $k \in \mathbb{N}$ $\bigvee_{n=1}^{k} \mathfrak{T}_n$ erschöpfend, daher ist auch $\bigvee_{n \in \mathbb{N}} \mathfrak{T}_n = \bigvee_{k \in \mathbb{N}} (\bigvee_{n=1}^{k} \mathfrak{T}_n)$ als aufsteigender Limes erschöpfender σ-Algebren erschöpfend.

Wegen $\bigvee_{n \in \mathbb{N}} \mathfrak{T}_n = \bigvee_{n \in \mathbb{N}} \mathfrak{T}_n\ [\mathfrak{P}]$ ist nach Satz 2.1 d) auch $\bigvee_{n \in \mathbb{N}} \mathfrak{T}_n$ erschöpfend. ⌋

§ 5 Erschöpftheit im dominierten Fall

Es soll nun der Fall dominierter Experimente behandelt werden. Das wichtigste Ergebnis ist das Kriterium von Halmos-Savage für die Erschöpftheit von Unter-σ-Algebren im dominierten Fall. Diskutiert wird ferner eine Verallgemeinerung der Erschöpftheit, nämlich der Begriff der paarweisen Erschöpftheit, sowie eine besonders wichtige Klasse dominierter Experimente, die sogenannten Exponential-Experimente.

Definition 5.1: Es seien $(\Omega, \mathfrak{A})$ ein Meßraum und $\mathfrak{M}$, $\mathfrak{M}_1$, $\mathfrak{M}_2$ Mengen positiver σ-endlicher Maße auf $(\Omega, \mathfrak{A})$.

a) $\mathfrak{R}_{\mathfrak{M}}$ sei der σ-Ring aller $A \in \mathfrak{A}$, für die $\mu(A) = 0$ für alle $\mu \in \mathfrak{M}$ gilt.

b) $\mathfrak{M}_1$ wird von $\mathfrak{M}_2$ dominiert, in Zeichen $\mathfrak{M}_1 << \mathfrak{M}_2$, falls

$$\mathfrak{R}_{\mathfrak{M}_2} \subset \mathfrak{R}_{\mathfrak{M}_1}.$$

c) $\mathfrak{M}_1$ und $\mathfrak{M}_2$ heißen äquivalent, in Zeichen $\mathfrak{M}_1 \sim \mathfrak{M}_2$, wenn $\mathfrak{M}_1 << \mathfrak{M}_2$ und $\mathfrak{M}_2 << \mathfrak{M}_1$.

Ist eine der Mengen einpunktig, so schreibt man in den in b) und c) definierten Relationen statt $\{\mu\}$ auch nur μ.

Ein Experiment $(\Omega, \mathfrak{A}, \mathfrak{P})$ heißt (μ-)dominiert (mit dominierendem σ-endlichen Maß μ auf $(\Omega, \mathfrak{A})$), wenn $\mathfrak{P} << \mu$ vorliegt.

Bemerkung: Zu jedem σ-endlichen Maß μ auf $(\Omega, \mathfrak{A})$ gibt es ein W-Maß P und eine strikt positive meßbare Funktion f mit $\mu = f.P$; insbesondere gilt für dieses P dann $\mu \sim P$.

[Man gehe etwa von einer meßbaren disjunkten Zerlegung $\mathfrak{Z} := \{Z_k : k \geq 1\}$ von Ω mit $0 < \mu(Z_k) < \infty$ für alle $k \geq 1$ aus.

Durch $g := \sum_{k=1}^{\infty} \frac{1}{2^k} \cdot \frac{1}{\mu(Z_k)} \cdot 1_{Z_k}$ ist dann eine nirgends verschwindende Funktion definiert, so daß $g \cdot \mu =: P$ ein W-Maß ist.
Mit $f := \frac{1}{g}$ wird dann eine Zerlegung $\mu = f \cdot P$ der oben genannten Art gewonnen.]

Bei Fragen der Dominiertheit könnte man also im Prinzip mit W-Maßen auskommen; umgekehrt ist der Übergang zu σ-endlichen Maßen komplikationslos. Wir wählen hier streckenweise den allgemeineren Rahmen, weil er für einige wichtige angrenzende Fragestellungen der geeignetere ist.

<u>Satz 5.1:</u> Es seien μ ein σ-endliches Maß und $\mathfrak{M}$ eine Menge σ-endlicher Maße auf dem Meßraum $(\Omega, \mathfrak{A})$ mit $\mathfrak{M} \ll \mu$. Dann existiert ein μ_o aus der abzählbar konvexen Hülle $\text{conv}_\sigma \mathfrak{M}$ von $\mathfrak{M}$ mit $\mathfrak{M} \sim \mu_o$.
Insbesondere existiert eine abzählbare Teilmenge $\mathfrak{M}' \subset \mathfrak{M}$ mit $\mathfrak{M}' \sim \mathfrak{M}$.

<u>Beweis:</u> Es seien

$$\mathfrak{K} := \{K \in \mathfrak{A} : \text{Es gibt ein } \nu \in \mathfrak{M} \text{ mit } 1_K \cdot \nu \sim 1_K \cdot \mu\}$$

und $\mathfrak{G}$ der von $\mathfrak{K}$ erzeugte σ-Ring.

$\mathfrak{K}$ enthält genau die Mengen $[\frac{d\nu}{d\mu} > 0]$ $(\nu \in \mathfrak{M})$ und meßbare Teilmengen dieser Mengen.

Zu jedem $G \in \mathfrak{G}$ gibt es abzählbar viele $K_n \in \mathfrak{K}$ mit $G \subset \bigcup_{n=1}^{\infty} K_n$; denn die Menge derjenigen $A \in \mathfrak{A}$, die sich in dieser Weise majorisieren lassen, ist ein σ-Ring, der $\mathfrak{K}$ und damit auch $\mathfrak{G}$ umfaßt.
Man wähle nun gemäß der Bemerkung ein W-Maß Q mit $Q \sim \mu$ und setze

$$\alpha := \sup_{G \in \mathfrak{G}} Q(G)$$

Zu jedem $n \in \mathbb{N}$ wähle man ein $G_n \in \mathfrak{G}$ mit $Q(G_n) > \alpha - \frac{1}{n}$. Dann ist

$G_o := \bigcup_{n=1}^{\infty} G_n$ eine Menge aus $\mathfrak{G}$ mit $Q(G_o) = \alpha$. Für jedes $G \in \mathfrak{G}$

ist also $Q(G \setminus G_o) = 0$ und damit $\mu(G \setminus G_o) = 0$ bzw. $\mu(G) = \mu(G \cap G_o)$.

Es seien nun $K_n \in \mathfrak{K}$ Mengen mit $G_o \subset \bigcup_{n=1}^{\infty} K_n$, und für jedes $n \in \mathbb{N}$ sei

$\nu_n \in \mathfrak{M}$ ein Maß mit $1_{K_n} \cdot \nu_n = 1_{K_n} \cdot \mu$. Wir setzen $\mathfrak{M}' := \{\nu_n\}_{n \in \mathbb{N}}$.

Trivialerweise gilt $\mathfrak{N}_{\mathfrak{M}} \subset \mathfrak{N}_{\mathfrak{M}'}$.

Sei umgekehrt $A \in \mathfrak{N}_{\mathfrak{M}'}$. Dann gilt für jedes $\nu \in \mathfrak{M}$

$$\mu\,(A \cap [\tfrac{d\nu}{d\mu} > 0]) = \mu\,(G_o \cap A \cap [\tfrac{d\nu}{d\mu} > 0]) \leq \sum_{n=1}^{\infty} \mu\,(K_n \cap A \cap [\tfrac{d\nu}{d\mu} > 0])$$

$$= 0,$$

da $\nu_n\,(K_n \cap A \cap [\frac{d\nu}{d\mu} > 0]) = 0$ für alle $n \in \mathbb{N}$.

Wegen $\nu << \mu$ ist also $\nu\,(A) = \nu\,(A \cap [\frac{d\nu}{d\mu} > 0]) = 0$.

Damit ist $\mathcal{M}' \sim \mathcal{M}$.

Wählt man nun noch irgendeine Folge $(c_n)_{n \in \mathbb{N}}$ positiver reeller Zahlen mit $\sum_{n=1}^{\infty} c_n = 1$ und setzt

$$\mu_o := \sum_{n=1}^{\infty} c_n\,\nu_n,$$

so gilt $\mu_o \sim \mathcal{M}'$ und folglich $\mu_o \sim \mathcal{M}$. ┘

<u>Satz 5.2:</u> (P.R. Halmos, L.J. Savage) Es sei $(\Omega, \mathfrak{A}, \mathfrak{P})$ ein dominiertes Experiment mit dominierendem Maß $P_o \in \operatorname{conv}_\sigma \mathfrak{P}$. Dann ist eine Unter-$\sigma$-Algebra $\mathfrak{T} \subset \mathfrak{A}$ genau dann $\mathfrak{P}$-erschöpfend, wenn es zu jedem $P \in \mathfrak{P}$ eine Funktion $f_P \in \mathfrak{M}\,(\Omega, \mathfrak{T})$ gibt mit $P = f_P \cdot P_o$.

<u>Beweis:</u> Falls zu jedem $P \in \mathfrak{P}$ eine $\mathfrak{T}$-meßbare P_o-Dichte f_P existiert, so definiere man für jedes $A \in \mathfrak{A}$

$$Q_A := E_{P_o}^{\mathfrak{T}}\,(1_A)$$

Dann gilt für $P \in \mathfrak{P}$ und $S \in \mathfrak{T}$

$$\int_S Q_A\, dP = \int_S Q_A\, f_P\, dP_o = \int_S E_{P_o}^{\mathfrak{T}}\,(1_A)\, f_P\, dP_o = \int_S E_{P_o}^{\mathfrak{T}}\,(1_A\, f_P)\, dP_o$$

$$= \int_S 1_A\, f_P\, dP_o = \int_S 1_A\, dP,$$

also $Q_A = E_P^{\mathfrak{T}}\,(1_A)$ $[P]$ für alle $P \in \mathfrak{P}$, d.h. $\mathfrak{T}$ ist erschöpfend für $\mathfrak{P}$.

Seien umgekehrt $\mathfrak{T}$ erschöpfend für $\mathfrak{P}$ und $P \in \mathfrak{P}$ vorgegeben. Es sei f_P eine P_o-Dichte von P; Q_A sei zu jedem $A \in \mathfrak{A}$ eine $\mathfrak{T}$-meßbare Funktion mit $Q_A = E_P^{\mathfrak{T}}(1_A)$ für alle $P \in \mathfrak{P}$; und schließlich sei

$P_o = \sum_{n=1}^{\infty} c_n P_n$ eine explizite Angabe von $P_o \in \mathrm{conv}_\sigma \mathfrak{P}$.

Dann gilt für jedes $A \in \mathfrak{A}$

$$\int_A E_{P_o}^{\mathfrak{T}}(f_P)\, dP_o = \int 1_A E_{P_o}^{\mathfrak{T}}(f_P)\, dP_o = \int E_{P_o}^{\mathfrak{T}}(1_A E_{P_o}^{\mathfrak{T}}(f_P))\, dP_o$$

$$= \int E_{P_o}^{\mathfrak{T}}(1_A)\, E_{P_o}^{\mathfrak{T}}(f_P)\, dP_o$$

$$= \int \Big(\sum_{n=1}^{\infty} c_n E_{P_n}^{\mathfrak{T}}(1_A)\Big) E_{P_o}^{\mathfrak{T}}(f_P)\, dP_o = \int Q_A E_{P_o}^{\mathfrak{T}}(f_P)\, dP_o$$

$$= \int E_{P_o}^{\mathfrak{T}}(Q_A f_P)\, dP_o = \int Q_A f_P\, dP_o = \int Q_A\, dP = \int E_P^{\mathfrak{T}}(1_A)\, dP = P(A),$$

also ist $E_{P_o}^{\mathfrak{T}}(f_P)$ eine $\mathfrak{T}$-meßbare Dichte von P bezüglich P_o. ⌟

<u>Korollar:</u> Es sei $(\Omega, \mathfrak{A}, \mathfrak{P})$ ein dominiertes Experiment.

(i) Ist $\mathfrak{T} \subset \mathfrak{A}$ eine erschöpfende Unter-σ-Algebra und ist $\mathfrak{T}_1 \supset \mathfrak{T}$ eine weitere Unter-σ-Algebra, so ist $\mathfrak{T}_1$ erschöpfend.

(ii) Eine Statistik $T : (\Omega, \mathfrak{A}) \to (\Omega', \mathfrak{A}')$ ist genau dann erschöpfend, wenn es zu jedem $P \in \mathfrak{P}$ eine $\mathfrak{A}'$-meßbare Funktion g'_P auf Ω' gibt mit $P = (g'_P \circ T)\, P_o$.

<u>Beweis:</u> (i) Nach Satz 1 gibt es ein $P_o \in \mathrm{conv}_\sigma \mathfrak{P}$ mit $\mathfrak{P} \sim P_o$. Nach Satz 2 hat jedes $P \in \mathfrak{P}$ eine $\mathfrak{T}$-meßbare P_o-Dichte; da diese erst recht $\mathfrak{T}_1$-meßbar ist, ist nach Satz 2 auch $\mathfrak{T}_1$ erschöpfend.

(ii) Ist nämlich T erschöpfend, so gibt es zu jedem $P \in \mathfrak{P}$ eine $T^{-1}(\mathfrak{A}')$-meßbare Dichte g_P mit $P = g_P \cdot P_o$, und nach dem Faktorisierungssatz gibt es ein $\mathfrak{A}'$-meßbares g'_P mit $g_P = g'_P \circ T$.

Umgekehrt ist jede Funktion der Gestalt $g'_P \circ T$ $T^{-1}(\mathfrak{A}')$-meßbar; wenn also Dichten dieser Art existieren, ist $T^{-1}(\mathfrak{A}')$ nach Satz 2 erschöpfend. ⌋

Wegen seiner Wichtigkeit notieren wir den Satz von Halmos-Savage noch einmal in einer leicht verallgemeinerten und für die Anwendungen bequemeren Form:

Satz 5.3: (Neyman-Kriterium) Es sei $(\Omega, \mathfrak{A}, \mathfrak{P})$ ein μ-dominiertes Experiment.

a) Eine Unter-σ-Algebra $\mathfrak{T} \subset \mathfrak{A}$ ist genau dann erschöpfend für $\mathfrak{P}$, wenn es ein $h \in \mathfrak{M}(\Omega, \mathfrak{A})$ und zu jedem $P \in \mathfrak{P}$ ein $f_P \in \mathfrak{M}(\Omega, \mathfrak{T})$ gibt mit $P = f_P.h.\mu$.

b) Eine Statistik $T : (\Omega, \mathfrak{A}) \to (\Omega', \mathfrak{A}')$ ist genau dann erschöpfend für $\mathfrak{P}$, wenn es ein $h \in \mathfrak{M}_+(\Omega, \mathfrak{A})$ und zu jedem $P \in \mathfrak{P}$ ein $g_P \in \mathfrak{M}(\Omega', \mathfrak{A}')$ gibt mit $P = (g_P \circ T)\, h\, \mu$.

Beweis: a) Man wähle $P_o = \sum_{n=1}^{\infty} c_n P_n \in \text{conv}_\sigma \mathfrak{P}$ mit $\mathfrak{P} \sim P_o$; dies ist nach Satz 1 möglich.
Ist $\mathfrak{T}$ erschöpfend für $\mathfrak{P}$, so gibt es nach Satz 2 zu jedem $P \in \mathfrak{P}$ ein $f_P \in \mathfrak{M}_+(\Omega, \mathfrak{T})$ mit $P = f_P . P_o$, daher gilt $P = f_P . h.\mu$ mit $h = \frac{dP_o}{d\mu}$.
Gilt umgekehrt $P = f_P.h.\mu$ mit $h \in \mathfrak{M}_+(\Omega, \mathfrak{A})$ und $f_P \in \mathfrak{M}_+(\Omega, \mathfrak{T})$ für jedes $P \in \mathfrak{P}$, so gilt insbesondere $P_o = (\sum_{n=1}^{\infty} c_n f_{P_n}).h.\mu$. Daher ist

$f_P P_o = f_P (\sum_{n=1}^{\infty} c_n f_{P_n})\, h.\mu = (\sum_{n=1}^{\infty} c_n f_{P_n})\, P$, d.h. jedes $P \in \mathfrak{P}$ besitzt

die $\mathfrak{T}$-meßbare P_o-Dichte $\dfrac{f_P}{\sum_{n=1}^{\infty} c_n f_{P_n}}$. Nach Satz 2 ist damit $\mathfrak{T}$ erschöpfend für $\mathfrak{P}$.

b) folgt aus a) und dem Faktorisierungssatz. ⌋

Satz 5.4: Jedes dominierte Experiment $(\Omega, \mathfrak{A}, \mathfrak{P})$ besitzt eine minimalerschöpfende σ-Algebra.

Beweis: Nach Satz 1 gibt es ein $P_o \in \text{conv}_\sigma \mathfrak{P}$ mit $\mathfrak{P} \sim P_o$.
Man wähle zu jedem $P \in \mathfrak{P}$ ein $f_P \in \mathfrak{M}(\Omega, \mathfrak{A})$ mit $P = f_P.P_o$ und definiere $\mathfrak{T}_o$ als die von allen f_P $(P \in \mathfrak{P})$ erzeugte σ-Algebra.

Nach Satz 2 ist die so definierte σ-Algebra erschöpfend.

Sei $\mathfrak{T}$ eine weitere erschöpfende σ-Algebra. Nach Satz 2 gibt es zu jedem $P \in \mathfrak{P}$ ein $g_P \in \mathfrak{M}(\Omega, \mathfrak{T})$ mit $P = g_P \cdot P_o$. $\mathfrak{T}$ enthält die von den g_P erzeugte σ-Algebra; wegen $g_P = f_P \; [P_o]$ gilt also $\mathfrak{T}_o \subset \mathfrak{T} \; [\mathfrak{P}]$. ⌋

Paarweise Erschöpftheit

Wir geben im folgenden noch eine Verallgemeinerung des Erschöpftheitsbegriffes an.

Definition 5.2: Es seien $(\Omega, \mathfrak{A}, \mathfrak{P})$ ein Experiment und $\mathfrak{T} \subset \mathfrak{A}$ eine Unter-σ-Algebra.
$\mathfrak{T}$ heißt paarweise erschöpfend für $\mathfrak{P}$, falls $\mathfrak{T}$ erschöpfend ist für jede zwei-elementige Teilmenge $\mathfrak{P}'$ von $\mathfrak{P}$.

Anmerkung: Von der Definition her ist der Begriff der paarweisen Erschöpftheit also gerade für solche statistischen Methoden angemessen, die auf dem Vergleich von je zwei Wahrscheinlichkeiten beruhen.

In formaler Hinsicht ist der Begriff der paarweisen Erschöpftheit sogar der einfachere, wie der folgende Satz zeigt:

Satz 5.5: Es seien $(\Omega, \mathfrak{A}, \mathfrak{P})$ ein Experiment und $\mathfrak{T} \subset \mathfrak{A}$ eine Unter-σ-Algebra derart, daß zu jedem $A \in \mathfrak{A}$ eine Funktion

$$t_A \in \mathfrak{M}_{(1)}(\Omega, \mathfrak{T}) \text{ existiert mit } \int t_A \, dP = \int 1_A \, dP = P(A)$$

für alle $P \in \mathfrak{P}$.

Dann ist $\mathfrak{T}$ paarweise erschöpfend.

Bemerkung: Im Gegensatz zur Erschöpftheit wird in der vorausgesetzten Gleichung lediglich über Ω integriert und nicht über alle $S \in \mathfrak{T}$.

Die Bedingung des Satzes ist natürlich stets erfüllt, wenn $\mathfrak{T}$ erschöpfend ist.

Beweis: Es seien $P_1, P_2 \in \mathfrak{P}$ und $h_1, h_2 \in \mathfrak{M}_{(1)}(\Omega, \mathfrak{A})$ Funktionen mit $P_i = h_i \cdot (P_1 + P_2)$ für $i=1,2$ und mit $h_1 + h_2 = 1_\Omega$.

Für jedes $c \in R_+$ setze man

$$A_c = \{\omega \in \Omega : h_1(\omega) < c \, h_2(\omega)\}$$

Wir wollen zunächst zeigen, daß $(P_1 + P_2)([t_{A_c} \neq 1_{A_c}]) = 0$ gilt. Zur Abkürzung setzen wir

$$\mu := P_1 + P_2, g := 1_{A_c} - t_{A_c}, f := g\,(c\,h_2 - h_1).$$

Wegen $0 \leq t_{A_c} \leq 1$ gelten die Implikationen

$$g(\omega) > 0 \Rightarrow \omega \in A_c \Rightarrow c\,h_2(\omega) - h_1(\omega) > 0$$

und

$$g(\omega) < 0 \Rightarrow \omega \in \complement A_c \Rightarrow c\,h_2(\omega) - h_1(\omega) \leq 0;$$

also gilt $f \geq 0$.
Wegen

$$\int f\,d\mu = \int (1_{A_c} - t_{A_c})(c\,h_2 - h_1)\,d\mu$$

$$= c \int (1_{A_c} - t_{A_c})\,dP_2 - \int (1_{A_c} - t_{A_c})\,dP_1 = 0$$

ist $f = 0\,[\mu]$.

Hieraus folgt wegen $[g > 0] = [f > 0]$, daß $g \leq 0\,[\mu]$ gilt, und wegen

$$\int g\,d\mu = \int (1_{A_c} - t_{A_c})\,dP_1 + \int (1_{A_c} - t_{A_c})\,dP_2 = 0$$

ist $g = 0\,[\mu]$.

Damit ist $t_{A_c} = 1_{A_c}\,[\mu]$ für alle $c \in \mathbb{R}_+$.

Die Menge

$$S_2 := [h_2 > 0] = \bigcup_{n \in \mathbb{N}} [h_1 < n\,h_2]$$

liegt also in der μ-Vervollständigung $\tilde{\mathfrak{T}}$ von $\mathfrak{T}$.

Damit sind auch $\frac{h_1}{h_2} \cdot 1_{S_2}$ und die beiden letzten der Funktionen

$$h := h_2 + h_1 \cdot 1_{\complement S_2},\ \tilde{f}_1 := \frac{h_1}{h_2} 1_{S_2} + 1_{\complement S_2},\ \tilde{f}_2 := 1_{S_2}$$

$\tilde{\mathfrak{T}}$-meßbar; es gibt also $\mathfrak{T}$-meßbare Funktionen f_1, f_2 auf Ω mit

$\mu([f_i \neq \tilde{f}_i]) = 0.$

Wegen $P_i = (h\, f_i).\, \mu$ ist nach dem Satz von Halmos-Savage $\mathfrak{T}$ erschöpfend für das Experiment $\{P_1, P_2\}$. $\mathfrak{T}$ ist also paarweise erschöpfend für $\mathcal{P}$. ⌟

Wie im folgenden Satz gezeigt wird, sind jedoch für dominierte Experimente beide Erschöpftheitsbegriffe identisch.

Satz 5.6: Es seien $(\Omega, \mathfrak{A}, \mathcal{P})$ ein Experiment und $\mathfrak{T} \subset \mathfrak{A}$ eine Unter-σ-Algebra. Genau dann ist $\mathfrak{T}$ paarweise erschöpfend für $\mathcal{P}$, wenn $\mathfrak{T}$ erschöpfend für jede dominierte Familie $\mathcal{P}' \subset \mathcal{P}$ ist.

Beweis: Sei $\mathfrak{T}$ paarweise erschöpfend für $\mathcal{P}$, seien $\mathcal{P}' \subset \mathcal{P}$ und μ ein σ-endliches Maß mit $\mathcal{P}' \ll \mu$.

Nach Satz 1 existiert dann ein $P_o := \sum_{k=1}^{\infty} c_k P_k \in \operatorname{conv}_\sigma \mathcal{P}'$ mit $P_o \sim \mathcal{P}'$.

Sei $P \in \mathcal{P}'$.

Da $\mathfrak{T}$ paarweise erschöpfend ist, gibt es zu jedem $A \in \mathfrak{A}$ Funktionen $Q_A^{P,k} \in \mathfrak{M}_{(1)}(\Omega, \mathfrak{T})$ mit

$$Q_A^{P,k} = E_P^{\mathfrak{T}}(1_A) = E_{P_k}^{\mathfrak{T}}(1_A) \quad (k \in \mathbb{N}).$$

Wir setzen

$$Q_A^P := \sum_{k=1}^{\infty} c_k\, Q_A^{P,k}$$

Dann ist Q_A^P einerseits gleich $E_P^{\mathfrak{T}}(1_A)$, andererseits gleich $\sum_{k=1}^{\infty} c_k E_{P_k}^{\mathfrak{T}}(1_A) = E_{P_o}^{\mathfrak{T}}(1_A)$. Da $E_{P_o}^{\mathfrak{T}}(1_A)$ unabhängig von $\mathcal{P}$ ist, ist $\mathfrak{T}$ erschöpfend für $\mathcal{P}'$.

Ist umgekehrt $\mathfrak{T}$ für alle dominierten Teilfamilien $\mathcal{P}'$ von $\mathcal{P}$ erschöpfend, so ist $\mathfrak{T}$ insbesondere für alle zwei-elementigen Teilmengen erschöpfend, d.h. paarweise erschöpfend für $\mathcal{P}$. ⌟

Exponential-Experimente

Ein besonders wichtiger Spezialfall dominierter Experimente wird durch die folgende Definition erfaßt.

Definition 5.3: Ein Experiment $(\Omega, \mathfrak{A}, \mathcal{P})$ heißt Exponential-Experiment (bzw. Exponentialfamilie), wenn es ein σ-endliches dominierendes Maß μ

sowie ein $\tilde{f} \in \mathfrak{F}(\mathfrak{P}) \otimes \mathfrak{M}(\Omega, \mathfrak{A})$ gibt mit

$$P = (\exp \tilde{f}(P,\cdot)).\mu \quad \text{für alle } P \in \mathfrak{P} .$$

Dabei sei $\mathfrak{F}(\mathfrak{P})$ der Vektorraum aller reellen Funktionen auf $\mathfrak{P}$.
$\tilde{f} \in \mathfrak{F}(\mathfrak{P}) \otimes \mathfrak{M}(\Omega, \mathfrak{A})$ soll bedeuten, daß es Funktionen
$\zeta_1,\ldots,\zeta_n \in \mathfrak{F}(\mathfrak{P})$, $T_1,\ldots,T_n \in \mathfrak{M}(\Omega, \mathfrak{A})$ gibt mit
$\tilde{f}(P,\omega) = \sum_{k=1}^{n} \zeta_k(P)\, T_k(\omega)$ für alle $P \in \mathfrak{P}$ und $\omega \in \Omega$.

Indem wir die eventuell vorkommenden Summanden $\zeta_i \otimes 1_\Omega$ bzw. $1_{\mathfrak{P}} \otimes T_k$ in zwei noch zu wählende Funktionen $C : \mathfrak{P} \to \mathbb{R}$, $h \in \mathfrak{M}(\Omega, \mathfrak{A})$ hineinziehen, erhalten wir

$$P = C(P) \exp\left(\sum_{k=1}^{m} \zeta_k(P) T_k \right) \cdot h \cdot \mu$$

$$= C(P) \exp \langle \zeta(P), T \rangle \cdot h \cdot \mu$$

mit $\qquad \zeta := (\zeta_1,\ldots,\zeta_m)$, $T := (T_1,\ldots,T_m)$

<u>Bemerkung:</u> a) Die Abbildung $\zeta : \mathfrak{P} \to \mathbb{R}^m$ in dieser Darstellung ist eindeutig, da die $C(P)$ nur Normierungsfaktoren sind.

b) T ist nach Satz 3 eine erschöpfende Statistik.

<u>Beispiel 5.1:</u> Es seien $(\Omega, \mathfrak{A}) := (\mathbb{R}, \mathfrak{B})$ und $\mathfrak{P} := \{\chi_n^2 : n \in \mathbb{N}\}$, wobei für jedes $n \in \mathbb{N}$ $\chi_n^2 \in \mathcal{M}^1(\mathbb{R}, \mathfrak{B})$ das durch $\chi_n^2 := f_{\chi_n^2} \cdot \lambda$ mit

$$f_{\chi_n^2}(x) := 1_{\mathbb{R}_+}(x) \frac{1}{2^{\frac{n}{2}} \Gamma(\frac{n}{2})} x^{\frac{n}{2}-1} e^{-\frac{x}{2}} \quad (x \in \mathbb{R})$$

definierte W-Maß (χ^2-Verteilung mit n Freiheitsgraden) sei.
Dann ist $(\Omega, \mathfrak{A}, P)$ ein Exponential-Experiment.

[Man definiere die Funktionen $C : \mathfrak{P} \to \mathbb{R}$, $\zeta_1 : \mathfrak{P} \to \mathbb{R}$ durch

$$C(\chi_n^2) := \frac{1}{2^{\frac{n}{2}} \Gamma(\frac{n}{2})}$$

$$\zeta_1(\chi_n^2) := \frac{n}{2} - 1,$$

und die Funktionen $h \in \mathfrak{M}(\Omega, \mathfrak{A})$, $T_1 \in \mathfrak{M}(\Omega, \mathfrak{A})$ durch

$$h(x) := 1_{\mathbb{R}_+}(x)\, e^{-\frac{x}{2}}$$

$$T_1(x) := 1_{\mathbb{R}_+}(x) \quad (x \in \mathbb{R}).$$

<u>Beispiel 5.2:</u> Es seien $(\Omega, \mathfrak{A}) := (\mathbb{R}, \mathfrak{L})$ und $\mathfrak{P} := \{t_n : n \in \mathbb{N}\}$, wobei $t_n \in \mathcal{M}^1(\mathbb{R}, \mathfrak{L})$ für jedes $n \in \mathbb{N}$ das durch $t_n := f_{t_n} . \lambda$ mit

$$f_{t_n}(x) := \frac{1}{\sqrt{n\pi}} \frac{\Gamma(\frac{n+1}{2})}{\Gamma(\frac{n}{2})} \left(1 + \frac{x^2}{n}\right)^{-\frac{n+1}{2}} \quad (x \in \mathbb{R})$$

definierte W-Maß (t-Verteilung mit n Freiheitsgraden) sei.
Dann ist $(\Omega, \mathfrak{A}, \mathfrak{P})$ kein Exponential-Experiment.

[Andernfalls gäbe es ein $k \in \mathbb{N}$ und Funktionen $\zeta_i : \mathbb{N} \to \mathbb{R}$, $T_i : \mathbb{R} \to \mathbb{R}$ $(1 \leq i \leq k)$ mit

$$-\frac{n+1}{2} \log\left(1 + \frac{x^2}{n}\right) = \sum_{i=1}^{k} \zeta_i(n)\, T_i(x)$$

für alle $n \in \mathbb{N}$, $x \in \mathbb{R}$, d.h. der von den durch

$$g_n(x) := \log\left(1 + \frac{x^2}{n}\right) \quad (x \in \mathbb{R})$$

definierten Funktionen g_n aufgespannte Vektorraum wäre endlich-dimensional.
Dasselbe würde dann für die Ableitungen g_n' von g_n und wegen

$$g_n'(x) = \frac{2}{n} \times \frac{1}{1 + \frac{x^2}{n}} \quad (x \in \mathbb{R})$$

auch für die Menge der durch

$$h_n(x) := \frac{1}{1 + \frac{x^2}{n}} \quad (x \in \mathbb{R})$$

definierten Funktionen h_n gelten, aber die Menge $\{h_n : n \in \mathbb{N}\}$ spannt einen unendlich-dimensionalen Vektorraum auf.

§ 6 Beispiele und Gegenbeispiele

In diesem Paragraphen sollen die Gültigkeitsbereiche von Aussagen über Erschöpftheit durch Beispiele abgegrenzt werden.
Gleichzeitig sollen damit einige extreme Beispiele von Experimenten angegeben werden, die für die allgemeine Theorie ohne Zusatzvoraussetzungen typisch sind. Es ist nützlich, übungshalber einige dieser Beispiele zu kombinieren oder sich Experimente zu konstruieren, bei denen diese oder ähnliche Beispiele als Unter- oder Quotientenstrukturen auftreten.

In diesem Paragraphen seien für eine gegebene Menge Ω:

$\mathfrak{P}(\Omega)$ wie üblich die Potenzmenge, $\mathfrak{A}_o(\Omega) := \{\emptyset,\Omega\}$,

$\mathfrak{A}_1(\Omega)$:= die von den einpunktigen Mengen erzeugte σ-Algebra, d.h. das System $\{A \subset \Omega : A$ oder $\complement A$ ist abzählbar$\}$.

Beispiel 6.1: Mit $\mathfrak{T}_1$ und $\mathfrak{T}_2$ ist im allgemeinen nicht auch $\mathfrak{T}_1 \cap \mathfrak{T}_2$ erschöpfend für $\mathfrak{P}$.

a) Es seien $\Omega := \mathbb{R}^2$, $\mathfrak{A} := \mathfrak{B}^2$, $\mathfrak{P} \subset \{P \in \mathcal{M}^1(\Omega, \mathfrak{A}) : P(D) = 1\}$ eine mindestens zweielementige Menge, wobei D die Diagonale von $\mathbb{R}^2$ sei,

$\mathfrak{T}_1 := \mathfrak{B} \otimes \{\emptyset,\mathbb{R}\}$, $\mathfrak{T}_2 := \{\emptyset,\mathbb{R}\} \otimes \mathfrak{B}$, also $\mathfrak{T}_i$ die von der Projektion $X_i : \Omega \to \mathbb{R}$ erzeugte σ-Algebra $(i=1,2)$.

Dann sind $\mathfrak{T}_1$ und $\mathfrak{T}_2$ erschöpfend für $\mathfrak{P}$; denn für $A \in \mathfrak{A}$ hat man wegen

$D \cap (A \Delta X_i^{-1}(X_i(A \cap D))) = (D \cap A) \Delta (D \cap [X_i^{-1}(X_i(A \cap D))])$

$= (D \cap A) \Delta (D \cap A) = \emptyset$.

Da jedes $P \in \mathfrak{P}$ auf D konzentriert ist, ist also

$P(A \Delta X_i^{-1}(X_i(A \cap D))) = 0$ für alle $P \in \mathfrak{P}$, und man rechnet nach, daß für alle $P \in \mathfrak{P}$ die Funktion $1_{X_i(A \cap D)} \circ X_i$ eine von P unabhängige Version $P^{\mathfrak{T}_i}(A)$ ist. Dagegen ist $\mathfrak{T}_1 \cap \mathfrak{T}_2 = \{\emptyset,\Omega\}$ nicht erschöpfend, da $\mathfrak{P}$ mehr als ein Element besitzt.

b) Es seien $\Omega := \{1,2,3,4\}$, $\mathfrak{A} := \mathfrak{P}(\Omega)$, $\mathfrak{P} := \{\varepsilon_1, \varepsilon_4\}$,

$\mathfrak{T}_1 := \{\emptyset,\Omega,\{1,2\},\{3,4\}\}$, $\mathfrak{T}_2 := \{\emptyset,\Omega,\{1,3\},\{2,4\}\}$.

Dann sind $\mathfrak{T}_1$ und $\mathfrak{T}_2$, nicht aber $\mathfrak{T}_1 \cap \mathfrak{T}_2$ erschöpfend für $\mathfrak{P}$.

Mittels der Abbildung $1 \to (0,0)$, $2 \to (0,1)$, $3 \to (1,0)$, $4 \to (1,1)$ von Ω in $\mathbb{R}^2$ kann man b) zu einem Unterbeispiel von a) machen.

Beispiel 6.2: Mit $\mathfrak{T}_1$ und $\mathfrak{T}_2$ ist $\mathfrak{T}_1 \vee \mathfrak{T}_2$ im allgemeinen nicht erschöpfend für $\mathfrak{P}$.

Es seien $\Omega := \{\omega = (\omega_1,\omega_2) \in \mathbb{R}^2 : |\omega_1| = |\omega_2| \neq 0\}$,

$\mathfrak{A} := \mathfrak{A}(\mathfrak{T}_1, \mathfrak{T}_2, A_o)$ mit den unten erklärten Größen $\mathfrak{T}_1$, $\mathfrak{T}_2$, A_o,

$\mathfrak{P} := \{P_\omega \in \mathcal{M}^1(\Omega,\mathfrak{A}) : P_\omega := \frac{1}{4}(\varepsilon_\omega + \varepsilon_{\sigma_1(\omega)} + \varepsilon_{\sigma_2(\omega)} + \varepsilon_{\sigma_1\sigma_2(\omega)}),\ \omega \in \Omega\}$,

wobei die $\sigma_1,\sigma_2 : \Omega \to \Omega$ erklärt seien durch

$\sigma_1(\omega_1,\omega_2) := (-\omega_1,\omega_2)$, $\sigma_2(\omega_1,\omega_2) := (\omega_1,-\omega_2)$ $((\omega_1,\omega_2) \in \Omega)$,

$\mathfrak{T}_1 := \{S \in \mathfrak{B}_\Omega : \sigma_1(S) = S\}$, $\mathfrak{T}_2 := \{S \in \mathfrak{B}_\Omega : \sigma_2(S) = S\}$ sowie

$A_o := \{\omega \in \Omega : \omega_1 = \omega_2\}$.

Dann sind die $\mathfrak{T}_i$ erschöpfend mit

$$\mathfrak{P}^{\mathfrak{T}_i}(A) = \frac{1}{2}(1_A + 1_A \circ \sigma_i) \text{ für } A \in \mathfrak{A} \ (i=1,2),$$

und wegen $\mathcal{N}_{\mathfrak{P}} = \{\emptyset,\Omega\}$ gilt sogar $\mathcal{N}_{\mathfrak{P}} \subset \mathfrak{T}_1 \cap \mathfrak{T}_2$. $\mathfrak{T}_1 \vee \mathfrak{T}_2$ ist aber nicht erschöpfend. Existiere nämlich $\mathfrak{P}^{\mathfrak{T}_1 \vee \mathfrak{T}_2}(A_o) =: Q_{A_o}$, so müßte für alle $\omega \in \Omega$ $Q_{A_o}(\omega) = 1_{A_o}(\omega)$ sein, da P_ω auf $\{\omega, \sigma_1(\omega), \sigma_1(\omega), \sigma_1\sigma_2(\omega)\}$ konzentriert ist und dort die σ-Algebren $\mathfrak{A}$ und $\mathfrak{T}_1 \vee \mathfrak{T}_2$ übereinstimmen.

$Q_{A_o} = 1_{A_o}$ ist aber wegen $Q_{A_o} \in \mathbb{M}^b(\Omega, \mathfrak{T}_1 \vee \mathfrak{T}_2)$ und $1_{A_o} \notin \mathbb{M}^b(\Omega,\mathfrak{T}_1 \vee \mathfrak{T}_2)$ nicht möglich.

Beispiel 6.3: Ist $\mathfrak{T}_1$ eine erschöpfende σ-Algebra für das Experiment $(\Omega,\mathfrak{A},\mathfrak{P})$, so ist selbst für separables $\mathfrak{A}$ eine σ-Algebra $\mathfrak{T}_2$ mit $\mathfrak{T}_1 \subset \mathfrak{T}_2 \subset \mathfrak{A}$ im allgemeinen nicht erschöpfend.

Es seien $\Omega := \mathbb{R}$, $\mathfrak{A} := \mathfrak{B}$,

$\mathfrak{P} := \{P \in \mathcal{M}^1(\Omega,\mathfrak{A}) : P(A) = P(-A) \text{ für alle } A \in \mathfrak{A}\}$,

$\mathfrak{T}_1 := \{A \in \mathfrak{A} : A = -A\}$ sowie

$\mathfrak{T}_2 := \{S \cup A : S \in \mathfrak{T}_1$ und $A \in \mathfrak{A}$ mit $A \subset M\}$, wobei $M \subset \Omega$ eine nicht $\mathfrak{A}$-meßbare Menge mit $0 \in M$ und $-M = M$ sei.

$\mathfrak{T}_1$ ist eine erschöpfende σ-Algebra mit $\mathfrak{P}^{\mathfrak{T}_1}(A) = \frac{1}{2}(1_A + 1_{-A})$ für beliebiges $A \in \mathfrak{A}$.

$\mathfrak{T}_2$ ist ein Mengensystem, das gegen abzählbare Vereinigung stabil ist und das $\mathfrak{T}_1$ enthält. Um zu zeigen, daß $\mathfrak{T}_2$ auch gegen Komplementbildung stabil ist, benutzen wir die allgemeine Formel $\complement A = \complement(A \cup B) \cup (B \setminus A)$ für beliebige $A, B \subset \Omega$:

Ist also $S \cup A \in \mathfrak{T}_2$, so ist $\complement(S \cup A) = \complement S \cap \complement A$ $= \complement S \cap [\complement(A \cup -A) \cup (-A \setminus A)]$. Dabei ist $\complement(A \cup -A) \in \mathfrak{T}_1$ und $(-A \setminus A) \subset M$ wegen $-M = M$. Daher ist

$$\complement(S \cup A) = [\complement S \cap \complement(A \cup -A)] \cup [S \cap (-A \setminus A)] \in \mathfrak{T}_2.$$

Angenommen $\mathfrak{T}_2$ wäre erschöpfend, dann gibt es insbesondere zu $\mathbb{R}_+ \in \mathfrak{A}$ eine Funktion $Q_{\mathbb{R}_+} \in \mathbb{M}^b(\Omega, \mathfrak{T}_2)$ mit

$$P(S_2 \cap \mathbb{R}_+) = \int_{S_2} Q_{\mathbb{R}_+} \, dP$$

für alle $S_2 \in \mathfrak{T}_2$ und $P \in \mathfrak{P}$.

Für $\omega \in M$ wähle man speziell $S_2 := \{\omega\}$ und $P := \frac{1}{2}(\varepsilon_\omega + \varepsilon_{-\omega})$ und erhält $Q_{\mathbb{R}_+}(\omega) = 1_{\mathbb{R}_+}(\omega)$; für $\omega \in \complement M$ wähle man $S_2 := \{-\omega, \omega\}$ und $P := \frac{1}{2}(\varepsilon_\omega + \varepsilon_{-\omega})$ und erhält $Q_{\mathbb{R}_+}(\omega) = \frac{1}{2}$.

Zusammen folgt somit

$$Q_{\mathbb{R}_+} = 1_{\mathbb{R}_+} 1_M + \frac{1}{2} 1_{\complement M} = 1_{\mathbb{R}_+} 1_M + \frac{1}{2}(1_{\mathbb{R}} - 1_M), \text{ also}$$

$$1_M = (Q_{\mathbb{R}_+} - \frac{1}{2} 1_{\mathbb{R}})(\frac{1}{2} 1_{\mathbb{R}} - 1_{\mathbb{R}_+})^{-1} \in \mathbb{M}^b(\Omega, \mathfrak{T}_2),$$

im Widerspruch zur Annahme, daß M nicht $\mathfrak{A}$-meßbar ist.

<u>Beispiel 6.4:</u> Aus der paarweisen Erschöpftheit einer σ-Algebra folgt im allgemeinen nicht deren Erschöpftheit.

Es seien $\Omega := [0,1] \times \{0,1\}$, $\mathfrak{A} := \mathfrak{L}_{[0,1]} \otimes \mathfrak{P}(\{0,1\})$,

$\mathfrak{P} := \{P_\alpha : P_\alpha(A_o \times \{0\} \cup A_1 \times \{1\}) := \frac{1}{2}(\lambda(A_o) + \varepsilon_\alpha(A_1))$

für $A_i \in \mathfrak{L}_{[0,1]}$ mit $i=0,1, 0 \leq \alpha \leq 1\}$, wobei λ das Lebesgue-Maß auf $[0,1]$ sei, sowie $\mathfrak{T} := \mathfrak{L}_{[0,1]} \otimes \{\emptyset, \{0,1\}\}$.

Dann ist $\mathfrak{T}$ paarweise erschöpfend für $\mathfrak{P}$; denn zu $\alpha_1, \alpha_2 \in [0,1]$ und $A := A_o \times \{0\} \cup A_1 \times \{1\} \in \mathfrak{A}$ ist

$A' := ((A_o \setminus \{\alpha_1,\alpha_2\}) \cup (A_1 \cap \{\alpha_1,\alpha_2\})) \times \{0,1\}$ eine Menge aus $\mathfrak{T}$ mit

$1_{A'} = E^{\mathfrak{T}}_{P_{\alpha_i}}(1_A)\,[P_{\alpha_i}]$ für $i=1,2$.

$\mathfrak{T}$ ist aber nicht erschöpfend für $\mathfrak{P}$. Wäre nämlich $Q \in \mathfrak{M}^b(\Omega,\mathfrak{T})$ (also von der Form $Q = q \otimes 1_{\{0,1\}}$ mit $q \in \mathfrak{M}^b([0,1], \mathfrak{L}_{[0,1]})$) eine Funktion mit $Q = P^{\mathfrak{T}}([0,1] \times \{0\})$ für alle $P \in \mathfrak{P}$, so wäre für alle $\alpha \in [0,1]$

$$\int_{\{\alpha\} \times \{0,1\}} Q \, dP = \int_{\{\alpha\} \times \{0,1\}} 1_{[0,1] \times \{0\}} \, dP_\alpha .$$

Damit erhält man

$$\frac{1}{2}\left(\int_{\{\alpha\}} q \, d\lambda + \int_{\{\alpha\}} q \, d\varepsilon_\alpha\right) = \frac{1}{2}\left(\int_{\{\alpha\}} 1_{[0,1]} \, d\lambda\right),$$

also $\frac{1}{2} q(\alpha) = 0$ und daher $Q \equiv 0$, im Widerspruch zu $\int Q \, dP_\alpha = \frac{1}{2}$.

<u>Beispiel 6.5:</u> Ein Experiment $(\Omega, \mathfrak{A}, \mathfrak{P})$ besitzt im allgemeinen keine minimal-erschöpfende σ-Algebra.

Es seien $\Omega := [0,1[$, $\mathfrak{A} := \mathfrak{L}_{[0,1[}$ und

$\mathfrak{P} := \{\frac{1}{2}(\varepsilon_\alpha + \varepsilon_{\alpha+\frac{1}{2}}) : \alpha \in [0,\frac{1}{2}[\} \cup \{P_o\}$, wobei P_o ein atomfreies Maß auf $\mathfrak{A}$ sei mit $P_o([0,\frac{1}{2}[) > \frac{1}{2}$.

Wir geben zunächst eine Familie erschöpfender σ-Algebren an, indem wir für jedes $\alpha \in [0,\frac{1}{2}[$ setzen:

$$\mathfrak{T}_\alpha := \{A \in \mathfrak{A} : A \cap \{\alpha, \alpha + \tfrac{1}{2}\} \in \{\emptyset, \{\alpha, \alpha + \tfrac{1}{2}\}\}\}.$$

Die $\mathfrak{T}_\alpha$ sind in der Tat σ-Algebren, und sie sind erschöpfend; denn es gilt

$$\mathfrak{P}^{\mathfrak{T}}(A) = 1_{A \setminus \{\alpha,\alpha + \frac{1}{2}\}} + \frac{1}{2}\,(1_A\,(\alpha) + 1_A\,(\alpha + \tfrac{1}{2}))\,1_{\{\alpha,\alpha + \frac{1}{2}\}}$$

Angenommen $(\Omega, \mathfrak{A}, \mathfrak{P})$ besäße eine minimal-erschöpfende σ-Algebra $\mathfrak{T}$.

Wegen $\mathcal{N}_{\mathfrak{P}} = \{\emptyset,\Omega\}$ gilt dann $\mathfrak{T} \subset \bigcap\limits_{\alpha \in [0,\frac{1}{2}[} \mathfrak{T}_\alpha$.

Für alle $S \in \mathfrak{T}$ gilt also $\frac{1}{2} + S \cap [0,\frac{1}{2}[= S \cap [\frac{1}{2},1[$, und für alle $f \in \mathfrak{M}(\Omega,\mathfrak{T})$ gilt $f(\alpha + \frac{1}{2}) = f(\alpha)$ für alle $\alpha \in [0,\frac{1}{2}[$.

Sei nun $Q \in \mathfrak{M}(\Omega,\mathfrak{T})$ mit $Q = \mathfrak{P}^{\mathfrak{T}}([0,\frac{1}{2}[)$.

Dann gilt für jedes $\alpha \in [0,\frac{1}{2}[$

$$\int_{\{\alpha,\alpha + \frac{1}{2}\}} Q\,d\,\frac{1}{2}\,(\varepsilon_\alpha + \varepsilon_{\alpha + \frac{1}{2}}) = \frac{1}{2}\,(\varepsilon_\alpha + \varepsilon_{\alpha + \frac{1}{2}})\quad(\{\alpha,\alpha + \tfrac{1}{2}\} \cap [0,\tfrac{1}{2}[),$$

$\frac{1}{2}\,(Q(\alpha) + Q\,(\alpha + \frac{1}{2})) = \frac{1}{2}$ und damit $Q \equiv \frac{1}{2} \cdot 1_\Omega$. Dies steht aber im Widerspruch zu $\int Q\,d\,P_o = P_o\,([0,\frac{1}{2}[) > \frac{1}{2}$.

$(\Omega, \mathfrak{A}, \mathfrak{P})$ besitzt also keine minimal erschöpfende σ-Algebra.
Wir haben sogar etwas schärfer gezeigt, daß es keine erschöpfende σ-Algebra $\mathfrak{T} \subset \bigcap\limits_{\alpha \in [0,\frac{1}{2}[} \mathfrak{T}_\alpha$ gibt.

Beispiel 6.6: Für absteigend filtrierende Familien erschöpfender σ-Algebren ist der Durchschnitt im allgemeinen nicht erschöpfend.

Ein Beispiel für diese Aussage erhalten wir, wenn wir in Beispiel 5 die Familie

$$\Sigma := \{\bigcap_{i=1}^{n} \mathfrak{T}_{\alpha_i} : n \in \mathbb{N},\ \alpha_i \in [0,\tfrac{1}{2}[\text{ für } i=1,\dots,n\}$$

aller endlichen Durchschnitte der $\mathfrak{T}_\alpha$ nehmen.

Man erhält aus diesem Beispiel ebenfalls, daß auch der Durchschnitt einer totalgeordneten Menge erschöpfender σ-Algebren im allgemeinen nicht erschöpfend ist. Man wähle eine Wohlordnung < für $[0,\frac{1}{2}[$

und betrachte die σ-Algebren $\mathfrak{T}'_k := \bigcap_{i<k} \mathfrak{T}_i \ (k \in [0,\frac{1}{2}[)$.

Dann ist das System $\{\mathfrak{T}'_k : k \in [0,\frac{1}{2}[\}$ absteigend totalgeordnet.

Falls $\mathfrak{T}'_k$ für jedes $k \in [0,\frac{1}{2}[$ erschöpfend ist, hat man schon ein Beispiel der gewünschten Art, da

$$\bigcap_{k \in [0,\frac{1}{2}[} \mathfrak{T}'_k = \bigcap_{\alpha \in [0,\frac{1}{2}[} \mathfrak{T}_\alpha$$

nicht erschöpfend ist. Gibt es ein nicht erschöpfendes $\mathfrak{T}'_k$, so gibt es wegen der Wohlordnung von $[0,\frac{1}{2}[$ ein kleinstes $k_o \in [0,\frac{1}{2}[$ mit nicht erschöpfendem $\mathfrak{T}'_{k_o}$.

$$\mathfrak{T}_{k_o} = \bigcap_{i<k_o} \mathfrak{T}_i = \bigcap_{i<k_o} \mathfrak{T}'_i$$

ist aber Durchschnitt einer totalgeordneten Menge erschöpfender σ-Algebren.

<u>Beispiel 6.7:</u> Es gibt ein Experiment $(\Omega, \mathfrak{A}, \mathfrak{P})$ und eine nicht minimal-erschöpfende Statistik T auf $(\Omega, \mathfrak{A})$, für die $\mathfrak{A}(T)$ minimal-erschöpfend ist.

Es seien Ω eine beliebige Menge mit mindestens zwei Elementen, $\mathfrak{A} := \{\emptyset, \Omega\}$, $\mathfrak{P} := \mathcal{M}^1(\Omega, \mathfrak{A})$, also eine einpunktige Menge, und $T := id_\Omega$.

Dann ist $\mathfrak{A}(T) = \{0, \Omega\}$ eine erschöpfende σ-Algebra, und zwar minimal-erschöpfend.

T ist aber keine minimal-erschöpfende Statistik. Ist nämlich Ω' eine einelementige Menge und $\mathfrak{A}' = \{\emptyset, \Omega'\}$, so ist die konstante Abbildung

$T' : \Omega \to \Omega'$ meßbar und erschöpfend; es gibt aber keine Abbildung $S : \Omega' \to \Omega$ mit $T = S \circ T'$ $[\mathfrak{P}]$.

Beispiel 6.8: Es gibt ein Experiment $(\Omega, \mathfrak{A}, \mathfrak{P})$ mit einer minimal-erschöpfenden Statistik T, für die $\mathfrak{A}(T)$ keine minimal-erschöpfende σ-Algebra ist.

Es seien $\Omega :=]0,1[$, $\mathfrak{A} := \mathfrak{A}(\mathfrak{T}, B)$, wobei $\mathfrak{T}$ die σ-Algebra aller λ (Lebesgue)-meßbaren Teilmengen von $]0,1[$ und $B \subset]0,1[$ eine Menge mit $\lambda^*(B) = 1$ und $\lambda_*(B) = 0$ sei, $\mathfrak{P} := \{P_1, 2 f P_1\}$, wobei $P_1 \in \mathcal{M}^1(\Omega, \mathfrak{A})$ definiert sei durch

$$P_1((S_1 \cap B) \cup (S_2 \cap \complement B)) := \frac{1}{2}(\lambda(S_1) + \lambda(S_2)) \text{ für } S_i \in \mathfrak{T}$$

und $f(x) = x$ für alle $x \in \Omega$ sei, und $T := id_\Omega : (\Omega, \mathfrak{A}) \to (\Omega, \mathfrak{A})$ (id_Ω wird hier also nicht nur als Abbildung, sondern als Morphismus von Meßräumen verstanden).

Wir bemerken zunächst, daß $\mathfrak{A}$ als von $\mathfrak{T}$ und B erzeugte σ-Algebra alle Mengen der Form $A = (S_1 \cap B) \cup (S_2 \cap \complement B)$ enthält und daß die Mengen dieser Form eine σ-Algebra bilden, daß also $\mathfrak{A}$ genau aus diesen Mengen besteht. Ferner ist P_1 eindeutig definiert. Ist nämlich $(S_1 \cap B) \cup (S_2 \cap \complement B) = (S_1' \cap B) \cup (S_2' \cap \complement B)$, so gilt $(S_1 \Delta S_1') \cap B = \emptyset$ und $(S_2 \Delta S_2') \cap \complement B = \emptyset$, also $S_1 \Delta S_1' \subset \complement B$ und $S_2 \Delta S_2' \subset B$.

Da nach Voraussetzung B und $\complement B$ inneres Lebesgue-Maß Null haben, gilt $\lambda(S_i \Delta S_i') = 0$ $(i=1,2)$, also $\frac{1}{2}(\lambda(S_1) + \lambda(S_2)) = \frac{1}{2}(\lambda(S_1') + \lambda(S_2'))$.

T ist eine minimal-erschöpfende Statistik. Ist nämlich $T' : (\Omega, \mathfrak{A}) \to (\Omega', \mathfrak{A}')$ eine weitere erschöpfende Statistik, so gibt es nach dem Neyman-Kriterium Funktionen $g_1', g_2' \in \mathfrak{M}(\Omega', \mathfrak{A}')$ und $h \in \mathfrak{M}(\Omega, \mathfrak{A})$ mit $P_1 = g_1' \circ T' h P_1$ und $2 f P_1 = g_2' \circ T' h P_1$, modulo $\mathfrak{P}$ gilt also $T = (\frac{1}{2} \frac{g_2'}{g_1'}) \circ T$ und daher

$$\frac{1}{2} \frac{g_2'}{g_1'} : \Omega' \to \Omega.$$

$\mathfrak{A}(T) = \mathfrak{A}$ ist aber keine minimal-erschöpfende σ-Algebra. Da nämlich P_1 und $2 f P_1$ beide eine $\mathfrak{T}$-meßbare Dichte bezüglich P_1 haben, ist $\mathfrak{T}$ erschöpfend. Es gilt aber nicht $\mathfrak{T} = \mathfrak{A}$ $[\mathfrak{P}]$; denn für jedes $S \in \mathfrak{T}$ ist nach Voraussetzung über $B \subset \,]0,1[$

$$P_1 (B \,\Delta\, S) = P_1 ((\complement S \cap B) \cup (S \cap \complement B)) = \frac{1}{2} (\lambda(\complement S) + \lambda (S)) = \frac{1}{2} > 0.$$

Kapitel III: Testexperimente

§ 7 Grundbegriffe der Testtheorie

Die Testtheorie baut auf den im folgenden zu präzisierenden Begriffen des Testexperiments und des Tests auf, welche erst im Verlauf der Diskussion eine konkrete statistische Bedeutung gewinnen werden.

Definition 7.1: Testexperiment heißt jedes Quintupel $(\Omega, \mathfrak{A}, \mathfrak{P}, \mathfrak{P}_o, \mathfrak{P}_1)$, bei dem $(\Omega, \mathfrak{A}, \mathfrak{P})$ ein Experiment und $\{\mathfrak{P}_o, \mathfrak{P}_1\}$ eine Zerlegung von $\mathfrak{P}$ ist.

Für das Experiment $(\Omega, \mathfrak{A}, \mathfrak{P})$ wird

$\mathbb{M}_{(1)}(\Omega, \mathfrak{A}) := \{f \in \mathbb{M}(\Omega, \mathfrak{A}) : 0 \leq f \leq 1\}$ die Menge der Tests genannt.

Der Bezeichnung "Test" liegt die Interpretation zugrunde, eine Funktion $t \in \mathbb{M}_{(1)}(\Omega, \mathfrak{A})$ als Entscheidungsfunktion aufzufassen, die jeder Stichprobe $\omega \in \Omega$ die Wahrscheinlichkeit $t(\omega)$ zuordnet, eine gewisse Hypothese abzulehnen.

Die Menge der Tests ist also zunächst nur ein Ordnungsintervall der Algebra $\mathbb{M}^b(\Omega, \mathfrak{A})$; sie wird durch Testexperimente statistisch strukturiert.

Im folgenden werden einige Definitionen für die gebräuchlichsten Begriffe der Testtheorie gegeben. Die Bezeichnungen sind durch die Art der Anwendungen bestimmt.

Definition 7.2: Es sei $(\Omega, \mathfrak{A}, \mathfrak{P}, \mathfrak{P}_o, \mathfrak{P}_1)$ ein Testexperiment.

a) $\mathfrak{P}_o$ wird die Hypothese und $\mathfrak{P}_1$ die Alternative genannt.

b) $\mathfrak{P}_i$ $(i=0,1)$ heißt einfach bzw. zusammengesetzt, wenn $\mathfrak{P}_i$ einelementig bzw. mehrelementig ist.

Die Elemente von $\mathbb{M}_{(1)}(\Omega, \mathfrak{A})$ werden gelegentlich auch randomisierte Tests genannt und den Indikatorfunktionen in $\mathbb{M}_{(1)}(\Omega, \mathfrak{A})$ als indeterministische Tests "gegenübergestellt".

Definition 7.3: Es seien $(\Omega, \mathfrak{A}, \mathfrak{P}, \mathfrak{P}_0, \mathfrak{P}_1)$ ein Testexperiment und $t \in \mathfrak{M}_{(1)}(\Omega, \mathfrak{A})$.

a) Gütefunktion zu t heißt die durch

$$\beta_t(P) := E_P(t) \text{ für alle } P \in \mathfrak{P}$$

definierte Funktion $\beta_t : \mathfrak{P} \to [0,1]$.

b) Trennschärfe von t heißt die Funktion

$$\mathrm{Res}_{\mathfrak{P}_1} \beta_t .$$

Eine erste Aufgabe der Testtheorie besteht darin, die einem Testexperiment $(\Omega, \mathfrak{A}, \mathfrak{P}, \mathfrak{P}_0, \mathfrak{P}_1)$ und einem Test $t \in \mathfrak{M}_{(1)}(\Omega, \mathfrak{A})$ zugeordneten Fehler

$$\sup_{P \in \mathfrak{P}_0} \beta_t(P) \text{ bzw. } \sup_{P \in \mathfrak{P}_1} (1 - \beta_t(P))$$

erster bzw. zweiter Art zu minimieren.

Definition 7.4: Es seien $(\Omega, \mathfrak{A}, \mathfrak{P}, \mathfrak{P}_0, \mathfrak{P}_1)$ ein Testexperiment und $\alpha \in [0,1]$.

a) $\mathfrak{T}_\alpha := \{t \in \mathfrak{M}_{(1)}(\Omega, \mathfrak{A}) : \sup_{P \in \mathfrak{P}_0} \beta_t(P) \leq \alpha\}$

wird die Menge der Tests vom Niveau α genannt.

b) $t \in \mathfrak{T}_\alpha$ heißt trennscharf (zum Niveau α) oder α-trennscharf, wenn für alle $t' \in \mathfrak{T}_\alpha$ und $P \in \mathfrak{P}_1$

$$\beta_t(P) \geq \beta_{t'}(P)$$

gilt.

c) $t \in \mathfrak{T}_\alpha$ heißt Maximin-Test zum Niveau α, falls für alle $t' \in \mathfrak{T}_\alpha$

$$\inf_{P \in \mathfrak{P}_1} \beta_t(P) \geq \inf_{P \in \mathfrak{P}_1} \beta_{t'}(P)$$

gilt (d.h. wenn bei vorgegebenem Fehler erster Art der Fehler zweiter Art minimiert wird).

Den unter a), b) und c) erklärten Tests fügt man zur Verdeutlichung gelegentlich die Angabe "für das Testproblem $\mathcal{P}_o$ gegen $\mathcal{P}_1$" hinzu.

Satz 7.1: Ist $(\Omega, \mathfrak{A}, \mathcal{P}, \mathcal{P}_o, \mathcal{P}_1)$ ein durch ein σ-endliches Maß μ auf $(\Omega, \mathfrak{A})$ μ-dominiertes Testexperiment, so existiert zu jedem $\alpha \in [0,1]$ ein Maximin-Test zum Niveau α.

Beweis: Es sei $q_\mu : \mathcal{T}_\alpha \to L^\infty(\Omega, \mathfrak{A}, \mu)$ die Restklassen-Abbildung modulo der Nullfunktionen von μ. Dann ist

$$q_\mu(\mathcal{T}_\alpha) = \{f \in L^\infty(\Omega, \mathfrak{A}, \mu) : 0 \leq f \leq 1, E_P(f) \leq \alpha \text{ für alle } P \in \mathcal{P}_o\}$$

eine $\sigma(L^\infty, L^1)$-kompakte Menge.

Die als Infimum stetiger Funktionen auf $q_\mu(\mathcal{T}_\alpha)$ nach oben halbstetige Funktion

$$q_\mu(t) \to \inf_{P \in \mathcal{P}_1} \int t \frac{dP}{d\mu} d\mu$$

nimmt ihr Supremum an.

Es gibt demnach ein $t_o \in \mathcal{T}_\alpha$ mit

$$\inf_{P \in \mathcal{P}_1} \int t_o \frac{dP}{d\mu} d\mu \geq \inf_{P \in \mathcal{P}_1} \int t \frac{dP}{d\mu} d\mu,$$

d.h.

$$\inf_{P \in \mathcal{P}_1} \beta_{t_o}(P) \geq \inf_{P \in \mathcal{P}_1} \beta_t(P) \text{ für alle } t \in \mathcal{T}_\alpha,$$

und das ist gerade die definierende Eigenschaft eines Maximin-Tests. ┘

Korollar 7.1: Ist $\mathcal{P}_1$ einfach, so existiert zu jedem $\alpha \in [0,1]$ ein α-trennscharfer Test.

Beweis: In dieser Situation fallen nämlich die Begriffe Maximin-Test und trennscharfer Test zusammen. ┘

Beispiel 7.1: Es seien $(\Omega, \mathfrak{A}) := (\mathbb{R}^n, \mathfrak{B}^n)$,

$\mathcal{P} := \{P_x := \nu_{\xi_1,1} \otimes \cdots \otimes \nu_{\xi_n,1} : x = (\xi_1, \ldots, \xi_n) \in \mathbb{R}^n\}$,

$\mathcal{P}_o := \{P_{x_o}\}$ für ein $x_o := (\xi_1^o, \ldots, \xi_n^o) \in \mathbb{R}^n$ und $\mathcal{P}_1 := \mathcal{P} \setminus \mathcal{P}_o$.

Zu $\alpha \in \,]0,1[$ wählen wir Tests $t_\alpha \in \mathfrak{M}_{(1)}(\Omega, \mathfrak{A})$ der Form $t_\alpha := 1_{\complement K_{r_\alpha}(x_o)}$ aus, wobei $K_{r_\alpha}(x_o)$ eine Kugel um x_o mit dem Radius $r_\alpha \in \mathbb{R}_+ \setminus \{0\}$ und r_α so bestimmt ist, daß $P_{x_o}(\complement K_{r_\alpha}(x_o)) = \alpha$ gilt.

Dann hat man für alle $x := (\xi_1,\ldots,\xi_n) \in \mathbb{R}^n$

$$\beta_{t_\alpha}(P_x) = P_x(\complement K_{r_\alpha}(x_o)) = 1 - P_x(K_{r_\alpha}(x_o))$$

$$= 1 - \int_{K_{r_\alpha}(x_o)} (\sqrt{2\pi})^{-n} e^{-\frac{1}{2}((\eta_1-\xi_1)^2 + \ldots + (\eta_n-\xi_n)^2)} \lambda^n(d(\eta_1,\ldots,\eta_n))$$

$$= 1 - \int_{K_{r_\alpha}(x_o)-x} (\sqrt{2\pi})^{-n} e^{-\frac{1}{2}(\eta_1^2 + \ldots + \eta_n^2)} \lambda^n(d(\eta_1,\ldots,\eta_n))$$

$$= 1 - P_o(K_{r_\alpha}(x_o) - x) = 1 - P_o(K_{r_\alpha}(x_o - x))$$

$$= P_{x_o}(\complement K_{r_\alpha}(x_o - x)) = P_{x_o - x}(\complement K_{r_\alpha}(0))$$

Aus der Rotationssymmetrie von P_{x_o} sieht man noch zusätzlich, daß aus $\| x_o - x \| = \| x_o - y \|$ stets $\beta_{t_\alpha}(P_x) = \beta_{t_\alpha}(P_y)$ folgt.

Genauere Informationen erhält man, indem man exakte Verteilungen benutzt, die in der praktischen Statistik berechnet und tabelliert wurden. Man definiere die Chiquadratverteilung χ_n^2 mit n Freiheitsgraden bzw. die mit dem Parameter $a \in \mathbb{R}^n \setminus \{0\}$ nichtzentrierte Chiquadratverteilung $\chi_{n,a}^2$ mit n Freiheitsgraden mittels der durch

$$F_{\chi_n^2}(\tau) := \int_{K_{\tau^2}(0)} \frac{1}{\sqrt{2\pi}^n} e^{-\frac{1}{2}(\xi_1^2 + \ldots + \xi_n^2)} \lambda^n(d(\xi_1,\ldots,\xi_n))$$

bzw.

$$F_{\chi^2_{n,a}}(\tau) := \int_{K_{\tau^2}(a)} \frac{1}{\sqrt{2\pi}^n} e^{-\frac{1}{2}(\xi_1^2+\ldots+\xi_n^2)} \lambda^n (d(\xi_1,\ldots,\xi_n))$$

definierten Verteilungsfunktionen (Die Chiquadratverteilung χ_n^2 mit n Freiheitsgraden wurde bereits in § 5 Beispiel 1 eingeführt).

Dann sind durch

$$h_n(\xi) := 1_{\mathbb{R}_+}(\xi) \,.\, (2^{\frac{n}{2}} \Gamma(\tfrac{n}{2}))^{-1} e^{-\frac{\xi}{2}} \xi^{\frac{n}{2}-1}$$

bzw.

$$h_{n,a}(\xi) := 1_{\mathbb{R}_+}(\xi) \,.\, 2^{-\frac{n}{2}} e^{-\frac{1}{2}(\xi+||a||^2)}$$

$$.\ \xi^{\frac{n}{2}-1} \sum_{j=o}^{\infty} \frac{(||a||\xi)^j \,\Gamma(j+\frac{1}{2})}{(2j)!\,\Gamma(j+\frac{n}{2})}$$

$$(= \sum_{j=o}^{\infty} \frac{1}{j!} \left(\frac{||a||^2}{2}\right)^j e^{-\frac{||a||}{2}} h_{2j+n}(\xi)) \text{ für alle } \xi \in \mathbb{R}$$

Funktionen auf $\mathbb{R}$ mit $\chi_n^2 = h_n \,.\, \lambda$ bzw. $\chi_{n,a}^2 = h_{n,a} \,.\, \lambda$ gegeben.

Mit diesen Funktionen bestimmt man $r_\alpha \in \mathbb{R}_+ \setminus \{0\}$ durch die Gleichung

$$\int_{r_\alpha^2}^{\infty} h_n(\xi)\, d\xi = \alpha$$

und erhält mit diesem r_α sofort

$$\beta_{t_\alpha}(P_x) = \int_{r_\alpha^2}^{\infty} h_{n,||x-x_o||}(\xi)\, d\xi.$$

Das nächste Ziel der weiteren Ausführungen wird die Konstruktion α-trennscharfer Tests sein.

In der Sprache der Optimierungstheorie kann man das Problem der Auffindung α-trennscharfer Tests wie folgt beschreiben:

Es sei ein Testexperiment $(\Omega, \mathfrak{A}, \mathfrak{P}, \mathfrak{P}_o, \mathfrak{P}_1)$ mit einfacher Alternative $\mathfrak{P}_1 := \{P_1\}$ vorgelegt.

Wir setzen $\mathfrak{P} \ll \mu$ für ein σ-endliches Maß $\mu \in \mathcal{M}_+(\Omega, \mathfrak{A})$ voraus, so daß es zu jedem $P \in \mathfrak{P}$ eine $\mathfrak{A}$-meßbare Funktion f_p auf Ω gibt mit $P = f_p . \mu$.

Ferner werde gefordert, daß auf $\mathfrak{P}_o$ eine σ-Algebra Σ_o existiere, so daß die Abbildung $(x,P) \to f_P(x)$ von $\Omega \times \mathfrak{P}_o$ in $\mathbb{R}$ $\mathfrak{A} \otimes \Sigma_o$-meßbar ist.

Für $\alpha \in [0,1]$ wird sodann der Menge

$$\mathcal{T}_\alpha := \{t \in \mathcal{M}(\Omega, \mathfrak{A}) : t \leq 1, t \geq 0, \int t f_P \, d\mu \leq \alpha \text{ für alle } P \in \mathfrak{P}_o\}$$

der Tests zum Niveau α für $\mathfrak{P}_o$ gegen $\mathfrak{P}_1$ die Menge

$$\mathcal{S}_\alpha := \{(\pi,v) \in \mathcal{M}(\mathfrak{P}_o, \Sigma_o) \times \mathcal{M}(\Omega, \mathfrak{A}) : \pi \geq 0, v \geq 0 \, [\mu], \int_{\mathfrak{P}_o} f_P \, d\pi + v \geq f_{P_1} \, [\mu]\}$$

gegenübergestellt, so daß dem Primalprogramm

$$\text{(PP)} \quad \int t f_{P_1} \, d\mu = \sup_{t' \in \mathcal{T}_\alpha} \int t' f_{P_1} \, d\mu$$

das Dualprogramm

$$\text{(DP)} \quad \alpha \pi(\mathfrak{P}_o) + \int v \, d\mu = \inf_{(\pi',v') \in \mathcal{S}_\alpha} (\alpha \pi'(\mathfrak{P}_o) + \int v' \, d\mu)$$

entspricht.

Im Spezialfall $\mathfrak{P}_o := \{P_1,\ldots,P_m\}$, $\mathfrak{P}_1 := \{P_{m+1}\}$ mit diskreten W-Maßen P_i mit endlichem Träger $\{\omega^{(1)},\ldots,\omega^{(n)}\}$ für $i=1,\ldots,m+1$ nehmen die Programme unter Benützung der Abkürzungen $\mu_j := \mu(\{\omega^{(j)}\})$, $\mu_{ij} := f_{P_i}(\omega^{(j)})$, $t_j := t(\omega^{(j)})$, $\pi_i := \pi(\{i\})$ und $v_j := v(\omega^{(j)})$ $(j=1,\ldots,n;\ i=1,\ldots,m+1)$ die folgende Gestalt an: Im Primalprogramm ist

$$\text{(PP')} \quad \sum_{j=1}^{n} f_{P_{m+1,j}} \mu_j t_j \text{ zu maximieren}$$

unter den Nebenbedingungen:

$$\text{(P1')} \quad \sum_{j=1}^{n} \mu_{ij}\, \mu_j\, t_j \leq \alpha \quad \text{für alle } i=1,\dots,m,$$

$$\text{(P2')} \quad t_j \leq 1 \text{ für } j = 1,\dots,n \quad \text{und}$$

$$\text{(P3')} \quad t_j \geq 0 \text{ für } j = 1,\dots,m,$$

im Dualprogramm ist

$$\text{(DP')} \quad \alpha \sum_{i=1}^{m} \pi_i + \sum_{j=1}^{n} v_j\, \mu_j \quad \text{zu minimieren}$$

unter den Nebenbedingungen:

$$\text{(D1')} \quad \sum_{i=1}^{m} \mu_{ij}\, \pi_i + v_j \geq f_{P_{m+1,j}} \qquad \text{für alle } j=1,\dots,n,$$

$$\text{(D2')} \quad \pi_i \geq 0 \quad \text{für } i=1,\dots,m \quad \text{und}$$

$$\text{(D3')} \quad v_j \geq 0 \quad \text{für } j=1,\dots,n$$

Setzt man noch $x_i := t_i$ für $i=1,\dots,n$, $y_k := \pi_k$ für $k=1,\dots,m$ und $y_k := v_k\, \mu_k$ für $k = m+1,\dots,m+n$, so wird die Dualität der linearen Programme (PP') und (DP') unter linearen Nebenbedingungen in der üblichen Gestalt sichtbar.

Die Programme (PP) und (DP) stehen in der durch folgenden Satz gegebenen Beziehung zueinander

<u>Satz 7.2:</u> a) Für $t \in \mathcal{T}_\alpha$ und $(\pi,v) \in \mathcal{S}_\alpha$ hat man stets

$$\int t\, f_{P_1}\, d\mu \leq \alpha\, \pi\, (\mathcal{P}_o) + \int v\, d\mu,$$

und

$$\int t\, f_{P_1}\, d\mu = \alpha\, \pi\, (\mathcal{P}_o) + \int v\, d\mu$$

gilt genau dann, wenn die Bedingungen

$$\int_{\mathcal{P}_o} t\, f_P\, d\pi + v = f_{P_1} \quad [\mu] \text{ auf } [t > 0],$$

$$\int t\, f_P\, d\mu = \alpha \quad [\pi] \quad \text{und}$$

$$t = 1 \ [\mu] \text{ auf } [v > 0] \text{ erfüllt sind.}$$

b) Tests $t' \in \mathcal{T}_\alpha$ bzw. Paare $(\pi',v') \in \mathcal{S}_\alpha$ mit

$$\int t' f_{P_1} \, d\mu = \alpha \, \pi' (\mathcal{P}_o) + \int v' \, d\mu$$

sind Lösungen der Programme (PP) bzw. (DP), und v' hat die Gestalt

$$v' := \max (0, f_{P_1} - \int_{\mathcal{P}_o} f_P \, d\pi) \; [\mu]$$

<u>Beweis:</u> a) ergibt sich aus der Abschätzung

$$\int t \, f_{P_1} \, d\mu \leq \int_{\mathcal{P}_o} \int_{\Omega} t \, f_P \, d\mu \, d\pi + \int_{\Omega} t \, v \, d\mu \leq \alpha \, \pi (\mathcal{P}_o) + \int v \, d\mu$$

Der Rest des Beweises ist evident.

b) Die erstgenannte Behauptung ist klar.
Es sei also $(\pi', v') \in \mathcal{S}_\alpha$ Lösung von (DP). Da (DP) durch Verkleinern von v' verbessert wird und

$$\int_{\mathcal{P}_o} f_P \, d\pi + v \geq f_{P_1} \; [\mu]$$

gegenüber Bildung des Infimums invariant ist, ergibt sich die letztgenannte Behauptung. ⌋

Bei festgewähltem $\pi \in \mathcal{M}_+(\mathcal{P}_o, \Sigma_o)$ ist die zur Lösung $(\pi, v) \in \mathcal{S}_\alpha$ von (DP) gehörige Funktion v von der Gestalt

$$v = v_\pi + (f_{P_1} - \int_{\mathcal{P}_o} f_P \, d\pi)^+ \; [\mu]$$

Setzt man noch (für $\alpha > 0$)

$$f(\pi) := \alpha \, \pi (\mathcal{P}_o) - \int (f_{P_1} - \int_{\mathcal{P}_o} f_P \, d\pi)^+ \, d\mu \text{ für alle } \pi \in \mathcal{M}_+^b(\mathcal{P}_o, \Sigma_o),$$

so ist $\pi' \in \mathcal{M}_+^b(\mathcal{P}_o, \Sigma_o)$ gesucht mit der Eigenschaft

$$f(\pi') = \inf_{\pi \in \mathcal{M}_+^b(\mathcal{P}_o, \Sigma_o)} f(\pi)$$

Hinreichend für die Optimalität von $t' \in \mathfrak{T}_\alpha$ und $(\pi', v_\pi) \in \mathfrak{S}_\alpha$ ist somit jede der folgenden äquivalenten Bedingungen

a) $E_{P_1}(t') = f(\pi')$

b) Es gilt

$$t' = \begin{cases} 1 & [\mu] \text{ auf } [f_{P_1} > \int_{\mathfrak{P}_o} f_P \, d\pi] \\ 0 & [\mu] \text{ auf } [f_{P_1} < \int_{\mathfrak{P}_o} f_P \, d\mu] \end{cases}$$

und

$E_P(t') = \alpha \; [\pi']$

Zusammenfassend ergibt sich der

Satz 7.3: Es sei ein durch ein σ-endliches Maß μ auf $(\Omega, \mathfrak{A})$ μ-dominiertes Testexperiment $(\Omega, \mathfrak{A}, \mathfrak{P}, \mathfrak{P}_o, \mathfrak{P}_1)$ mit einfacher Alternative $\mathfrak{P}_1 := \{P_1\}$ gegeben. Jedes $P \in \mathfrak{P}$ sei also von der Gestalt $P = f_P \cdot \mu$ mit einer $\mathfrak{A}$-meßbaren Funktion f_P auf Ω.
Ferner existiere auf $\mathfrak{P}_o$ eine σ-Algebra Σ_o derart, daß die Abbildung $(x,P) \to f_P(x)$ von $\Omega \times \mathfrak{P}_o$ in $\mathbb{R}$ $\mathfrak{A} \otimes \Sigma_o$-meßbar ist.
Es seien $\mathfrak{T}_\alpha$ und $\mathfrak{S}_\alpha$ für $\alpha \in [0,1]$ definiert wie oben.
Existieren dann $t' \in \mathfrak{T}_\alpha$ und $(\pi', v_{\pi'}) \in \mathfrak{S}_\alpha$ mit der Eigenschaft

$$\beta_{t'}(P_1) = \alpha \, \pi'(\mathfrak{P}_o) - v_{\pi'} \; [\mu],$$

so sind folgende Aussagen äquivalent:

(i) $t \in \mathfrak{T}_\alpha$ ist Lösung von (PP)

(ii) Es existiert ein Maß $\pi \in \mathcal{M}_+(\mathfrak{P}_o, \Sigma_o)$ mit

$$t = \begin{cases} 1 & [\mu] \text{ auf } [f_{P_1} > \int_{\mathfrak{P}_o} f_P \, d\pi] \\ 0 & [\mu] \text{ auf } [f_{P_1} < \int_{\mathfrak{P}_o} f_P \, d\pi] \end{cases}$$

und

$$\beta_t(P) = \alpha \quad [\pi]$$

An dieser Stelle wird sichtbar, daß weitere Studien innerhalb der Theorie der Testexperimente in zwei Richtungen führen, die in den folgenden zwei Paragraphen behandelt werden sollen: in die Richtung der Konstruktion optimaler (α-trennscharfer) Tests $t \in \mathfrak{M}_{(1)}(\Omega, \mathfrak{A})$ einerseits und in die Richtung optimaler (möglichst ungünstiger) Maße $\pi \in \mathcal{M}_+(\mathcal{P}_o, \Sigma_o)$ andererseits.

§ 8 Konstruktion α-trennscharfer Tests

Sind Hypothese und Alternative eines Testexperimentes einfach, so läßt sich stets ein α-trennscharfer Test konstruieren (Korollar zu Satz 7.1). Die relevanten maßtheoretischen Fakten werden im folgenden Satz gesammelt:

Satz 8.1: (Fundamental-Lemma von J. Neyman und E.S. Pearson)

Es seien $(\Omega, \mathfrak{A}, \mu)$ ein Maßraum und f_o, f_1 zwei integrierbare numerische Funktionen auf Ω, von denen $f_o \geq 0$ sei.

Für jedes $k \in \overline{\mathbb{R}}$ definiere man

$$M_k := [f_1 > k\, f_o] \quad \text{und}$$

$$M_k^+ := [f_1 \geq k\, f_o]$$

Mit der Bezeichnung $\nu := f_o \cdot \mu$ gelten dann die folgenden Aussagen:

(i) Zu jedem $K \in [0, \nu(\Omega)]$ gibt es ein $k \in \overline{\mathbb{R}}$ derart, daß

(1) $\nu(M_k) \leq K \leq \nu(M_k^+)$

gilt.

(ii) Für jedes $K \in [0, \nu(\Omega)]$ definiere man

$$\mathfrak{T}_K := \{t \in \mathfrak{M}_{(1)}(\Omega, \mathfrak{A}) : \int t\, d\nu \leq K\}$$

Erfüllt $t \in \mathfrak{T}_K$ dann die Bedingung

(2) a) $\int t\, d\nu = K$

b) Es gibt ein $k \in \overline{\mathbb{R}}$ mit $t \cdot 1_{M_k} = 1_{M_k}$

und $t \cdot 1_{\complement M_k^+} = 0$,

so gilt

(3) $$\int t\, f_1\, d\mu = \sup_{t' \in \mathfrak{T}_K} \int t'\, f_1\, d\mu$$

(iii) Es sei $K \in [0, \nu(\Omega)]$ und k zu K gemäß (i) gewählt. Ist dann $\gamma \in [0,1]$ eine Zahl mit

(4) $\gamma\ \nu\ (M_k^+ \setminus M_k) = K - \nu\ (M_k)$,

so gelten für die Funktionen

(5) $t := 1_{M_k} + \gamma\ 1_{M_k^+ \setminus M_k}$

auf Ω die Gleichungen (2a), (2b) und daher (3).

(iv) Ist unter den Bedingungen von (iii) $t' \in \mathcal{T}_K$ eine weitere Funktion mit der Eigenschaft (3), so gilt

$$k\ (K - \int t'\ f_o\ d\mu\ ) = 0$$

(d.h. im Fall $k \neq 0$ gilt (2a)), und es ist

$$t = t'\ [\mu]\ \text{auf}\ M_k \cup \complement M_k^+.$$

<u>Beweis:</u> (i Aus der Definition der M_k erhält man

a) $M_{k'} \subset M_k$ für $k,k' \in \overline{\mathbb{R}}$ mit $k \leq k'$

b) $M_k \cap [f_o > 0] = \bigcup_{n \geq 1} M_{k_n} \cap [f_o > 0]$ für $k,k_n \in \overline{\mathbb{R}}$ mit $k_n \downarrow k$

c) $M_k^+ \cap [f_o > 0] = \bigcap_{n \geq 1} M_{k_n'} \cap [f_o > 0]$ für k,k_n' $\mathbb{R}$ mit $k_n' \uparrow k$

Da f_1 μ-integrierbar und ν totalstetig bezüglich μ ist, erhält man weiter

$$\nu\ (M_{-\infty}) = \nu\ ([f_1 > -\infty\ f_o] \cap [f_o > 0]) = \nu\ ([f_1 > -\infty]) = \nu\ (\Omega)$$

und deshalb auch $\nu\ (M_{-\infty}^+) = \nu\ (\Omega)$.

Für $K = \nu\ (\Omega)$ ist $-\infty$ eine numerische Zahl mit

$$\nu\ (M_{-\infty}) \leq \nu\ (\Omega) \leq \nu\ (M_{-\infty}^+).$$

Für $K < \nu\ (\Omega)$ sind die Menge $S := \{r \in \overline{\mathbb{R}} : \nu\ (M_r) \leq K\}$ und ihr Komplement nicht leer. Es sei daher $k := \inf S$. Indem man für jedes $n \geq 1$ $k_n \in S$ und $k_n' \in S$ wählt mit $k_n \downarrow k$ und $k_n' \uparrow k$, erhält man

$$\nu\ (M_k) = \nu\ (\bigcup_{n \geq 1} M_{k_n}) = \lim_{n \to \infty} \nu\ (M_{k_n}) \leq K \quad \text{sowie}$$

$$\nu\ (M_k^+) = \nu\ (\bigcap_{n \geq 1} M_{k_n'}) = \lim_{n \to \infty} \nu\ (M_{k_n'}) \geq K$$

[Beim Beweis der letzten Zeile geht die Endlichkeit von ν bzw. die Integrierbarkeit von f_o ein.]

(ii) Es sei $t \in \mathfrak{T}_K$ eine Funktion, die den Bedingungen (2) genügt, und es sei $t' \in \mathfrak{T}_K$ beliebig gewählt. Dann gilt

$$\int t\,(1-t')\,f_1\,d\mu = \int t\,(1_{M_k^+} + 1_{\complement M_k^+})\,(1-t')\,f_1\,d\mu$$

$$= \int t\,.\,1_{M_k^+}\,(1-t')\,f_1\,d\mu \geq k \int t\,1_{M_k^+}\,(1-t')\,f_o\,d\mu$$

$$= k \int t\,(1-t')\,f_o\,d\mu$$

und

$$-\int t'\,(1-t)\,f_1\,d\mu = -\int t'\,(1-t.1_{M_k} - t.1_{\complement M_k})\,f_1\,d\mu$$

$$= -\int t'\,(1-t)\,1_{\complement M_k}\,f_1\,d\mu$$

$$\geq -k \int t'\,(1-t)\,1_{\complement M_k}\,f_o\,d\mu$$

$$= -k \int t'\,(1-t)\,f_o\,d\mu,$$

zusammen also

$$\int t\,f_1\,d\mu - \int t'\,f_1\,d\mu = \int t\,(1-t')\,f_1\,d\mu - \int t'\,(1-t)\,f_1\,d\mu$$

$$\geq k\,(\int t\,(1-t')\,d\nu - \int t'\,(1-t)\,d\nu)$$

$$= k\,(\int t\,d\nu - \int t'\,d\nu) = k\,(K - \int t'\,d\nu)$$

$$\geq 0$$

wie behauptet.

(iii) Wegen (4) und (5) ist nämlich

$$\int t\,f_o\,d\mu = \int t\,d\nu = \int (1_{M_k} + \gamma\,1_{M_k^+ \setminus M_k})\,d\nu$$

$$= \nu\,(M_k) + \gamma\,(\nu(M_k^+) - \nu\,(M_k)) = K,$$

und nach (ii) folgt hieraus (3).

(iv) Es seien t' eine Funktion, die (3) erfüllt, und t eine durch (5) definierte Funktion. Dann können wir die Ungleichung im Beweis von (ii) ergänzen durch

$$0 = \int t\, f_1\, d\mu - \int t'\, f_1\, d\mu \geq k\,(K - \int t'\, d\nu) \geq 0,$$

also
$$k \int (t-t')\, f_o\, d\mu = 0.$$

Da außerdem $\int (t-t')\, f_1\, d\mu = 0$ ist, gilt

$$0 = \int (t-t')\,(f_1 - k\, f_o)\, d\mu = \int_{[f_1 \neq k\, f_o]} (t-t')\,(f_1-k\, f_o)\, d\mu$$

$$= \int_{[f_1 > kf_o]} (t-t')\,(f_1-kf_o)\, d\mu + \int_{[f_1 < kf_o]} (t-t')\,(f_1-kf_o)\, d\mu$$

$$= \int_{[f_1 > kf_o]} (1-t')\,(f_1-kf_o)\, d\mu + \int_{[f_1 < kf_o]} (0-t')\,(f_1-kf_o)\, d\mu$$

Da die Integranden nichtnegativ und die Faktoren $f_1 - k\, f_o$ von Null verschieden sind, erhält man modulo μ die Gleichungen $t'\, 1_{M_k^+} = 1$ und

$t'\, 1_{\complement M_k^+} = 0$, es gilt also $t' = 1_{M_k \cup \complement M_k^+} = t.1_{M_k \cup \complement M_k^+}$ $[\mu]$ ⌋

<u>Satz 8.2:</u> Es sei $(\Omega, \mathfrak{A}, \mathfrak{P}, \mathfrak{P}_o, \mathfrak{P}_1)$ ein Testexperiment mit einfacher Hypothese $\mathfrak{P}_o := \{P_o\}$ und einfacher Alternative $\mathfrak{P}_1 := \{P_1\}$. Dann existiert zu jedem $\alpha \in [0,1]$ ein α-trennscharfer Test t für $\mathfrak{P}_o$ gegen $\mathfrak{P}_1$, welcher $\beta_t\,(P_o) = \alpha$ erfüllt.

<u>Beweis:</u> Man setze $f_o := \frac{dP_o}{d(P_o+P_1)}$ und $f_1 := \frac{dP_1}{d(P_o+P_1)}$ sowie $\mu := P_o + P_1$

und damit $\nu = P_o$. Zu $\alpha \in [0,1]$ bestimme man gemäß Satz 1 (i) mit $\nu := P_o$ ein $k \in \overline{\mathbb{R}}$ mit

$$P_o\,[f_1 > k\, f_o] \leq \alpha \leq P_o\,[f_1 \geq k\, f_o]$$

und gemäß (4) ein $\gamma \in [0,1]$ mit

$$\gamma P_o [f_1 = k f_o] = \alpha - P_o [f_1 > k f_o]$$

und setze

$$t := 1_{[f_1 > k f_o]} + \gamma 1_{[f_1 = k f_o]}$$

Dann gilt nach (2a) und (3):

$$\beta_t (P_o) = \int t \, d P_o = \int t f_o \, d\mu = \alpha \qquad \text{sowie}$$

$$\beta_t (P_1) = \int t \, d P_1 = \int t f_1 \, d\mu = \sup_{t' \in \mathcal{T}_\alpha} \beta_{t'} (P_1),$$

und das war gerade die Behauptung. ⌟

Bemerkung: Nach Satz 1 (iv) ist t auf $[f_1 \neq k f_o]$ modulo $(P_1 + P_2)$ eindeutig bestimmt.

Ist $\beta_t (P_1) < 1$, so ergibt sich $k \neq 0$.

[Denn für $k = 0$ ist $\beta_t (P_1) = P_1 [f_1 > 0 f_o] + \gamma P[f_1 = 0 f_o]$ $= P_1 [f_1 > 0] = 1$), und nach Satz 1 (iv) gilt dann $\beta_{t'} (P_o) = \alpha$ für jeden α-trennscharfen Test t'.]

Beispiel 8.1: Es seien $(\Omega, \mathfrak{A}) := (\mathbb{R}^n, \mathfrak{B}^n)$, $P_o := \nu_{0,1}^{\otimes n}$ und $P_1 := \nu_{\xi,1}^{\otimes n}$ mit $\xi \in \mathbb{R}$.

Offenbar gilt $P_o = f_o \cdot \lambda^{\otimes n}$ bzw. $P_1 = f_1 \lambda^{\otimes n}$ mit

$$f_o (x_1,\dots,x_n) := \frac{1}{\sqrt{2\pi}^n} \exp \left(- \frac{1}{2} \sum_{i=1}^{n} x_i^2\right) \qquad \text{bzw.}$$

$$f_1 (x_1,\dots,x_n) := \frac{1}{\sqrt{2\pi}^n} \exp \left(- \frac{1}{2} \sum_{i=1}^{n} (x_i-\xi)^2\right)$$

für alle $(x_1,\dots,x_n) \in \mathbb{R}^n$.

Nach dem Fundamental-Lemma gibt es zu jedem $\alpha \in [0,1]$ ein $\gamma \in [0,1]$ und ein $k \in \overline{\mathbb{R}}$, so daß

$$t_\alpha := 1_{[\frac{f_1}{f_o} > k]} + \gamma\, 1_{[\frac{f_1}{f_o} = k]}$$

α-trennscharf für P_o gegen P_1 ist.

Nun ist

$$\frac{f_1}{f_o}(x_1,\ldots,x_n) = \exp\left(-\frac{1}{2}\left(\sum_{i=1}^{n}(x_i-\xi)^2 - \sum_{i=1}^{n} x_i^2\right)\right)$$

$$= \exp\left(-\frac{1}{2}\left(n\xi^2 - 2\,\xi \sum_{i=1}^{n} x_i\right)\right)$$

$$= \exp\left(-\frac{1}{2}\, n\, \xi\, (\xi - 2\,\overline{X}\,(x_1,\ldots,x_n)\right)$$

mit $\overline{X}\,(x_1,\ldots,x_n) := \frac{1}{n}\sum_{i=1}^{n} x_i$ für $(x_1,\ldots,x_n) \in \mathbb{R}^n$.

Für jedes $k > 0$ ist

$$[\frac{f_1}{f_o} > k] = [-\frac{n\xi}{2}(\xi - 2\,\overline{X}) > \ell n\, k] = [\overline{X} > \frac{\ell n\, k}{n\xi} + \frac{n\xi^2}{2}]$$

Es gibt also ein k_α mit

$$t_\alpha = 1_{[\overline{X} > k_\alpha]} + \gamma\, 1_{[\overline{X} = k_\alpha]}$$

k_α ist nun so zu bestimmen, daß $\beta_{t_\alpha}(P_o) = \alpha$ erfüllt ist, d.h. mit der Eigenschaft

$$P_o\,([\overline{X} > k_\alpha]) \leq \alpha \leq P_o\,[\overline{X} \geq \alpha]$$

Die Verteilung $\overline{X}\,(P_o)$ von P_o unter $\overline{X}$ ist gerade $\nu_{0,\frac{1}{\sqrt{n}}}$, k_α ist also durch die Gleichung

$$\alpha = \int_{k_\alpha}^{\infty} \sqrt{\frac{n}{2\pi}} \exp\left(-\frac{n}{2} x^2\right) dx = \int_{k_\alpha \sqrt{n}} \frac{1}{\sqrt{2\pi}} \exp\left(-\frac{x^2}{2}\right) dx$$

bestimmt.

[Der Wert von k_α für gewisse standardisierte Werte von α wird aus den Tafeln entnommen.]

Bemerkenswert ist, daß der Test t_α von ξ nicht abhängt.

t_α ist also trennscharf sogar für $\mathfrak{P}_o := \{\nu_{o,1}^{\otimes n}\}$ gegen

$\mathfrak{P}_1' := \{\nu_{\xi,1}^{\otimes n} : \xi > 0\}$.

Nachdem zu jedem $\alpha \in [0,1]$ die Existenz eines α-trennscharfen Tests t_α gesichert ist, erhebt sich die Frage, in welcher Weise die Trennschärfe $\beta_{t_\alpha}(P_1)$ von α abhängt. Einige allgemeine Eigenschaften dieser Abhängigkeit werden im folgenden Satz zusammengestellt.

<u>Satz 8.3:</u> Es seien $(\Omega, \mathfrak{A}, \mathfrak{P}, \mathfrak{P}_o, \mathfrak{P}_1)$ ein Testexperiment mit einfacher Hypothese $\mathfrak{P}_o := \{P_o\}$ und einfacher Alternative $\mathfrak{P}_1 := \{P_1\}$ sowie $\beta : [0,1] \to [0,1]$ die durch $\beta(\alpha) := \beta_{t_\alpha}(P_1)$ für alle $\alpha \in [0,1]$ und α-trennscharfe Tests t_α definierte Funktion.

Dann gilt

(i) β ist isoton, konkav und auf $]0,1]$ stetig.

(ii) Die Funktion $\alpha \to \frac{\beta(\alpha)}{\alpha}$ ist auf $]0,1[$ antiton und erfüllt für alle $\alpha \in]0,1[$ die Ungleichungen

$$1 \leq \frac{\beta(\alpha)}{\alpha} \leq \frac{1}{\alpha}$$

Ferner gilt

$$\lim_{\alpha \to 1} \frac{\beta(\alpha)}{\alpha} = 1$$

(iii) Sind P_o und P_1 orthogonal, d.h. existiert eine Menge $M \in \mathfrak{A}$ mit $P_o(M) = 0$ und $P_1(M) = 1$, so ist $\beta \equiv 1$.

<u>Beweis:</u> Ist t_α' ein weiterer trennscharfer Test zum Niveau α, so ist nach Definition der Trennschärfe $\beta_{t_\alpha}(P_1) = \beta_{t_\alpha'}(P_1)$; die Funktion β ist also wohldefiniert.

(i) Für $\alpha \leq \alpha'$ ist $\mathfrak{T}_\alpha \subset \mathfrak{T}_{\alpha'}$ und daher $\beta_{t_\alpha} \leq \beta_{t_{\alpha'}}$.

Sind $\alpha_1, \alpha_2, u \in [0,1]$, so gilt wegen

$$\int (u\, t_{\alpha_1} + (1-u)\, t_{\alpha_2})\, d\, P_o = u\, \alpha_1 + (1-u)\, \alpha_2$$

die Gleichung

$$u\, \beta\, (\alpha_1) + (1-u)\, \beta\, (\alpha_2) = \int (u\, t_{\alpha_1} + (1-u)\, t_{\alpha_2})\, d\, P_1$$

$$\leq \beta_{t_{u\alpha_1 + (1-u)\alpha_2}} (P_1) = \beta\, (u\alpha_1 + (1-u)\, \alpha_2)$$

Damit ist β auf $[0,1]$ eine konkave Funktion und folglich auf dem offenen Intervall $]0,1[$ stetig. Da β außerdem isoton ist, folgt aus der Konkavität sogar die Stetigkeit in $]0,1]$.

(ii) Für $0 < \alpha_1 < \alpha_2 < 1$ und $\alpha' \in\ ]0,1[$ gilt wegen der Konkavität von β die Ungleichung

$$\frac{\alpha_2-\alpha_1}{\alpha_2}\, \beta\, (\alpha') + \frac{\alpha_1}{\alpha_2}\, \beta\, (\alpha_2) \leq \beta\, (\frac{\alpha_2-\alpha_1}{\alpha_2}\, \alpha' + \alpha_1)$$

Wegen $\lim_{\alpha \to 0} \beta\, (\alpha) \geq 0$ und der Stetigkeit von β auf $]0,1]$ folgt hieraus durch Grenzübergang $\alpha' \to 0$

$$\frac{\alpha_1}{\alpha_2}\, \beta\, (\alpha_2) \leq \beta\, (\alpha_1),$$

die Funktion $\alpha \to \frac{\beta(\alpha)}{\alpha}$ ist also antiton.

Die behauptete Ungleichung folgt aus

$$\alpha = \alpha\, \beta\, (1) \leq \alpha\, \beta\, (1) + (1-\alpha)\, \beta\, (0) \leq \beta\, (\alpha) \leq 1,$$

und daher ist

$$\lim_{\alpha \to 1} \frac{\beta(\alpha)}{\alpha} = 1$$

(iii) Ist $M \in \mathfrak{A}$ eine Menge mit $P_o\, (M) = 0$ und $P_1\, (M) = 1$, so ist 1_M α-trennscharf für alle $\alpha \in [0,1]$ und damit $\beta \equiv 1$.

Das Fundamental-Lemma läßt sich in folgende Richtung verallgemeinern.

Satz 8.4: Es seien $(\Omega, \mathfrak{A}, \mu)$ ein Maßraum und $f_o, \ldots, f_n$ $n+1$ μ-integrierbare Funktionen auf Ω $(n \geq 1)$.

Zu jedem n-tupel $(\alpha_o,\ldots,\alpha_{n-1})$ reeller Zahlen definiere man

$$\mathcal{T}_{\alpha_o,\ldots,\alpha_{n-1}} := \{t \in \mathfrak{M}_{(1)}(\Omega,\mathfrak{A}) : \int t_i\, f_i\, d\mu = \alpha_i \text{ für } 0 \leq i \leq n-1\}$$

und

$$M_{k_o,\ldots,k_{n-1}} := \{\omega \in \Omega : f_n(\omega) \geq \sum_{i=o}^{n-1} k_i\, f_i(\omega)\}$$

Man erhält die folgenden Aussagen:

(i) Gibt es zu vorgegebenen $\alpha_o,\ldots,\alpha_{n-1}$ reelle Zahlen $k_o,\ldots,k_{n-1}$ mit

$$\int 1_{M_{k_o,\ldots,k_{n-1}}}\, f_i\, d\mu = \alpha_i \quad (i=0,\ldots,n-1),$$

so gilt

$$\int 1_{M_{k_o,\ldots,k_{n-1}}}\, f_n\, d\mu \geq \int t\, f_n\, d\mu$$

für alle $t \in \mathcal{T}_{\alpha_o,\ldots,\alpha_{n-1}}$

(ii) Ist $t' \in \mathcal{T}_{\alpha_o,\ldots,\alpha_{n-1}}$ eine weitere Funktion, für die

$$\int t'\, f_n\, d\mu = \sup_{t \in \mathcal{T}_{\alpha_o,\ldots,\alpha_{n-1}}} \int t\, f_n\, d\mu$$

gilt, so hat man:

$$t' = 1_{M_{k_o,\ldots,k_{n-1}}} \; [\mu] \text{ auf } [f_n \neq \sum_{i=o}^{n-1} k_i\, f_i]$$

Der <u>Beweis</u> des Satzes erfolgt analog zu dem des Fundamental-Lemmas.

§ 9 Möglichst ungünstige Mischverteilungen und Bayes-Tests

a) Technische Vorbemerkungen

Es sei $(\Omega, \mathfrak{A}, \mathcal{P})$ ein Experiment. Man treffe die folgenden Vereinbarungen:

1. Jedem $A \in \mathfrak{A}$ werde die durch $w_A(P) := P(A)$ für alle $P \in \mathcal{P}$ definierte Funktion $w_A : \mathcal{P} \to \mathbb{R}$ zugeordnet.

2. $\Sigma_{\mathfrak{A}}$ sei die von den w_A $(A \in \mathfrak{A})$ erzeugte σ-Algebra auf $\mathcal{P}$.

3. $N_{\mathcal{P}} : \mathcal{P} \times \mathfrak{A} \to \mathbb{R}$ sei definiert durch

   $N_{\mathcal{P}}(P,A) := P(A)$ für alle $P \in \mathcal{P}$ und $A \in \mathfrak{A}$.

Da alle $w_A = N_{\mathcal{P}}(\cdot,A)$ $(A \in \mathfrak{A})$ $\Sigma_{\mathfrak{A}}$-meßbar sind, ist $N_{\mathcal{P}} \in \mathrm{Stoch}((\mathcal{P},\Sigma), (\Omega, \mathfrak{A}))$ für jede σ-Algebra $\Sigma \supset \Sigma_{\mathfrak{A}}$.

Eigenschaften von $N_{\mathcal{P}}$:

1. Ist $t \in \mathcal{M}_{(1)}(\Omega, \mathfrak{A})$ und $\beta_t : \mathcal{P} \to \mathbb{R}$ die in § 7 durch $\beta_t(P) := \int t(\omega)\, P(d\omega)$ für alle $P \in \mathcal{P}$ definierte Gütefunktion, so gilt $\beta_t = N_{\mathcal{P}} t$.

   [Denn $N_{\mathcal{P}} t(P) = \int t(\omega)\, N_{\mathcal{P}}(P,d\omega) = \int t(\omega)\, P(d\omega)$]

2. Ist $\mathcal{P}' \subset \mathcal{P}$, so gilt für jedes $t \in \mathcal{M}_{(1)}(\Omega, \mathfrak{A})$

$$\mathrm{Res}_{\mathcal{P}'}(N_{\mathcal{P}} t) = N_{\mathcal{P}'} t$$

3. Es sei $(\Omega, \mathfrak{A}, \mathcal{P})$ ein Experiment derart, daß es ein dominierendes Maß $\mu \in \mathcal{M}^1(\Omega, \mathfrak{A})$ und eine Funktion $\mathfrak{f} \in \mathcal{M}_+(\Omega \times \mathcal{P}, \mathfrak{A} \otimes \Sigma_{\mathfrak{A}})$ gebe mit $P = \mathfrak{f}(\cdot,P)\,\mu$ für alle $P \in \mathcal{P}$. Sei schließlich $\Sigma \supset \Sigma_{\mathfrak{A}}$. Dann ist für jedes $\pi \in \mathcal{M}^1(\mathcal{P},\Sigma)$ das Maß $\pi N_{\mathcal{P}}$ die Ω-Projektion von $\mathfrak{f}.(\mu \otimes \pi)$.

Beweis: Für alle $A \in \mathfrak{A}$ gilt:

$$\begin{aligned}(\pi N_{\mathcal{P}})(A) &= \int \pi(dP)\, N_{\mathcal{P}}(P,A) = \int \pi(dP)\, P(A) \\ &= \int \pi(dP) \left[\int 1_A(\omega)\, \mathfrak{f}(\omega,P)\, \mu(d\omega)\right] \\ &= \int 1_A(\omega)\, \mathfrak{f}(\omega,P)\; \pi \otimes \mu\,(d(P,\omega)) \\ &= [\mathfrak{f}.(\mu \otimes \pi)](A \times \mathcal{P}) \quad \lrcorner\end{aligned}$$

b) Zusammengesetzte Hypothese: Möglichst ungünstige Mischverteilungen

Es seien $(\Omega, \mathfrak{A}, \mathfrak{P}, \mathfrak{P}_0, \mathfrak{P}_1)$ ein Test-Experiment, Σ_0 eine σ-Algebra auf $\mathfrak{P}_0$, bezüglich der die Elemente der Familie $(P \to P(A))_{A \in \mathfrak{A}}$ meßbar sind, und

$$\mathfrak{T}_\alpha := \mathfrak{T}_\alpha(\mathfrak{P}_0) := \{t \in \mathfrak{M}_{(1)}(\Omega, \mathfrak{A}) : N_{\mathfrak{P}_0} t \leq \alpha\}.$$

Definition 9.1:

1. Mischverteilung auf $\mathfrak{P}_0$ heißt jedes W-Maß $\pi \in \mathcal{M}^1(\mathfrak{P}_0, \Sigma_0)$.
2. Zu $\pi \in \mathcal{M}^1(\mathfrak{P}_0, \Sigma_0)$ und $\alpha \in [0,1]$ sei

   $$\mathfrak{T}_{\alpha,\pi} := \{t \in \mathfrak{M}_{(1)}(\Omega, \mathfrak{A}) : \int N_{\mathfrak{P}_0} t \, d\pi \leq \alpha\}$$

3. $\pi \in \mathcal{M}^1(\mathfrak{P}_0, \Sigma_0)$ heißt möglichst ungünstig (least favorable) für $\mathfrak{P}_0$ gegen $\mathfrak{P}_1$, falls für alle $\pi' \in \mathcal{M}^1(\mathfrak{P}_0, \Sigma_0)$ die Ungleichung

   $$\sup_{t \in \mathfrak{T}_{\alpha,\pi}} N_{\mathfrak{P}_1} t \leq \sup_{t \in \mathfrak{T}_{\alpha,\pi'}} N_{\mathfrak{P}_1} t$$

   gilt.
4. $\pi \in \mathcal{M}^1(\mathfrak{P}_0, \Sigma_0)$ heißt zulässig zum Niveau α, wenn es einen α-trennscharfen Test t_π für $\{\pi N_{\mathfrak{P}_0}\}$ gegen $\mathfrak{P}_1$ gibt mit

   $$N_{\mathfrak{P}_0} t_\pi \leq \alpha 1_{\mathfrak{P}_0}.$$

Satz 9.1: Es sei $(\Omega, \mathfrak{A}, \mathfrak{P}, \mathfrak{P}_0, \mathfrak{P}_1)$ ein Test-Experiment, und es sei $\pi \in \mathcal{M}^1(\mathfrak{P}_0, \Sigma_0)$ eine zulässige Mischverteilung zum Niveau $\alpha \in [0,1]$. Dann gilt:

(i) π ist möglichst ungünstig.

(ii) Es existiert ein α-trennscharfer Test für $\mathfrak{P}_0$ gegen $\mathfrak{P}_1$.

Beweis: Es sei t_π ein definitionsgemäß existierender Test mit $N_{\mathfrak{P}_0} t_\pi \leq \alpha$ und $N_{\mathfrak{P}_1} t_\pi \geq N_{\mathfrak{P}_1} t$ für alle t mit $\int N_{\mathfrak{P}_0} t \, d\pi \leq \alpha$

(i) Für alle $\pi' \in \mathcal{M}^1(\mathfrak{P}_0, \Sigma_0)$ gilt dann

$$\sup_{t \in \mathfrak{T}_{\alpha,\pi}} N_{\mathfrak{P}_1} t = N_{\mathfrak{P}_1} t_\pi \leq \sup_{t \in \mathfrak{T}_{\alpha,\pi'}} N_{\mathfrak{P}_1} t$$

[Denn wegen $N_{\mathfrak{P}_o} t_\pi \leq \alpha$ ist $\int N_{\mathfrak{P}_o} t_\pi \, d\pi' \leq \alpha$, d.h. t_π gehört selbst zur Menge der Tests, über die auf der rechten Seite das Supremum gebildet wird.]

(ii) t_π ist α-trennscharf für $\mathfrak{P}_o$ gegen $\mathfrak{P}_1$.
[Denn $N_{\mathfrak{P}_o} t_\pi \leq \alpha$ gilt nach Voraussetzung, und ist $t \in \mathfrak{T}_\alpha$, so gilt wegen $\int N_{\mathfrak{P}_o} t \, d\pi \leq \alpha$ und aufgrund der α-Trennschärfe von t_π:

$$N_{\mathfrak{P}_1} t_\pi \geq N_{\mathfrak{P}_1} t. \quad \rfloor$$

<u>Beispiel 9.1:</u> Es seien $(\Omega, \mathfrak{A}) := (\mathbb{R}^n, \mathfrak{B}^n)$,
$\mathfrak{P}_o := \{\nu_{\xi,\sigma^2}^{\otimes n} : \xi \in \mathbb{R}, 0 < \sigma^2 \leq \sigma_o^2\}$, $\mathfrak{P}_1 := \{\nu_{\xi,\sigma_1^2}^{\otimes n} : \xi \in \mathbb{R}\}$ sowie
$\mathfrak{P} := \mathfrak{P}_o \cup \mathfrak{P}_1$, wobei $0 < \sigma_o^2 < \sigma_1^2$ zwei gegebene Zahlen seien.
Man setze weiter $\Theta_o := \mathbb{R} \times]0,\sigma_o^2]$, $\Theta_1 := \mathbb{R} \times \{\sigma_1^2\}$,
$\Theta := \Theta_o \cup \Theta_1$ und definiere eine Parametrisierung $\theta : \mathfrak{P} \to \Theta$ durch

$\theta(\nu_{\xi\,\sigma^2}^{\otimes n}) := (\xi,\sigma^2)$ für alle $\xi \in \mathbb{R}$, $\sigma^2 \in]0,\sigma_o^2] \cup \{\sigma_1^2\}$.

Diese Parametrisierung ist bijektiv: Für $\theta^{-1}(\xi,\sigma^2)$ schreiben wir auch P_{ξ,σ^2} ($\xi \in \mathbb{R}$, $\sigma^2 \in]0,\sigma_o^2] \cup \{\sigma_1^2\}$).

Alle P_{ξ,σ^2} sind totalstetig bezüglich λ^n. Durch

$$p_{\xi,\sigma^2}(x) := \frac{1}{\sqrt{2\pi\sigma^2}^{\,n}} e^{-\frac{1}{2\sigma^2} \sum_{i=1}^{n} (X_i(x) - \xi)^2}$$

$$= \frac{1}{\sqrt{2\pi\sigma^2}^{\,n}} e^{-\frac{n}{2\sigma^2}(\overline{X}(x) - \xi) - \frac{1}{2\sigma^2} U(x)} \qquad (x \in \mathbb{R}^n)$$

(mit $\overline{X} := \frac{1}{n} \sum_{i=1}^{n} X_i$, $U := \sum_{i=1}^{n} (X_i - \overline{X})^2$) sind Funktionen p_{ξ,σ^2} erklärt mit $P_{\xi,\sigma^2} = p_{\xi,\sigma^2} \cdot \lambda^n$.

Aus der Form der Dichten erhält man außerdem nach Satz 5.3, daß die Statistik $T := (\overline{X},U) : \mathbb{R}^n \to \mathbb{R}^2$ erschöpfend ist.

Für jedes $A \in \mathfrak{A} = \mathfrak{L}^n$ ist die Abbildung

$$(\xi,\sigma^2) \to \int_A \frac{1}{\sqrt{2\pi\sigma^2}^{\,n}} e^{-\frac{1}{2\sigma^2}((\xi_1-\xi)^2 + \ldots + (\xi_n-\xi)^2)} \lambda^n (d(\xi_1,\ldots,\xi_n))$$

meßbar. $\Sigma_{\mathfrak{A}}$ ist daher in der mittels θ von Θ_o auf $\mathcal{P}_o$ transportierten σ-Algebra enthalten. Wir können also Θ_o mit $\mathcal{P}_o$ und Wahrscheinlichkeitsmaße auf $\Theta_o = \mathbb{R} \times]0,\sigma_o^2]$ mit Mischverteilungen auf $\mathcal{P}_o$ identifizieren.

Wir fixieren nun ein $\xi_1 \in \mathbb{R}$. Ziel ist es, das Bildmaß

$$\overline{X}(P_{\xi_1,\sigma_1^2}) = \nu_{\xi_1,\frac{\sigma_1^2}{n}}$$

von P_{ξ_1,σ_1^2} unter $\overline{X}$ möglichst gut durch Bildmaße von Elementen aus $\mathcal{P}_o$ unter $\overline{X}$ anzunähern.

Als Mischverteilung wählen wir

$$\pi := \nu_{\xi_1,\frac{\sigma_1^2 - \sigma_o^2}{n}} \otimes \varepsilon_{\sigma_o}.$$

Dann erhalten wir für die Dichte p_π von $\pi N_{\mathcal{P}_o} =: P_\pi$

$$p_\pi(x) = \int p_{\xi,\sigma^2}(x)\, \pi(d(\xi,\sigma)) = \int p_{\xi,\sigma_o^2}(x)\, \nu_{\xi_1,\frac{\sigma_1^2 - \sigma_o^2}{n}}(d\xi)$$

$$= \frac{1}{\sqrt{2\pi\sigma_o^2}^{\,n}} \sqrt{\frac{n}{2\pi(\sigma_1^2-\sigma_o^2)}} \; e^{-\frac{1}{2\sigma_o^2} U(x)}$$

$$\cdot \int_{\mathbb{R}} e^{-\frac{n}{2\sigma_o^2}(\overline{X}(x)-\xi)^2} \, e^{-\frac{n}{2(\sigma_1^2-\sigma_o^2)}(\xi-\xi_1)^2} \, d\xi$$

$$= \text{const} \cdot e^{-\frac{n}{2\sigma_1^2}(\overline{X}-\xi_1)^2} \; e^{-\frac{1}{2\sigma_o^2} U(x)} \qquad (x \in \mathbb{R}^n)$$

Zusammen mit der bereits bekannten Dichte p_{ξ_1,σ_1^2} definiert durch

$$p_{\xi_1,\sigma_1^2}(x) := \text{const}\; e^{-\frac{n}{2\sigma_1^2}(\overline{X}(x)-\xi_1)^2} \; e^{-\frac{1}{2\sigma_1^2} U(x)} \qquad (x \in \mathbb{R}^n)$$

erhält man aus dem Fundamental-Lemma die Existenz eines Tests t_π der Gestalt

$$t_\pi(x) = \begin{cases} 1 & \text{für } p_{\xi_1,\sigma_1^2}(x) \geq k\, p_\pi(x) \\ 0 & \text{für } p_{\xi_1,\sigma_1^2}(x) < k\, p_\pi(x), \end{cases}$$

der trennscharf ist für P_π gegen P_{ξ_1,σ_1^2}.

Wegen

$$t_\pi(x) = \begin{cases} 1 & \text{für } U(x) \geq k_\alpha \\ 0 & \text{für } U(x) < k_\alpha \quad (x \in \mathbb{R}^n) \end{cases}$$

ist t_π sogar trennscharf für P_π gegen $\mathcal{P}_1$.

Dabei ist k_α bestimmt durch die Gleichung

$$\alpha = \beta_{t_\pi}(P_\pi) = P_\pi([U \geq k_\alpha]) = U(P_\pi)([k_\alpha,\infty[)$$

Wir führen nun die durch

$$A_{\sigma^2}(\eta) = \sigma^2 \cdot \eta \quad \text{für alle } \eta \in \mathbb{R}$$

definierten reellen Funktionen A_{σ^2} auf $\mathbb{R}$ ($\sigma^2 \in \mathbb{R}_+ \setminus \{0\}$) ein und erhalten

$$U(P_{\xi,\sigma^2}) = A_{\sigma^2}(\chi_n^2),\ U(P_\pi) = A_{\sigma_o^2}(\chi_n^2) \quad \text{sowie}$$

$$\alpha = A_{\sigma_o^2}(\chi_n^2)([k_\alpha,\infty[) = \chi_n^2([\frac{k_\alpha}{\sigma_o^2},\infty[)$$

Hieraus ergibt sich, daß π zulässig ist, indem man zeigt, daß außerdem $E_P(t_\pi) \leq \alpha$ für alle $P \in \mathcal{P}_o$ gilt.

Für alle $(\xi,\sigma^2) \in \mathbb{R} \times]0,\sigma_o^2]$ gilt nämlich

$$E_{P_{\xi,\sigma^2}}(t_\pi) = P_{\xi,\sigma^2}([U \geq k_\alpha]) = U(P_{\xi,\sigma^2})([k_\alpha,\infty[)$$

$$= (A_{\sigma^2}(\chi_n^2))([k_\alpha,\infty[) = \chi_n^2([\frac{k_\alpha}{\sigma^2},\infty[)$$

$$\leq \chi_n^2([\frac{k_\alpha}{\sigma_o^2},\infty[) = \alpha$$

Nach Satz 1 ist damit π eine möglichst ungünstige Mischverteilung und t_π trennscharf für $\mathcal{P}_o$ gegen $\mathcal{P}_1$.

Bemerkung: Da t_π von σ_1^2 unabhängig ist und da in die letzten Schritte der Berechnung nur σ_o^2 einging, aber nicht σ_1^2, ist t_π sogar trennscharf für $\mathcal{P}_o$ gegen $\{P_{\xi,\sigma^2} : \xi \in \mathbb{R}, \sigma^2 > \sigma_o^2\}$.

c) Zusammengesetzte Alternative: Bayessche Tests

Es sei $(\Omega, \mathfrak{A}, \mathcal{P}, \mathcal{P}_o, \mathcal{P}_1)$ ein Testexperiment, und es sei $\Sigma_1 \supset \Sigma_{\mathfrak{A}}(\mathcal{P}_1)$ eine σ-Algebra auf $\mathcal{P}_1$.

Definition 9.2: Ist $\pi \in \mathcal{M}^1(\mathcal{P}_1,\Sigma_1)$, so heißt ein Test $t_\pi \in \mathcal{T}_\alpha(\mathcal{P}_o)$ Bayesscher π-Test, falls gilt

(B) $\int N_{\mathfrak{P}_1} t_\pi \, d\pi \geq \int N_{\mathfrak{P}_1} t \, d\pi$ für alle $t \in \mathfrak{T}_\alpha$

Satz 9.2: Gibt es ein $\mu \in \mathcal{M}^1(\Omega, \mathfrak{A})$ und ein $\tilde{f} \in \mathbb{M}_+(\Omega \times \mathfrak{P}_1, \mathfrak{A} \otimes \Sigma_1)$ mit $P = \tilde{f}(\cdot,P) \cdot \mu$ für alle $P \in \mathfrak{P}_1$ und bezeichnet man mit P_π die Ω-Projektion von $\tilde{f} \cdot (\mu \otimes \pi)$, so ist jeder Bayessche π-Test α-trennscharf für $\mathfrak{P}_o$ gegen $\{P_\pi\}$.

Beweis: Wir haben zu zeigen, daß

$$\int t \, d P_\pi \leq \int t_\pi \, d P_\pi$$

für alle $t \in \mathfrak{T}_\alpha$ gilt. Nun ist für beliebiges $t \in \mathbb{M}_{(1)}(\Omega, \mathfrak{A})$ aber

$$\begin{aligned} \int t \, d P_\pi &= \int_{\Omega \times \mathfrak{P}_1} t(\omega) \tilde{f}(\omega,P) (\mu \otimes \pi)(d(\omega,P)) \\ &= \int [\int t(\omega) \tilde{f}(\omega,P) \mu(d\omega)] \pi(dP) \\ &= \int [\int t(\omega) N_{\mathfrak{P}_1}(P,d\omega)] \pi(dP) = \int N_{\mathfrak{P}_1} t \, d\pi \end{aligned}$$

Dies gilt insbesondere für $t := t_\pi$. Also stimmt die behauptete Ungleichung mit der vorausgesetzten Ungleichung (B) überein. $\lrcorner$

Satz 9.3: Ist t_π ein Beyesscher π-Test mit

(*) $\int N_{\mathfrak{P}_1} t_\pi \, d\pi = \inf_{\pi' \in \mathcal{M}^1(\mathfrak{P}_1,\Sigma_1)} \int N_{\mathfrak{P}_1} t_\pi \, d\pi'$,

so ist t_π ein Maximin-Test.

Beweis: Wir haben zu zeigen

$$\inf_{P \in \mathfrak{P}_1} (N_{\mathfrak{P}_1} t_\pi)(P) \geq \inf_{P \in \mathfrak{P}_1} (N_{\mathfrak{P}_1} t)(P) \text{ für alle } t \in \mathfrak{T}_\alpha .$$

Dies folgt aber für beliebiges $t \in \mathfrak{T}_\alpha$ aus der folgenden Ungleichungskette:

$$\begin{aligned} \inf_{P \in \mathfrak{P}_1} (N_{\mathfrak{P}_1} t_\pi)(P) &= \inf_{P \in \mathfrak{P}_1} \int N_{\mathfrak{P}_1} t_\pi \, d\varepsilon_P \\ &\geq \inf_{\pi' \in \mathcal{M}^1(\mathfrak{P}_1,\Sigma_1)} \int N_{\mathfrak{P}_1} t_\pi \, d\pi' \end{aligned}$$

$$\underset{\text{wegen } (*)}{=} \int N_{\mathfrak{P}_1} t_\pi \, d\pi \int \underset{\text{wegen (B)}}{\geq} \int N_{\mathfrak{P}_1} t \, d\pi$$

$$\geq \inf_{P \in \mathfrak{P}_1} (N_{\mathfrak{P}_1} t)(P). \quad \rule{1em}{0.4pt}$$

Kapitel IV: Trennschärfe und isotoner Likelihood-Quotient

§ 10 Isotoner Likelihood-Quotient

Nachdem wir im vorigen Paragraphen einige Möglichkeiten aufgezeigt haben, das Fundamental-Lemma von Neyman und Pearson für theoretische Zwecke auszunutzen, wenden wir es nun an entscheidender Stelle für die Untersuchung einer praktisch bedeutsamen Klasse von Testproblemen an. Es folgt die nahezu vollständige Diskussion der Testexperimente mit strikt isotonem Likelihood-Quotienten. Man gewinnt diese, indem man von einer speziellen Klasse parametrisierter Experimente $(\Omega, \mathfrak{A}, \mathfrak{P}, \theta : \mathfrak{P} \to \mathbb{R})$ ausgeht und dazu diejenigen Testexperimente $(\Omega, \mathfrak{A}, \mathfrak{P}, \mathfrak{P}_o, \mathfrak{P}_1)$ betrachtet, die mit der Parametrisierung "verträglich" sind.

Die Parametrisierung $\theta : \mathfrak{P} \to \mathbb{R}$ sei in diesem Paragraphen stets injektiv. Das Bild $\theta(\mathfrak{P})$ von $\mathfrak{P}$ unter θ bezeichnen wir mit Θ. Zur Vereinfachung der Bezeichnungsweise schreiben wir stets P_{ϑ} für $\theta^{-1}(\vartheta)$ $(\vartheta \in \Theta)$ und nennen die zu $t \in \mathfrak{M}_{(1)}(\Omega, \mathfrak{A})$ durch

$$\beta_t(\vartheta) := \int t(\omega)\, P_{\vartheta}(d\omega) = E_{\vartheta}(t) \text{ für alle } \vartheta \in \Theta$$

definierte Funktion $\beta_t : \Theta \to [0,1]$ die Gütefunktion von t.

Diese Bezeichnungsweise stellt eine Modifikation der in § 7 gegebenen Definition dar, in welcher die durch

$$\beta_t(P) = \int t(\omega)\, P(d\omega) \text{ für alle } P \in \mathfrak{P}$$

definierte Funktion $\beta_t : \mathfrak{P} \to [0,1]$ als Gütefunktion bezeichnet wurde.

Definition 10.1: Es seien $(\Omega, \mathfrak{A}, \mathfrak{P}, \theta : \mathfrak{P} \to \mathbb{R})$ ein injektiv parametrisiertes Experiment und $\mu \in \mathcal{M}_+(\Omega, \mathfrak{A})$ ein für $\mathfrak{P}$ dominierendes σ-endliches Maß.

a) Die Funktion $(\vartheta \to \frac{dP_{\vartheta}}{d\mu}) : \Theta \to L^1(\Omega, \mathfrak{A}, \mu)$ heißt Likelihood-Funktion bezüglich μ.

b) $(\Omega, \mathfrak{A}, \mathfrak{P}, \theta\ \mathfrak{P} \to \mathbb{R})$ hat (strikt) isotonen Likelihood-Quotienten - abgekürzt (S) ILQ - falls eine reelle Statistik $T : (\Omega, \mathfrak{A}) \to (\mathbb{R}, \mathfrak{B})$ und zu jedem Paar $\vartheta_1, \vartheta_2 \in \Theta$ mit

$\vartheta_1 < \vartheta_2$ eine (strikt) isotone Funktion $H_{\vartheta_1, \vartheta_2} : \mathbb{R} \to \overline{\mathbb{R}}$ existiert, so daß

$$H_{\vartheta_1,\vartheta_2} \circ T = \frac{dP_{\vartheta_2}}{dP_{\vartheta_1}} \quad [P_{\vartheta_1} + P_{\vartheta_2}]$$

gilt.
(Dabei sei auf $[\frac{dP_{\vartheta_1}}{d(P_{\vartheta_1}+P_{\vartheta_2})} = 0]$ der Wert der Funktion $\frac{dP_{\vartheta_2}}{dP_{\vartheta_1}}$ gleich ∞ gesetzt.)

Bemerkung: Wir werden im folgenden T stets als integrierbar voraussetzen. Dies ist keine Einschränkung; man ersetze notfalls T durch arctg o T und $H_{\vartheta_1, \vartheta_2}$ durch $H_{\vartheta_1,\vartheta_1}$ o tg.

Beispiel 10.1: Es seien $\Omega := \mathbb{R}^n$, $\mathfrak{A} := \mathfrak{B}^n$, $\Theta := \mathbb{R}$; weiter sei $\sigma^2 \in \,]0,\infty[$ eine feste Zahl, und für jedes $\vartheta \in \Theta$ sei

$P_\vartheta := \nu_{\vartheta,\sigma^2} \otimes \ldots \otimes \nu_{\vartheta,\sigma^2}$.

Dann hat man für alle $\vartheta \in \Theta$ und $x = (x_1,\ldots,x_n) \in \mathbb{R}^n$ bekanntlich

$$p_\vartheta(x) = \left(\frac{dP_\vartheta}{d\lambda^n}\right)(x) = \frac{1}{(\sqrt{2\pi\sigma^2})^n} \, e^{-\frac{1}{2\sigma^2}\sum_{k=1}^{n}(x_k-\vartheta)^2},$$

also für $\vartheta', \vartheta'' \in \Theta$ mit $\vartheta' < \vartheta''$ und alle $x \in \mathbb{R}^n$

$$\frac{p_{\vartheta''}(x)}{p_{\vartheta'}(x)} = e^{-\frac{n}{2\sigma^2}(\vartheta''^2 - \vartheta'^2) + \frac{n}{2\sigma^2}(\vartheta'' - \vartheta')\overline{X}(x)}$$

mit $\overline{X}(x) = \frac{1}{n}\sum_{k=1}^{n} x_k$ für $x = (x_1,\ldots,x_n) \in \Omega$

Wir setzen $T := \overline{X}$ und definieren $H_{\vartheta',\vartheta''} : \mathbb{R} \to \overline{\mathbb{R}}$ durch

$$H_{\vartheta',\vartheta''}(\xi) := e^{-\frac{n}{2\sigma^2}(\vartheta''^2 - \vartheta'^2) + \frac{n}{2\sigma^2}(\vartheta'' - \vartheta')\xi} \qquad (\xi \in \mathbb{R}).$$

Dann ist $H_{\vartheta',\vartheta''}$ eine strikt isotone Funktion mit

$$\frac{p_{\vartheta''}}{p_{\vartheta'}} = H_{\vartheta',\vartheta''} \circ T$$

<u>Satz 10.1:</u> (S. Karlin, E.L. Lehmann, H. Rubin)

Es sei $(\Omega, \mathfrak{A}, \mathcal{P}, \theta : \mathcal{P} \to \mathbb{R})$ ein Experiment mit SILQ, das durch ein σ-endliches Maß μ dominiert werde.

a) Ist $\vartheta_o \in \Theta$ beliebig und ist $\mathcal{P}_o = \{P_\vartheta : \vartheta \leq \vartheta_o\}$, $\mathcal{P}_1 = \{P_\vartheta : \vartheta > \vartheta_o\}$, so existiert zu jedem $\alpha \in [0,1]$ ein α-trennscharfer Test $t \in \mathfrak{M}_{(1)}(\Omega, \mathfrak{A})$ für das Testproblem $(\Omega, \mathfrak{A}, \mathcal{P}, \mathcal{P}_o, \mathcal{P}_1)$.

b) Ist t ein trennscharfer Test für $\mathcal{P}_o$ gegen $\mathcal{P}_1$, so ist die Gütefunktion $\beta_t : \Theta \to [0,1]$ isoton, und für $\vartheta_1 < \vartheta_2$ gilt $\beta_t(\vartheta_1) = \beta_t(\vartheta_2)$ genau dann, wenn $\beta_t(\vartheta_1) = 1$ oder $\beta_t(\vartheta_2) = 0$ ist.

Dem Beweis des Satzes schicken wir voraus:

<u>Lemma 10.1:</u> Es seien $(\Omega, \mathfrak{A}, \mu)$ ein Maßraum und X eine reelle Zufallsvariable auf Ω. Für $\alpha \in [0, \mu(\Omega)]$ sei

$$(1) \quad t_\alpha(\omega) = \begin{cases} 1 & \text{für } \omega \in [X > k_\alpha] \\ \gamma_\alpha & \text{für } \omega \in [X = k_\alpha] \\ 0 & \text{für } \omega \in [X < k_\alpha] \end{cases}$$

wobei die Zahlen $\gamma_\alpha \in [0,1]$ und k_α sich aus der Gleichung

$$(2) \qquad \alpha = \int t_\alpha \, d\mu = \mu[X > k_\alpha] + \gamma_\alpha \, \mu[X = k_\alpha]$$

bestimmen.

(Für den Fall $\mu[X = k_\alpha] = 0$ nehme man dabei ein beliebiges (aber festes) $\gamma_\alpha \in [0,1]$.)

Dann folgt für jede Folge $(\alpha_n)_{n \in \mathbb{N}}$ in $[0, \mu(\Omega)]$ mit $\lim_{n \to \infty} \alpha_n = \alpha$ und jede gemäß (1) definierte Folge $(t_{\alpha_n})_{n \geq 1}$ stets $\lim_{n \to \infty} t_{\alpha_n} = t_\alpha \; [\mu]$

<u>Beweis:</u> Sei $\alpha_o \in [0,\mu(\Omega)]$.

Aus (2) folgt $\mu[X > k_{\alpha_o}] \leq \alpha_o \leq \mu[X \geq k_{\alpha_o}]$.

Setze $\alpha_1 := \mu[X > k_{\alpha_o}]$, $\alpha_2 := \mu[X \geq k_{\alpha_o}]$. Für alle $\alpha' \in [\alpha_1,\alpha_2]$ ist $k_{\alpha'} = k_{\alpha_o}$.

1. Sei zunächst $\alpha_o \in]\alpha_1,\alpha_2[$. Für $\omega \in [X > k_{\alpha_o}] \cup [X < k_{\alpha_o}]$ ist dann für alle $\alpha' \in]\alpha_1,\alpha_2[$

$$t_{\alpha'}(\omega) = t_{\alpha_o}(\omega)$$

Für $\omega \in [X = k_{\alpha_o}]$ und $\alpha' \in]\alpha_1,\alpha_2[$ ist

$t_{\alpha'}(\omega) = \gamma_{\alpha'} = \dfrac{\alpha' - \mu[X>k_{\alpha_o}]}{\mu[X = k_{\alpha_o}]}$ eine affin-lineare, also stetige Funktion von α'.

2. Es seien $\alpha_o = \alpha_1$ und $(\alpha'_n)_{n\in\mathbb{N}}$ eine isotone, gegen α_1 konvergierende Folge. Aus (2) folgt

$$\mu[X > k_{\alpha'_n}] < \mu[X > k_{\alpha_1}].$$

Aus der Isotonie der Folge $(\alpha'_n)_{n\in\mathbb{N}}$ erhält man, daß die Folge $(k_{\alpha'_n})_{n\in\mathbb{N}}$ antiton gegen k_{α_1} konvergiert.

Dies bedeutet: $\bigcup_{n\in\mathbb{N}} [X > k_{\alpha'_n}] = [X > k_{\alpha_1}]$

Wegen $1 - \alpha' > 1 - \alpha_1$ erhält man aus (2) analog

$$(*) \qquad \bigcap_{n\in\mathbb{N}} [X \leq k_{\alpha'_n}] = [X \leq k_{\alpha_1}]$$

Ist nun $\omega \in [X > k_{\alpha_1}] \cup [X < k_{\alpha_1}]$, so sieht man unmittelbar, daß für genügend großes $n \geq 1$ gilt:

$$t_{\alpha'_n}(\omega) = t_{\alpha_1}(\omega) = \begin{cases} 1 & \text{für } \omega \in [X > k_{\alpha_1}] \\ 0 & \text{für } \omega \in [X < k_{\alpha_1}] \end{cases}$$

Für $\omega \in [X = k_{\alpha_1}]$ sind zwei Fälle zu unterscheiden:

a) In $k_{\alpha_1} = k_{\alpha_o}$ liegt eine Sprungstelle der Funktion $k \to \mu\,[X > k]$ vor. Dann ist $t_{\alpha_1}(\omega) = 0$ und wegen (*) ebenfalls $t_{\alpha'_n}(\omega) = 0$ für alle $n \geq 1$.

b) In $k_{\alpha_1} = k_{\alpha_o}$ besitzt die Funktion $k \to \mu\,[X > k]$ eine Stetigkeitsstelle. Dann ist $[X = k_{\alpha_o}]$ eine Nullmenge.

3. Im Falle $\alpha_o = \alpha_o$ schließt man analog wie unter 2. und erhält somit die Behauptung. $\lrcorner$

<u>Beweis von Satz 10.1:</u> Es sei ν ein W-Maß auf $(\Omega, \mathfrak{A})$ mit $\mathfrak{P} \sim \nu$; ein solches Maß existiert nach Satz 5.1. Weiter sei T die in der Definition des SILQ vorkommende reelle Statistik, und für $k \in \overline{\mathbb{R}}$ seien $M_k := [T > k]$ und $M_k^+ := [T \geq k]$.

Wie im Beweis von Punkt (iii) des Fundamental-Lemmas sieht man, daß die durch

$$\psi(k) := \nu(M_k) \quad \text{für alle } k \in \overline{\mathbb{R}}$$

definierte Abbildung $\psi : \overline{\mathbb{R}} \to \overline{\mathbb{R}}_+$ antiton und rechtsseitig stetig ist. Für alle $\alpha \in [0,1]$ existieren somit $k_\alpha \in \overline{\mathbb{R}}$ und $\gamma_\alpha \in [0,1]$ derart, daß für den durch

$$t_\alpha(\omega) = \begin{cases} 1 & \text{für alle } \omega \in [T > k_\alpha] = M_{k_\alpha} \\ \gamma_\alpha & \text{für alle } \omega \in [T = k_\alpha] \\ 0 & \text{für alle } \omega \in [T < k_\alpha] = \complement M_{k_\alpha}^+ \end{cases}$$

definierten Test t_α die Gleichung

$$\int t_\alpha \, d\nu = \alpha$$

gilt.

Wegen $P_\vartheta \ll \nu$ für alle $\vartheta \in \mathbb{R}$ und $| t_\alpha(\omega) | \leq 1$ für alle $\alpha \in [0,1]$ $(\omega \in \Omega)$ folgt aus Lemma 1 mittels des Satzes von der majorisierten Konvergenz, daß die Abbildung

$$(\alpha \to E_\vartheta(t_\alpha)) \; : \; [0,1] \to \mathbb{R}$$

stetig ist für jedes $\vartheta \in \mathbb{R}$.

Für jedes $\vartheta \in \mathbb{R}$ gelten ferner die Aussagen

(1) $0 = E_\vartheta(t_o) = \lim\limits_{\alpha \to o} E_\vartheta(t_\alpha)$

(2) $1 = E_\vartheta(t_1) = \lim\limits_{\alpha \to 1} E_\vartheta(t_\alpha)$

Nach dem Zwischenwertsatz gibt es zu jedem $\alpha' \in [0,1]$ ein $\alpha \in [0,1]$, so daß für den oben definierten Test t_α

$$E_{\vartheta_o}(t_\alpha) = \alpha'$$

gilt. Es existieren also zu jedem $\alpha \in [0,1]$ ein passendes $k \geq -\infty$ und ein passendes $\gamma = \gamma_\alpha \in [0,1]$, so daß für den zugehörigen Test t

$$E_{\vartheta_o}(t) = \alpha$$

erfüllt ist.

[Für $\alpha = 0$ wählen wir $\gamma = 1$, falls $H_{\vartheta_o, \vartheta_1} = \infty$ ist, und sonst $\gamma = 0$.]

Nach Voraussetzung ist $H_{\vartheta_o, \vartheta'}$ für $\vartheta_o < \vartheta'$ isoton, man hat also

$$[H_{\vartheta_o,\vartheta_1} \circ T \geq H_{\vartheta_o,\vartheta_1}(k)] = [T \geq k],$$

$$[H_{\vartheta_o,\vartheta_1} \circ T \leq H_{\vartheta_o,\vartheta_1}(k)] = [T \leq k]$$

und

$$[H_{\vartheta_o,\vartheta_1} \circ T = H_{\vartheta_o,\vartheta_1}(k)] = [T = k],$$

d.h. t erfüllt die Bedingung

$$t(\omega) = \begin{cases} 1 & \text{für } \omega \in [H_{\vartheta_0,\vartheta_1} \circ T > H_{\vartheta_0,\vartheta_1}(k)] \\ 0 & \text{für } \omega \in [H_{\vartheta_0,\vartheta_1} \circ T < H_{\vartheta_0,\vartheta_1}(k)]. \end{cases}$$

Außerdem gilt $E_{\vartheta_0}(t) = \alpha$.

Da t α-trennscharf für $\{P_{\vartheta_0}\}$ gegen $\{P_{\vartheta_1}\}$ und von ϑ_1 unabhängig ist, ist t α-trennscharf für $\{P_{\vartheta_0}\}$ gegen $\mathcal{P}_1$.

Damit ist zu jedem $\alpha \in [0,1]$ die Existenz eines α-trennscharfen Tests t für $\{P_{\vartheta_0}\}$ gegen $\mathcal{P}_1$ sichergestellt.
Bevor wir a) zuende beweisen, zeigen wir b):

Es seien also beliebige $\vartheta', \vartheta'' \in \mathbb{R}$ mit $\vartheta' < \vartheta''$ gegeben.
Wir setzen $E_{\vartheta'}(t) = \eta$.

Für $\eta = 0$ ist nichts zu zeigen. Sei also $\eta > 0$. Dann ist t η-trennscharf für $\{P_{\vartheta'}\}$ gegen $\{P_{\vartheta''}\}$. Für die Gütefunktion β_t von t gilt somit

$$\beta_t(\vartheta') \leq \beta_t(\vartheta''),$$

und für $\eta < 1$ gilt sogar $\beta_t(\vartheta') < \beta_t(\vartheta'')$.

Um nunmehr die Aussage a) zuende zu beweisen, bemerken wir, daß für alle $P_\vartheta \in \mathcal{P}_0$ die Ungleichung $E_\vartheta(t) \leq \alpha$ gilt. Es ist somit t α-trennscharf für (die volle Hypothese) $\mathcal{P}_0$ gegen $\mathcal{P}_1$. $\lrcorner$

<u>Satz 10.2 (J. Pfanzagl):</u> Es seien $(\Omega, \mathfrak{A}, \mathcal{P}, \theta : \mathcal{P} \to \mathbb{R})$ ein injektiv parametrisiertes Experiment und $\mu \in \mathcal{M}_+(\Omega, \mathfrak{A})$ ein dominierendes σ-endliches Maß. Weiterhin sei $\nu \in \mathcal{M}^1(\Omega, \mathfrak{A})$ ein W-Maß mit $\mathcal{P} \sim \nu$, und es sei für $\vartheta \in \Theta$

$$p_\vartheta := \frac{dP_\vartheta}{d\nu} \in L^1(\Omega, \mathfrak{A}, \mu).$$

Es existiere eine Klasse $\mathfrak{K} \subset \mathfrak{m}_{(1)}(\Omega, \mathfrak{A})$ von Tests mit den folgenden Eigenschaften:

(i) Ist $t \in \mathfrak{K}$ und $\vartheta_0 \in \Theta$ mit $E_{\vartheta_0}(t) > 0$, so ist t trennscharf für jedes Testproblem $\{P_{\vartheta_0}\}$ gegen $\{P_{\vartheta_1}\}$ mit $\vartheta_0 < \vartheta_1$.

(ii) Ist $t \in \mathfrak{K}$ und $\vartheta_o \in \Theta$ mit $E_{\vartheta_o}(t) = 0$, so existiert ein $t_o \in \mathfrak{K}$ mit $E_{\vartheta_o}(t_o) = 0$, so daß t_o trennscharf ist für jedes Testproblem $\{P_{\vartheta_o}\}$ gegen $\{P_{\vartheta_1}\}$ mit $\vartheta_o < \vartheta_1$.

(iii) Falls es zu $\vartheta_o \in \mathbb{R}$ ein $t \in \mathfrak{K}$ gibt mit $E_{\vartheta_o}(t) = 1$, so existiert ein Test $t_1 \in \mathfrak{K}$ mit $E_{\vartheta_o}(t_1) = 1$ derart, daß $1 - t_1$ trennscharf ist für jedes Testproblem $\{P_{\vartheta_o}\}$ gegen $\{P_{\vartheta_1}\}$ mit $\vartheta_o < \vartheta_1$.

(iv) Zu jedem $\vartheta_o \in \mathbb{R}$ und jedem $\alpha \in [0,1]$ existiert ein $t \in \mathfrak{K}$ mit $E_{\vartheta_o}(t) = \alpha$.

Dann besitzt $(\Omega, \mathfrak{A}, \mathfrak{P}, \theta : \mathfrak{P} \to \mathbb{R})$ ILQ.

Dem Beweis des Satzes schicken wir zwei Lemmata voraus.

Lemma 10.2: Es seien $(\Omega, \mathfrak{A}, P)$ ein W-Raum und $\mathfrak{D} \subset \mathfrak{A}$ ein Teilsystem derart, daß für jedes Paar $A, B \in \mathfrak{D}$ entweder $A \subset B$ [P] oder $B \subset A$ [P] gilt, d.h. daß $P(A \setminus B) = 0$ oder $P(B \setminus A) = 0$ gilt.

Dann existiert eine Funktion $f \in \mathfrak{M}_{(1)}(\Omega, \mathfrak{A})$ derart, daß für alle $A \in \mathfrak{D}$

$$A = [f \leq P(A)] \quad [P]$$

gilt.

Beweis: Wir setzen oBdA $\Omega \in \mathfrak{D}$ voraus.

[Andernfalls ersetze man $\mathfrak{D}$ durch $\mathfrak{D} \cup \{\Omega\} \subset \mathfrak{A}$, und die zu diesem System konstruierte Funktion f hat die geforderten Eigenschaften bezüglich $\mathfrak{D}$.]

Man wähle ein abzählbares Teilsystem $\mathfrak{D}_o$ von $\mathfrak{D}$ derart, daß $\{P(A) : A \in \mathfrak{D}_o\}$ in $\{P(A) : A \in \mathfrak{D}\}$ dicht liegt, und definiere $f : \Omega \to \overline{\mathbb{R}}$ durch

$$f(\omega) := \inf\{P(A) : A \in \mathfrak{D}_o, A \ni \omega\} \text{ für alle } \omega \in \Omega$$

Wegen $\Omega \in \mathfrak{D}$ wird das Infimum stets über eine nichtleere Menge gebildet, also gilt $0 \leq f \leq 1$. Weiter folgt aus der Definition von f die Beziehung

$$(*) \qquad [f < k] = \bigcup_{\substack{A' \in \mathfrak{D}_o \\ P(A') < k}} A' \qquad \text{für alle } k \in \mathbb{R}$$

und damit die Meßbarkeit von f.

Es sei nun $A \in \mathfrak{D}$ beliebig.

Zu A definiere man die Mengen

$$B_n := \bigcup_{\substack{A' \in \mathfrak{D}_o \\ P(A') < P(A) + \frac{1}{n}}} A'$$

Nach Voraussetzung über $\mathfrak{D}$ und nach Wahl von $\mathfrak{D}_o$ gilt wegen (*)

$$A \subset B_n = [f < P(A) + \frac{1}{n}] \quad [P].$$

Wegen

$$[f \leq P(A)] = \bigcap_{n \geq 1} [f < P(A) + \frac{1}{n}] = \bigcap_{n \geq 1} B_n \quad [P]$$

folgt hieraus

$$A \subset \bigcap_{n \geq 1} B_n \quad [P]$$

und

$$P(A) = P(\bigcap_{n \geq 1} B_n),$$

also

$$A = [f \leq P(A)] \quad [P]$$ ⌋

<u>Lemma 10.3:</u> Es seien [a,b] und [c,d] abgeschlossene Intervalle (mit eventuell $a = -\infty$ und $b = \infty$) sowie G eine rechtsseitig stetige, isotone Abbildung $G : [a,b] \to [c,d]$ mit $G(a) = c$ und $G(b) = d$. Dann existiert eine Funktion $u_G : [c,d] \to [a,b]$ mit

(i) u_G ist isoton

(ii) $u_G \circ G(x) \leq x$ für alle $x \in [a,b]$

(iii) $G \circ u_G(y) \geq y$ für alle $y \in [c,d]$

(iv) Für alle $y \in [c,d]$, $x \in [a,b]$ gilt $u_G(y) \leq x \Leftrightarrow y \leq G(x)$.

<u>Beweis:</u> Die durch $u_G(c) := a, u_G(d) := b$ sowie

$$u_G(y) := \inf \{x \in [a,b] : G(x-0) \leq y \leq G(x)\}$$

definierte Funktion $u_G : [c,d] \to [a,b]$ erfüllt alle genannten Eigenschaften. ⌋

Wir kommen nun zum <u>Beweis von Satz</u> 2. Dabei vereinbaren wir die folgenden Bezeichnungen:

$(c_n)_{n\in \mathbb{N}}$ und $(\vartheta_n)_{n\in \mathbb{N}}$ seien Folgen in $\mathbb{R}$ mit $c_n > 0$ für alle $n \in \mathbb{N}$ und $\sum_{n\in\mathbb{N}} c_n = 1$, und es sei $\nu := \sum_{n\in\mathbb{N}} c_n P_{\vartheta_n}$.

Für $\vartheta \in \mathbb{R}$ seien

$W_\vartheta := [p_\vartheta > 0]$, $W^\ell_\vartheta := (\bigcup_{\vartheta_i < \vartheta} W_{\vartheta_i}) \setminus W_\vartheta$ und

$W^r_\vartheta := (\bigcup_{\vartheta_i > \vartheta} W_{\vartheta_i}) \setminus W_\vartheta$.

Schließlich seien für $t \in \mathfrak{K}$ die folgenden Mengen erklärt

$A_t := [t = 0]$ und $Z_t := [t = 1]$.

1. (Vorbemerkung) Ist $\omega \in \complement(W^\ell_\vartheta \cup W^r_\vartheta)$, so ist entweder $\omega \in W_\vartheta$ oder es gilt $\omega \in \bigcap_{n\in\mathbb{N}} \complement W_{\vartheta_n}$ und $\nu(\bigcap_{n\in\mathbb{N}} \complement W_{\vartheta_n}) = 0$.

   [Denn aus $\omega \in \complement W_\vartheta$ folgt $\omega \in \bigcap_{n\in\mathbb{N}} \complement W_{\vartheta_n}$ und $P_{\vartheta_i}(\bigcap_{n\in\mathbb{N}} \complement W_{\vartheta_n}) = 0$ für alle $i \in \mathbb{N}$]

2. Ist $\vartheta' \in \mathbb{R}$ und $t \in \mathfrak{K}$ mit $E_{\vartheta'}(t) = 1$, so gilt $A_t \subset W^\ell_{\vartheta'}$ $[\nu]$.
   [Nach Voraussetzung gilt dann nämlich $E_{\vartheta_i}(t) = 1$ für alle $\vartheta_i > \vartheta'$ und deshalb $A_t \supset W^r_{\vartheta'} = \emptyset$ $[\nu]$. Mit 1. folgt hieraus die Behauptung.]

3. Ist $\vartheta' \in \mathbb{R}$ und $t \in \mathfrak{K}$ mit $E_{\vartheta'}(t) = 0$, so gilt $A_t \supset W^\ell_{\vartheta'} \cup W_{\vartheta'}$.
   [Nach Voraussetzung gilt dann nämlich $E_{\vartheta_i}(t) = 0$ für alle $\vartheta_i < \vartheta'$, also $A_t \supset [p_{\vartheta'} > 0]$ $[\nu]$ und $A_t \supset [p_{\vartheta_i} > 0]$ $[\nu]$ für alle $\vartheta_i < \vartheta'$, woraus die Behauptung folgt.]

4. Für jedes $t \in \mathfrak{K}$ und beliebige $\vartheta' \in \mathbb{R}$ mit $0 < E_{\vartheta'}(t) < 1$ gilt

   (a) $W^r_{\vartheta'} \subset Z_t$ $[\nu]$

   (b) $W^\ell_{\vartheta'} \subset A_t$ $[\nu]$

   (c) $A_t = W^\ell_{\vartheta'} \cup [A_t \cap W_{\vartheta'}]$

   [Nach dem Fundamental-Lemma gibt es zu jedem $i \in \mathbb{N}$ mit $\vartheta_i > \vartheta'$

ein $K_i \in \overline{\mathbb{R}}$ mit $[p_{\vartheta_i} > K_i\, p_{\vartheta'}] \subset Z_t$ $[\nu]$ und zu jedem $i \in \mathbb{N}$ mit $\vartheta_i < \vartheta'$ ein $K_i \in \overline{\mathbb{R}}$ mit $[p_{\vartheta_i} < K_i\, p_{\vartheta'}] \subset A_t$ $[\nu]$.
Wegen $E_{\vartheta'}(t) < 1$ ist stets $K_i \neq 0$, also $W_{\vartheta_i} \setminus W_{\vartheta'} \subset A_t$ $[\nu]$.
Dies gilt offenbar auch für den Fall $E_{\vartheta_i}(t) = 0$.
Damit gilt bereits (a) und (b), und daraus folgt $A_t \cap W^r_{\vartheta'} = \emptyset$ $[\nu]$, also (c).]

Sei nun

$$\mathfrak{D} := \{W^{\ell}_{\vartheta'} \cup ([p_{\vartheta} \leq K\, p_{\vartheta'}] \cap W_{\vartheta'}) : K \in \overline{\mathbb{R}},\ \vartheta < \vartheta'\}$$

Nach Voraussetzung existiert zu jedem

$$A = W^{\ell}_{\vartheta'} \cup ([p_{\vartheta} \leq K\, p_{\vartheta'}] \cap W_{\vartheta'}) \in \mathfrak{D}$$

ein $t \in \mathfrak{K}$ mit

$$(1) \qquad E_{\vartheta'}(t) = 1 - P_{\vartheta'}(A),$$

so daß t $(1-P_{\vartheta'}(A))$-trennscharf ist für $\{P_{\vartheta'}\}$ gegen $\{P_{\vartheta}\}$.
Ist $P_{\vartheta'}(A) = 0$, so kann zudem oBdA 1-t als trennscharf für jedes $\vartheta < \vartheta'$ angenommen werden.
Da $P_{\vartheta'}(A) = P_{\vartheta'}([p_{\vartheta} \leq K_o\, p_{\vartheta'}])$ für ein $K_o \in \overline{\mathbb{R}}$, ist nach dem Fundamental-Lemma

$$t(\omega) = \begin{cases} 1 & \text{für } \dfrac{p_{\vartheta}}{p_{\vartheta'}}(\omega) > K_o \\ 0 & \text{für } \dfrac{p_{\vartheta}}{p_{\vartheta'}}(\omega) < K_o, \end{cases}$$

und es gilt

$$[p_{\vartheta} < K_o\, p_{\vartheta'}] \cap W_{\vartheta'} = [p_{\vartheta} < K_o\, p_{\vartheta'}] \quad [\nu].$$

5. Es ist entweder $P_{\vartheta'}([P_{\vartheta} = K_o\, p_{\vartheta'}]) = 0$ oder $t = 0$ auf $[p_{\vartheta} = K_o\, p_{\vartheta'}]$ (wegen (1)).
Also gilt $A_t = A$ $[P_{\vartheta'}]$ und weiterhin $A_t = A$ $[\nu]$.
[Denn es ist $A_t \cap W^{\ell}_{\vartheta'} = A \cap W^{\ell}_{\vartheta'}$.]
6. Für zwei Mengen $A_1, A_2 \in \mathfrak{D}$ gilt entweder $A_1 \subset A_2$ $[\nu]$ oder $A_2 \subset A_1$ $[\nu]$.

[Sei $A_1 = W^{\ell}_{\vartheta'}(\{p_{\vartheta} \leq K_1 p_{\vartheta'}\} \cap W_{\vartheta})$.

Nach 5. existiert ein Test t mit $A_2 = A_t$ [ν]. t ist trennscharf für $\{P_{\vartheta'}\}$ gegen $\{P_{\vartheta}\}$, es existiert daher ein $K_2 \in \overline{\mathbb{R}}$ mit

$$[p_{\vartheta} < K_2 p_{\vartheta'}] \subset A_2 \subset [p_{\vartheta} \leq K_2 p_{\vartheta'}] \quad [\nu], \text{ also } [P_{\vartheta'}].$$

Nach Definition von A_1 folgt $A_1 = [p_{\vartheta} \leq K_1 p_{\vartheta'}]$ $[P_{\vartheta'}]$.
Damit gilt die Behauptung zunächst modulo $P_{\vartheta'}$ und dann modulo ν.]

7. Nach Lemma 1 gibt es somit eine Funktion $T \in \mathbb{M}_{(1)}(\Omega, \mathfrak{A})$ mit

(2) $\qquad A = [T \leq \nu(A)] \quad [\nu] \quad$ für alle $A \in \mathfrak{D}$.

Für $\vartheta' < \vartheta''$ und alle $K \in \overline{\mathbb{R}}$ betrachte man die Mengen

$$\begin{aligned} A_K &= W^{\ell}_{\vartheta'} \cup ([p_{\vartheta''} \leq K\, p_{\vartheta'}] \cap W_{\vartheta'}) \\ &= W^{\ell}_{\vartheta'} \cup ([\frac{p_{\vartheta''}}{p_{\vartheta'}} \leq K] \cap W_{\vartheta'}) \quad [\nu] \end{aligned}$$

(nach Definition von $W_{\vartheta'}$).

Die Abbildung $(K \to \nu(A_K)) : \overline{\mathbb{R}} \to [0,1]$ ist isoton, nach Lemma 2 existiert eine isotone Funktion

$$u : [\nu(A_0), \nu(A_\infty)] \to [0,\infty]$$

mit

$$y \leq \nu(A_K) \Longleftrightarrow u(y) \leq K,$$

und dies bleibt auch für alle $K < \infty$ nach Fortsetzung von u auf [0,1] richtig.

Wegen $A_K \in \mathfrak{D}$ folgt aus (2)

$$A_K = [u \circ T \leq K] \quad [\nu],$$

und weiterhin ergibt sich $W^{\ell}_{\vartheta'} \subset [u \circ T = 0]$.

Für $\omega \in W^{\ell}_{\vartheta'}$ definiert man $(\frac{p_{\vartheta''}}{p_{\vartheta'}})(\omega) := 0$. Dann gilt auf $W^{\ell}_{\vartheta'} \cup W_{\vartheta'}$ die Gleichung

$$\frac{p_{\vartheta''}}{p_{\vartheta'}} = u \circ T \quad [\nu]$$

Für $\omega \in W^{r}_{\vartheta'}$ definiert man analog $\frac{p_{\vartheta''}}{p_{\vartheta'}}(\omega) := \infty$ und erhält auf $W^{r}_{\vartheta'}$ die Gleichung

$$\frac{p_{\vartheta''}}{p_{\vartheta'}} = u \circ T \quad [\nu]$$

[Wäre für $\omega \in W^r_{\vartheta'}$, $T(\omega) < \nu(A_\infty)$, so folgte für passendes $K \in \mathbb{R}$ nämlich $\omega \in A_K$]

8. Man setze $H_{\vartheta', \vartheta''} := u$. Dann gilt

$$\frac{p_{\vartheta''}}{p_{\vartheta'}} = H_{\vartheta', \vartheta''} \circ T \quad [\nu]$$

mit Funktionen $T, H_{\vartheta', \vartheta''}$, die die Definition des isotonen Likelihood-Quotienten erfüllen. $\lrcorner$

§ 11 Exponential-Experimente der Ordnung 1

Wir setzen die im vorigen Paragraphen begonnene Diskussion fort, indem wir einen besonders wichtigen Spezialfall parametrisierter Experimente mit (S) ILQ, die Exponential-Experimente der Ordnung 1, einführen und derartige Experimente durch interne Eigenschaften charakterisieren.

Anschließend werden die Ergebnisse dieser beiden Paragraphen noch einmal zusammenhängend dargestellt. Aus der Zusammenstellung wird ersichtlich, daß α-Trennschärfe und isotoner Likelihood-Quotient, welche im wesentlichen äquivalent sind, die zugrundeliegenden Experimente auf Exponential-Experimente einschränken. Mit diesem Resultat wird theoretisch begründet, daß der Rahmen der "parametrischen Methoden" zu eng war und um die "nichtparametrischen" erweitert werden mußte.

Definition 11.1: Es sei $(\Omega, \mathfrak{A}, \mathfrak{P}, \theta : \mathfrak{P} \to \Theta)$ ein injektiv parametrisiertes Experiment, das von einem σ-endlichen Maß $\mu \in \mathcal{M}_+(\Omega, \mathfrak{A})$ dominiert werde.

$(\Omega, \mathfrak{A}, \mathfrak{P}, \theta : \mathfrak{P} \to \Theta)$ heißt Exponential-Experiment der Ordnung 1 und $\mathfrak{P}$ Exponentialfamilie der Ordnung 1, falls es zwei meßbare Funktionen $T, h : (\Omega, \mathfrak{A}) \to (\mathbb{R}, \mathfrak{B})$ und zwei Funktionen $C, \zeta : \Theta \to \mathbb{R}$ gibt mit

$$P_\vartheta = C(\vartheta)\, e^{\zeta(\vartheta)\, T}\, h\, \mu \quad \text{für alle } \vartheta \in \Theta .$$

Definition 11.2: $(\Omega, \mathfrak{A}, \mathfrak{P}, \theta : \mathfrak{P} \to \mathbb{R})$ hat (S) ILQ bezüglich μ, falls eine reelle Statistik $T : (\Omega, \mathfrak{A}) \to (\mathbb{R}, \mathfrak{B})$ und zu jedem $\vartheta \in \Theta$ eine (strikt) isotone Funktion $H_\vartheta : \mathbb{R} \to \overline{\mathbb{R}}$ existiert, so daß

$$P_\vartheta = H_\vartheta \circ T\, \mu$$

gilt.

Bemerkungen:

1. Die Abbildung $\zeta : \Theta \to \mathbb{R}$ ist offensichtlich injektiv. Wir setzen $Z := \zeta(\Theta) \subset \mathbb{R}$. Setzt man zudem $Z := \Theta$ und $\zeta := id_Z$, so kann man alle Exponential-Experimente der Ordnung 1 auf diesen Fall zurückführen.

2. Setzt man für jedes $n \in \mathbb{N}$

$$\mathfrak{P}^{\otimes n} := \{P^{\otimes n} : P \in \mathfrak{P}\}$$

und definiert man die Abbildung $\theta^{\otimes n} : \mathfrak{P}^{\otimes n} \to \Theta$ durch

$$\theta^{\otimes n}(P^{\otimes n}) := \theta(P) \text{ für alle } P \in \mathfrak{P},$$

so folgt aus der Isotonie von ζ, daß das Experiment $(\Omega^n, \mathfrak{A}^{\otimes n}, \mathfrak{P}^{\otimes n}, \theta^{\otimes n} : \mathfrak{P}^{\otimes n} \to \Theta)$ ILQ besitzt.

3. Alle W-Maße eines Exponential-Experiments der Ordnung 1 sind paarweise äquivalent.

Der nachfolgende Satz hat nun eine Umkehrung dieser Aussagen zum Inhalt:

Satz 11.1: (R. Borges, J. Pfanzagl) Es sei $(\Omega, \mathfrak{A}, \mathfrak{P}, \theta : \mathfrak{P} \to \Theta \cup \{*\})$ mit $\Theta \subset \mathbb{R}$ ein injektiv parametrisiertes Experiment, das durch ein σ-endliches Maß $\mu \in \mathcal{M}_+(\Omega, \mathfrak{A})$ dominiert werde.
Weiter sei $(\Omega, \mathfrak{A}, \mathfrak{P}, \mathfrak{P}_0, \mathfrak{P}_1)$ das durch $\mathfrak{P}_0 := \{P_*\}$, $\mathfrak{P}_1 := \{P_\vartheta : \vartheta \in \Theta\}$ definierte Testexperiment.
Sind dann alle P_ϑ $(\vartheta \in \Theta)$ mit P_* äquivalent und besitzt für jedes $n \in \mathbb{N}$ $\mathfrak{P}_1^{\otimes n}$ ILQ bezüglich $P_*^{\otimes n}$, so ist $\mathfrak{P}_1$ eine Exponentialfamilie der Ordnung 1.

Dem Beweis des Satzes stellen wir zwei Lemmata voran.

Lemma 11.1: Es seien $(\Omega, \mathfrak{A}, \nu)$ ein W-Raum und $\{f_\vartheta : \vartheta \in \Theta\}$ eine Familie von Funktionen in $\mathfrak{M}_+(\Omega, \mathfrak{A})$, die in ϑ monoton ist.
Dann existieren eine Funktion $S \in \mathfrak{M}_+(\Omega, \mathfrak{A})$ und zu jedem $\vartheta \in \Theta$ eine linksseitig stetige, isotone Funktion G_ϑ auf $\mathbb{R}$ mit $G_\vartheta(0) = 0$, so daß gilt

(i) Für alle $\omega \in \Omega$ mit $S(\omega) > 0$ ist

$$S(\omega) = \nu\text{-ess-sup } S.1_{[S \leq S(\omega)]}$$

(ii) Für alle $\vartheta \in \Theta$ gilt $G_\vartheta \circ S = f_\vartheta$ $[\nu]$

Beweis: Zu $\delta \in \mathbb{R}_+$ und $\vartheta \in \Theta$ setzen wir

$$A_\vartheta^\delta := [f_\vartheta \leq \delta].$$

Es seien $\delta_o > 0$ fest gewählt und

$$\mathfrak{D} := \{A_{\mathfrak{F}}^{\delta_o} : \mathfrak{F} \in \mathfrak{H}\}.$$

Zu jedem $\eta \in \{\nu(C) : C \in \mathfrak{D}\}$ wählen wir ein $D \in \mathfrak{D}$ mit $\nu(D) = \eta$. Die Gesamtheit dieser Mengen werde in der Menge $\mathfrak{U}$ zusammengefaßt.

Zu jedem $\omega \in \Omega$ setzen wir

$$D_\omega := \bigcap \{D \in \mathfrak{U} : \omega \in D\}.$$

Da jeder Durchschnitt bzw. jede Vereinigung eines beliebigen Teilsystems von $\mathfrak{U}$ (bis auf eine ν-Nullmenge) bereits der Durchschnitt bzw. die Vereinigung eines abzählbaren Teilsystems ist, ist für jedes $\omega \in \Omega$ offenbar $D_\omega \in \mathfrak{A}$.

Wir definieren nun eine Abbildung $S : \Omega \to \mathbb{R}_+$ durch $S(\omega) := \nu(D_\omega)$.

Dann gelten die folgenden Aussagen:

(1) S ist $\mathfrak{A}$-meßbar.

[Denn $[S < \delta]$

$= \{\omega \in \Omega$: Es existiert ein $D \in \mathfrak{U}$ mit $\nu(D) < \delta$ und $\omega \in D\}$

$= \bigcup \{D \in \mathfrak{U} : \nu(D) < \delta\}]$

(2) Für jedes $B \in \mathfrak{D}$ bzw. $B = D_\omega$ $(\omega \in \Omega)$ gilt

$$B = [S \leq \nu(B)] \quad [\nu]$$

(2a) Wir betrachten $B = D \in \mathfrak{U}$.

$\omega \in D$ impliziert $D_\omega \subset D$, also $S(\omega) \leq \nu(D)$.

Das System $\{D_\omega : \omega \in \Omega\}$ ist geordnet. Aus der Definition von S folgt

$$\bigcup \{D_\omega : S(\omega) \leq \nu(D)\} \subset D \quad [\nu],$$

und $\omega \in D_\omega$ impliziert

$$[S \leq \nu(D)] \subset \bigcup \{D_\omega : S(\omega) \leq \nu(D)\}.$$

(2b) Der Fall $B \in \mathfrak{D}$ ist nun klar, da jedes Element aus $\mathfrak{D}$ ν-fast überall gleich einem Element aus $\mathfrak{U}$ ist.

(2c) Für $B = D_\omega$ $(\omega \in \Omega)$ folgt die Behauptung aus der Darstellung von D_ω als abzählbarer Durchschnitt von Mengen aus $\mathfrak{U}$.

(3) Für $\omega \in \Omega$ erhält man also mit $B = D_\omega$ die Gleichung
$S(\omega) = \nu([S \leq S(\omega)])$.
Für beliebiges $\varepsilon > 0$ ist somit

$$\nu([S(\omega)-\varepsilon<S\leq S(\omega)]) = S(\omega)-\sup\{S(\tau):S(\tau)\leq S(\omega)-\varepsilon\}\geq\varepsilon>0,$$

also

$$\nu\text{-ess-sup } S.1_{[S \leq S(\omega)]} \geq S(\omega) - \varepsilon.$$

Damit ist die erste Hälfte des Lemmas bewiesen.

(4) Für $\vartheta \in \textcircled{H}$ und $s \in \mathbb{R}$ definieren wir

$$G_\vartheta(s) := \inf\{\delta > 0 : \nu(A_\vartheta^\delta) \geq s\}.$$

Dann sind die G_ϑ $(\vartheta \in \textcircled{H})$ isoton und linksseitig stetig.

(5) Nach Lemma 10.2 gilt für jedes $\vartheta \in \textcircled{H}$ und $s \in \mathbb{R}$

$$G_\vartheta(s) \leq \delta \iff s \leq \nu(A_\vartheta^\delta).$$

Nach (2b) gilt $B = [S \leq \nu(B)]$ $[\nu]$ für alle $B \in \mathfrak{D}$, also ergibt sich die restliche Behauptung des Lemmas. $\lrcorner$

<u>Zusatz:</u> Folgt aus $\nu(C_o) = \nu(\bigcap_{k \geq 1} C_k)$ mit $C_k \in \mathfrak{D}$ $(k \geq 1)$ bereits $C_o = \bigcap_{k \geq 1} C_k$, so gilt (ii) sogar überall auf Ω.
[Dann folgt nämlich aus $\nu(D_\omega) \leq \nu(D)$, daß $D \subset D$ strikt gilt.
Für alle $B \in \mathfrak{D}$ oder $B = D_\omega$ $(\omega \in \Omega)$ gilt also $B = [S \leq \nu(B)]$, d.h. es gilt die Behauptung.]

<u>Lemma 11.2:</u> Es seien Ω eine Menge und $f_1, f_2 : \Omega \to \mathbb{R}$ zwei Funktionen mit den Eigenschaften

(i) Für $\omega_1,\ldots,\omega_r, \tau_1,\ldots,\tau_r \in \Omega$ folgt aus

$$\sum_{i=1}^{r} f_1(\omega_i) < \sum_{i=1}^{r} f_1(\tau_i)$$

die Gültigkeit von

$$\sum_{i=1}^{r} f_2(\omega_i) \leq \sum_{i=1}^{r} f_2(\tau_i)$$

(ii) Es gibt $\omega_1, \omega_2 \in \Omega$ mit $f_1(\omega_1) < f_1(\omega_2)$.

Dann existieren eine Funktion $\rho : \Omega \to \mathbb{R}$ und zu $k = 1,2$ Konstanten $a_k, b_k \in \mathbb{R}$ mit $a_k \geq 0$, so daß für alle $\omega \in \Omega$

$$f_k(\omega) = a_k \, \rho(\omega) + b_k$$

gilt.

Beweis: Wegen (ii) existiert zu jedem $\omega \in \Omega$ und jedem $n \geq 1$ eine ganze Zahl $m_n(\omega)$ mit

$$\frac{1}{n} m_n(\omega)\,(f_1(\omega_2) - f_1(\omega_1)) < f_1(\omega) - f_1(\omega_1)$$
$$< \frac{1}{n}(m_n(\omega) + 2)\,(f_1(\omega_2) - f_1(\omega_1))$$

Hieraus folgt

$$(*) \qquad \sum_{i=1}^{r} f_1(\omega_i) < \sum_{i=1}^{r} f_1(\tau_i),$$

wobei man ω_i und τ_i in dieser Ungleichung in geeigneter Weise aus $\{\omega, \omega_1, \omega_2\}$ wählt.

Aus (i) erhält man die zu (*) analoge Aussage mit f_2 anstelle von f_1 und $\leq$ anstelle von $<$.

Wir definieren nun

$$\rho(\omega) := \lim_{n \to \infty} \frac{1}{n} m_n(\omega).$$

Dann gilt für jedes $k = 1,2$

$$f_k(\omega) = \rho(\omega)\,[f_k(\omega_2) - f_k(\omega_1)] + f_k(\omega_1)$$

Wir setzen für jedes $k = 1,2$ schließlich

$$a_k := f_k(\omega_2) - f_k(\omega_1) \text{ sowie } b_k := f_k(\omega_1)$$

Wegen (ii) und (i) ist dann $a_k \geq 0$ für $k = 1,2$, und es folgt die Behauptung. $\lrcorner$

Wir beweisen nun Satz 1 in sechs Schritten:

Zunächst wählen wir für jedes $\vartheta \in \Theta$ bzw. für $*$ eine feste Dichte

$$p_{\vartheta} = \frac{dP_{\vartheta}}{d\mu} \text{ bzw. } p_* = \frac{dP_*}{d\mu} .$$

1. Für jedes $n \geq 1$ ist die fast überall definierte Abbildung

$$((\omega_1,\dots,\omega_n) \to \prod_{i=1}^{n} \frac{p_{\vartheta}(\omega_i)}{p_*(\omega_i)}): \Omega^n \to \mathbb{R}$$

nach Voraussetzung eine isotone Funktion einer von ϑ unabhängigen, $\mathfrak{A}^{\otimes n}$-meßbaren reellen Funktion T_n auf Ω^n.
Genauer existiert eine Funktion $T_n \in \mathcal{M}(\Omega, \mathfrak{A})$ und zu jedem $\vartheta \in \Theta$ eine isotone numerische Funktion $H^{(n)}$: $\mathbb{R} \to \overline{\mathbb{R}}$ mit

$$(H_{\vartheta}^{(n)} \circ T_n)(\omega_1,\dots,\omega_n) = \prod_{i=1}^{n} \frac{p_{\vartheta}(\omega_i)}{p_*(\omega_i)} \quad [P_*^{\otimes n}],$$

also

$$(H_{\vartheta}^{(n)} \circ T_n)(\omega_1,\dots,\omega_n) = \prod_{i=1}^{n} (H_{\vartheta}^{(1)} \circ T_1)(\omega_i) \; [P_*^{\otimes n}]$$

$$= \prod_{i=1}^{n} (H_{\vartheta} \circ T)(\omega_i) \; [P_*^{\otimes n}],$$

wobei $H_{\vartheta} := H_{\vartheta}^{(1)}$ und $T := T_1$ gesetzt ist.
Unser Ziel ist es nun, die vorliegenden Gleichungen durch solche zu ersetzen, welche nicht nur $P_*^{\otimes n}$-fast überall, sondern überall gelten.

2. Wir wenden Lemma 1 an mit $\nu := P_*$ und $f_{\vartheta} := H_{\vartheta} \circ T$.
Für festes $\delta \in \mathbb{R}_+$ seien $A_{\vartheta}^{\delta} := [H_{\vartheta} \circ T \leq \delta]$ $(\vartheta \in \Theta)$ und $\mathfrak{D} := \{A_{\vartheta}^{\delta} : \vartheta \in \Theta\}$. Da $\{P_{\vartheta}\}$ ILQ bezüglich P_* besitzt, ist jedes A_{ϑ}^{δ} von der Gestalt $[T \leq \delta']$ mit $\vartheta' \in \mathbb{R}_+$. Daher ist $\mathfrak{D}$ totalgeordnet.
Nach Lemma 1 existiert eine $\mathfrak{A}$-meßbare nichtnegative Funktion S auf Ω, so daß für alle $\omega \in \Omega$ mit $S(\omega) > 0$

$$S(\omega) = P_*\text{-ess-sup}(S.1_{[S \leq S(\omega)]})$$

gilt.

Ferner existiert nach Lemma 1 zu jedem $\vartheta \in \Theta$ eine linksseitig stetige, isotone Funktion G_ϑ auf $\mathbb{R}$ mit

$$G_\vartheta \circ S = H_\vartheta \circ T \quad [P_*],$$

wegen 1. also

$$(H_\vartheta^{(n)} \circ T_n)(\omega_1,\dots,\omega_n) = \prod_{i=1}^{n} (G_\vartheta \circ S)(\omega_i) \quad [P_*^{\otimes n}].$$

. Wir wenden erneut Lemma 1 an mit $(\Omega^n, \mathfrak{A}^{\otimes n})$ als Meßraum, mit $\nu := P_*^{\otimes n}$ und mit den durch

$$f_\vartheta(\omega_1,\dots,\omega_n) := \prod_{i=1}^{n} (G_\vartheta \circ S)(\omega_i) \text{ für alle } (\omega_1,\dots,\omega_n) \in \Omega^n$$

definierten Funktionen f_ϑ $(\vartheta \in \Theta)$.

Für festes $\delta \in \mathbb{R}_+$ seien

$$C_\vartheta^\delta := \{(\omega_1,\dots,\omega_n) \in \Omega^n : \prod_{i=1}^{n} (G_\vartheta \circ S)(\omega_i) \leq \delta\} \quad (\vartheta \in \Theta) \text{ und}$$

$$\mathfrak{D}^{(n)} := \{C_\vartheta^\delta : \vartheta \in \Theta\}$$

Analog zu 2. sind die Mengen C_ϑ^δ $P_*^{\otimes n}$-fast überall von der Gestalt $[T_n < \delta'] \cup [T_n \leq \delta']$, und $\mathfrak{D}^{(n)}$ ist totalgeordnet durch Inklusion.

[Es sei $D := \bigcap_{i \geq 1} C_{\vartheta_i}^{\delta_i}$. Dann folgt

$$D \subset C_{\vartheta'}^\delta \quad [P_*^{\otimes n}] \quad (\vartheta' \in \Theta)$$

aus $P_*^{\otimes n}(D) \leq P_*^{\otimes n}(C_{\vartheta'}^\delta)$.

Sei $(\tau_1,\dots,\tau_n) \in D$. Aus der Isotonie der G_{ϑ_i} folgt

$$M := \{(\omega_1,\dots,\omega_n) \in \Omega^n : S(\omega_i) \leq S(\tau_i) \text{ für alle } i = 1,\dots,n\} \subset C_{\vartheta_i}^{\delta_i},$$

also auch

$$M \subset D \subset C_\vartheta^S \quad [P_*^{\otimes n}]$$

$G_{\vartheta'}$ ist linksseitig stetig. Nach Definition von S gilt $(\tau_1,\ldots,\tau_n) \in C^{\delta}_{\vartheta'}$, und $P_*^{\otimes n}(D) \geq P_*^{\otimes n}(C^{\delta}_{\vartheta'})$ impliziert $D \supset C^{\delta}_{\vartheta'}$.

Aus $P_*^{\otimes n}(\bigcap_{i \geq 1} C^{\delta_i}_{\vartheta_i}) = P_*^{\otimes n}(C^{\delta}_{\vartheta})$ folgt also $\bigcap_{i \geq 1} C^{\delta_i}_{\vartheta_i} = C^{\delta}_{\vartheta}$, und aus $P_*^{\otimes n}(C^{\delta}_{\vartheta}) \leq P_*^{\otimes n}(C^{\delta}_{\vartheta'})$ daher $C^{\delta}_{\vartheta} \subset C^{\delta}_{\vartheta'}$, indem man $\vartheta_i \equiv \vartheta$, $\delta_i \equiv \delta$ setzt.

4. Nach dem Zusatz zu Lemma 1 existiert zu jedem $n \geq 1$ unabhängig von $\vartheta \in \Theta$ eine $\mathfrak{A}^{\otimes n}$-meßbare Funktion S_n auf Ω^n sowie zu jedem $\vartheta \in \Theta$ eine isotone Funktion $G^{(n)}_{\vartheta}$ auf $\mathbb{R}$ mit

$$(G^{(n)}_{\vartheta} \circ S_n)(\omega_1,\ldots,\omega_n) = \prod_{i=1}^{n} (G_{\vartheta} \circ S)(\omega_i)$$

für alle $(\omega_1,\ldots,\omega_n) \in \Omega^n$.

5. Da aus

$$\prod_{i=1}^{n} (G_{\vartheta'} \circ S)(\omega_i) < \prod_{i=1}^{n} (G_{\vartheta'} \circ S)(\tau_i)$$

für gewisse $\vartheta' \in \Theta$ die Ungleichung $S_n(\omega_1,\ldots,\omega_n) < S_n(\tau_1,\ldots,\tau_n)$ folgt, liefert sodann Lemma 2 für alle $\vartheta \in \Theta$:

$$\prod_{i=1}^{n} (G_{\vartheta} \circ S)(\omega_i) \leq \prod_{i=1}^{n} (G_{\vartheta} \circ S)(\tau_i)$$

6. Nun sind nach Voraussetzung P_* und die $P_{\vartheta'}$ $(\vartheta' \in \Theta)$ paarweise äquivalent und nicht identisch. Es existieren also $\omega_1, \omega_2 \in \Omega$ mit

$$0 < (G_{\vartheta'} \circ S)(\omega_1) < (G_{\vartheta'} \circ S)(\omega_2) < \infty.$$

Indem man

$$f_1 := \log (G_{\vartheta'} \circ S)$$

$$f_2 := \log (G_{\vartheta} \circ S)$$

setzt, erhält man aus Lemma 2 die Darstellung

$$G_{\vartheta} \circ S = C(\vartheta)\, e^{\zeta(\vartheta)\, T}.$$

Aus den bereits abgeleiteten Beziehungen

$$G_{\vartheta} \circ S = H_{\vartheta} \circ T \quad [P_*]$$

und

$$H_{\vartheta} \circ T = \frac{p_{\vartheta}}{p_*} \quad [\tfrac{1}{2}(P_* + P_{\vartheta})]$$

folgt nun

$$p_{\vartheta} = C(\vartheta)\, p_*\, e^{\zeta(\vartheta)\, T} \quad [P_*]. \quad \lrcorner$$

Durch Kombination mit Satz 10.2 erhält man sofort

Satz 11.2: Es sei $(\Omega, \mathfrak{A}, \mathfrak{P}, \theta : \mathfrak{P} \to \mathbb{R} \cup \{*\})$ ein injektiv parametrisiertes Experiment, und $(\Omega, \mathfrak{A}, \mathfrak{P}, \mathfrak{P}_0, \mathfrak{P}_1)$ sei das durch $\mathfrak{P}_0 := \{P_*\}$, $\mathfrak{P}_1 := \{P_{\vartheta} : \vartheta \in \mathbb{R}\}$ definierte Testexperiment.
Ist dann jedes $P \in \mathfrak{P}_1$ äquivalent zu P_* und gibt es zu jedem $\alpha \in [0,1]$ und jedem $n \in \mathbb{N}$ einen α-trennscharfen Test für $\mathfrak{P}_0^{\otimes n}$ gegen $\mathfrak{P}_1^{\otimes n}$, so ist $\mathfrak{P}_1$ eine Exponentialfamilie der Ordnung 1.

Satz 11.3: Es sei $(\Omega, \mathfrak{A}, \mathfrak{P}, \theta : \mathfrak{P} \to \mathbb{R})$ ein injektiv parametrisiertes Experiment, dessen W-Maße paarweise äquivalent sind.
Existiert dann für jedes $n \geq 1$ und jedes $\alpha \in [0,1]$ sowie für jedes $\vartheta_0 \in \mathbb{R}$ ein α-trennscharfer Test für $\{P_{\vartheta_0}^{\otimes n}\}$ gegen $\{P_{\vartheta}^{\otimes n} : \vartheta > \vartheta_0\}$, so ist $\mathfrak{P}$ eine Exponentialfamilie der Ordnung 1.

Beweis: Nach Satz 2 existieren zu jedem $\vartheta_0 \in \Theta$ eine $\mathfrak{A}$-meßbare Funktion T_{ϑ_0} auf Ω sowie Funktionen $\vartheta \to C(\vartheta, \vartheta_0)$ und $\vartheta \to \zeta(\vartheta, \vartheta_0)$ auf $]\vartheta_0, \infty[$ mit

$$(*) \qquad p_{\vartheta} = p_{\vartheta_0}\, C(\vartheta, \vartheta_0)\, e^{\zeta(\vartheta, \vartheta_0)\, T_{\vartheta_0}} \quad [P_{\vartheta}]$$

für alle $\vartheta > \vartheta_0$, wobei für $\vartheta \in \mathbb{R}$ stets $p_{\vartheta} := \frac{dP_{\vartheta}}{d\mu}$ für ein festes dominierendes W-Maß μ auf $(\Omega, \mathfrak{A})$ gesetzt wird.

Wir wählen nun $\vartheta_1, \vartheta_2, \vartheta_3 \in \Theta$ mit $\vartheta_1 < \vartheta_2 < \vartheta_3$ und benutzen (*) für die Paare $(\vartheta, \vartheta_o) = (\vartheta_3, \vartheta_2), (\vartheta_3, \vartheta_1), (\vartheta_2, \vartheta_1)$.

Außerhalb einer μ-Nullmenge ist dann

$$[\zeta(\vartheta_3, \vartheta_1) - \zeta(\vartheta_2, \vartheta_1)]\; T_{\vartheta_1} - \zeta(\vartheta_3, \vartheta_2)\, T_{\vartheta_2}$$

$$= \log \frac{C(\vartheta_3, \vartheta_2)\; C(\vartheta_2, \vartheta_1)}{C(\vartheta_3, \vartheta_1)}.$$

Man kann also die Funktionen T_ϑ ($\vartheta \in \Theta$) wechselseitig linear abhängig wählen, etwa so, daß bei festem $\vartheta_o \in \Theta$

$$T_\vartheta = B_o(\vartheta)\, T_{\vartheta_o} + D_o(\vartheta)$$

mit konstanten Funktionen $B_o(\vartheta)$ und $D_o(\vartheta)$ auf Ω für alle $\vartheta \in \Theta$.

Man definiert nun

$$C(\vartheta) := \begin{cases} C(\vartheta, \vartheta_o) & \text{für } \vartheta > \vartheta_o \\ 1 & \text{für } \vartheta = \vartheta_o \\ [C(\vartheta_o, \vartheta)\, e^{\zeta(\vartheta_o, \vartheta) D_o(\vartheta)}]^{-1} & \text{für } \vartheta < \vartheta_o \end{cases}$$

und

$$\zeta(\vartheta) : \begin{cases} \zeta(\vartheta, \vartheta_o) & \text{für } \vartheta > \vartheta_o \\ 0 & \text{für } \vartheta = \vartheta_o \\ -\zeta(\vartheta_o, \vartheta)\, B_o(\vartheta) & \text{für } \vartheta < \vartheta_o \end{cases}$$

sowie $h := p_{\vartheta_o}$, $T_\vartheta := T_{\vartheta_o}$ und erhält die Behauptung. ┘

Wir fassen die wichtigsten Ergebnisse von § 10 und § 11 in einem Satz zusammen:

Satz 11.4: Es sei $(\Omega, \mathfrak{A}, \mathfrak{P}, \theta : \mathfrak{P} \to \mathbb{R})$ ein injektiv parametrisiertes Experiment, dessen W-Maße paarweise äquivalent sind. Dann sind folgende Aussagen äquivalent.

(i) Für jedes $n \geq 1$ und jedes $\alpha \in [0,1]$ sowie für jedes $\vartheta_0 \in \Theta$ existiert ein α-trennscharfer Test für $\{P_{\vartheta_0}^{\otimes n}\}$ gegen $\{P_{\vartheta}^{\otimes n} : \vartheta > \vartheta_0\}$.

(ii) $\mathfrak{P}$ ist Exponentialfamilie der Ordnung 1.

(iii) Für jedes $n \geq 1$ und jedes $\vartheta_0 \in \Theta$ besitzt $\{P_{\vartheta}^{\otimes n} : \vartheta > \vartheta_0\}$ ILQ bezüglich $P_{\vartheta_0}^{\otimes n}$.

§ 12 Weitere Begriffsbildungen der Testtheorie

Der formale Inhalt der Testtheorie, wie wir sie bisher dargestellt haben, besteht darin, bei gegebenem Meßraum $(\Omega, \mathfrak{A})$ Teilmengen von $\mathfrak{M}_{(1)}(\Omega, \mathfrak{A})$ auszuzeichnen und im Hinblick auf Eigenschaften bezüglich zweier Teilmengen $\mathfrak{P}_o$ und $\mathfrak{P}_1$ von $\mathfrak{M}^1(\Omega, \mathfrak{A})$ zu untersuchen.

Unter diesem Gesichtspunkt führen wir nun noch einige weitere in der Statistik verbreitete Begriffe ein, welche einen Ausbau der Theorie insbesondere im Hinblick auf die Anwendungen ermöglichen.

Definition 12.1: Es sei $(\Omega, \mathfrak{A}, \mathfrak{P}, \mathfrak{P}_o, \mathfrak{P}_1)$ ein Testexperiment.

a) Ein Test $t \in \mathfrak{M}_{(1)}(\Omega, \mathfrak{A})$ heißt ähnlich zum Niveau $\alpha \in [0,1]$, wenn für alle $P \in \mathfrak{P}_o$

$$E_P(t) = \alpha$$

gilt.

b) $A \in \mathfrak{A}$ heißt ähnliche kritische Region zum Niveau $\alpha \in [0,1]$, wenn 1_A ein zum Niveau α ähnlicher Test ist.

c) $t \in \mathfrak{M}_{(1)}(\Omega, \mathfrak{A})$ hat Neyman-Struktur bezüglich einer Statistik T: $(\Omega, \mathfrak{A}) \to (\Omega', \mathfrak{A}')$, falls es ein $\alpha \in [0,1]$ gibt mit

$$E_P^T(t) = \alpha . 1_{\Omega'} \; [T(P)] \text{ für alle } P \in \mathfrak{P}_o.$$

Satz 12.1: Es seien $(\Omega, \mathfrak{A}, \mathfrak{P}, \mathfrak{P}_o, \mathfrak{P}_1)$ ein Testexperiment und $\mathfrak{T} \subset \mathfrak{A}$ eine für $\mathfrak{P}_o$ erschöpfende σ-Algebra. Dann sind äquivalent:

(i) $\mathfrak{T}$ ist beschränkt vollständig für $\mathfrak{P}_o$.

(ii) Ist $t \in \mathfrak{M}_{(1)}(\Omega, \mathfrak{A})$ für ein $\alpha \in [0,1]$ ähnlich, so gilt

$$E_P^{\mathfrak{T}}(t) = \alpha 1_\Omega \; [P] \text{ für alle } P \in \mathfrak{P}_o.$$

Beweis: (i) $\Rightarrow$ (ii) Es sei $t \in \mathfrak{M}_{(1)}(\Omega, \mathfrak{A})$ ähnlich zum Niveau α, und es sei $\mathfrak{T}$ beschränkt vollständig.

Man wähle eine Funktion $Q_t \in \mathfrak{M}_{(1)}(\Omega, \mathfrak{T})$ mit

$$Q_t = E_P^{\mathcal{T}}(t) \quad [P] \text{ für alle } P \in \mathcal{P}_o.$$

Da $Q_t - \alpha 1_\Omega$ eine beschränkte $\mathcal{T}$-meßbare Funktion ist und für jedes $P \in \mathcal{P}_o$

$$\int (Q_t - \alpha 1_\Omega)\, dP = \int Q_t \, dP - \alpha = \int E_P^{\mathcal{T}}(t)\, dP - \alpha$$

$$= \int t \, dP - \alpha \;=\; \alpha - \alpha = 0$$

gilt, folgt aus der Beschränkt-Vollständigkeit von $\mathcal{T}$ unmittelbar $Q_t = \alpha 1_\Omega \quad [\mathcal{P}_o]$, also

$$E_P^{\mathcal{T}}(t) = \alpha 1_\Omega \quad [P] \text{ für alle } P \in \mathcal{P}_o.$$

(ii) $\Rightarrow$ (i) Es sei $\mathcal{T}$ nicht beschränkt vollständig. Dann gibt es eine beschränkte $\mathcal{T}$-meßbare Funktion f und ein $P_o \in \mathcal{P}_o$ mit

$\int f \, dP = 0$ für alle $P \in \mathcal{P}_o$ und $P_o\,[f \neq 0] > 0$.

Wegen der Beschränktheit von f kann man zwei reelle Zahlen $c > 0$ und $\alpha \in \,]0,1[$ finden, so daß $t := c f + \alpha 1_\Omega$ in $\mathfrak{M}_{(1)}(\Omega, \mathcal{T})$ liegt. t ist dann ähnlich zum Niveau α, aber es gilt

$$E_{P_o}^{\mathcal{T}}(t) = t \neq \alpha . 1_\Omega \quad [P_o]. \quad \lrcorner$$

<u>Korollar 12.1:</u> Es sei $(\Omega, \mathfrak{A}, \mathcal{P}, \mathcal{P}_o, \mathcal{P}_1)$ ein Testexperiment, und $\mathfrak{A}$ sei beschränkt vollständig für $\mathcal{P}_o$. Dann existiert zu jedem $\alpha \in [0,1]$ modulo $\mathcal{P}_o$ genau ein ähnlicher Test zum Niveau α, also für $\alpha \in \,]0,1[$ keine ähnliche kritische Region zum Niveau α.

<u>Beweis:</u> Die Funktion $\alpha . 1_\Omega$ ist ein zum Niveau α ähnlicher Test. Da $\mathfrak{A}$ außerdem für $\mathcal{P}_o$ erschöpfend ist, folgt aus Satz 1 die Eindeutigkeit modulo $\mathcal{P}_o$. $\lrcorner$

<u>Korollar 12.2:</u> Es seien $(\Omega, \mathfrak{A}, \mathcal{P}, \mathcal{P}_o, \mathcal{P}_1)$ ein Testexperiment und $T : (\Omega, \mathfrak{A}) \to (\Omega', \mathfrak{A}')$ eine für $\mathcal{P}_o$ erschöpfende Statistik.

Ist weiter $\mathfrak{A}'$ beschränkt vollständig bezüglich $T(\mathcal{P}_o)$, so hat jeder zum Niveau $\alpha \in [0,1]$ ähnliche Test $t \in \mathfrak{M}_{(1)}(\Omega, \mathfrak{A})$ Neyman-Struktur bezüglich T.

Beweis: $T^{-1}(\mathfrak{A}')$ ist beschränkt vollständig bezüglich $\mathfrak{P}_o$.
[Jedes $f \in \mathbb{M}^b(\Omega, T^{-1}(\mathfrak{A}'))$ hat nämlich die Form $f = f' \circ T$ mit $f' \in \mathbb{M}^b(\Omega', \mathfrak{A}')$.
Ist nun $\int f\, dP = 0$ für alle $P \in \mathfrak{P}_o$, so hat man
$\int f'\, dT(P) = \int f\, dP = 0$ für alle $P \in \mathfrak{P}_o$.
Nach Voraussetzung folgt somit $0 = T(P)([f' \neq 0]) = P([f \neq 0])$]
Da $T^{-1}(\mathfrak{A}')$ als erschöpfend vorausgesetzt wurde, ist daher nach Satz 1

$$E_P^{T^{-1}(\mathfrak{A}')}(t) = \alpha . 1_\Omega \quad [P] \text{ für alle } P \in \mathfrak{P}_o,$$

also

$$E_P^T(t) = \alpha . 1_{\Omega'} \ [T(P)] \text{ für alle } P \in \mathfrak{P}_o.$$

Definition 12.2: Es seien $(\Omega, \mathfrak{A}, \mathfrak{P}, \mathfrak{P}_o, \mathfrak{P}_1)$ ein Testexperiment und $\alpha \in [0,1]$.

a) Für jedes $P \in \mathfrak{P}_1$ sei $\beta(P) := \sup_{t \in \mathfrak{T}_\alpha} \beta_t(P)$.

b) $t \in \mathfrak{T}_\alpha$ heißt streng (zum Niveau α), wenn gilt

$$\sup_{P \in \mathfrak{P}_1} (\beta(P) - \beta_t(P)) \leq \sup_{P \in \mathfrak{P}_1} (\beta(P) - \beta_{t'}(P))$$

für alle $t' \in \mathfrak{T}_\alpha$.

Jeder α-trennscharfe Test ist offensichtlich streng, also existieren in den in § 8 und 9 diskutierten Spezialfällen stets strenge Tests.

Satz 12.2: Es sei $(\Omega, \mathfrak{A}, \mathfrak{P}, \mathfrak{P}_o, \mathfrak{P}_1)$ ein **Testexperiment**, und es sei $\alpha \in [0,1]$ eine reelle Zahl. $\{\mathfrak{Q}_i : i \in I\}$ sei eine Zerlegung von $\mathfrak{P}_1$ derart, daß die gemäß Definition 2 gebildete Funktion $\beta : \mathfrak{P}_1 \to \mathbb{R}$ auf den Mengen $\mathfrak{Q}_i$ $(i \in I)$ konstant sei.
Dann ist ein Test $t \in \mathfrak{T}_\alpha$ streng, wenn für alle $i \in I$

$$(*) \qquad \inf_{P \in \mathfrak{Q}_i} \beta_t(P) = \sup_{t' \in \mathfrak{T}_\alpha} \inf_{P \in \mathfrak{Q}_i} \beta_{t'}(P)$$

gilt.

Beweis: Es sei $t \in \mathfrak{T}_\alpha$ ein die Bedingung (*) erfüllender Test. Dann gilt für jeden beliebigen Test $t' \in \mathfrak{T}_\alpha$ die folgende Ungleichungskette und damit die Behauptung:

$$\sup_{P \in \mathfrak{P}_1} (\beta(P) - \beta_t(P)) = \sup_{i \in I} \sup_{P \in \mathfrak{Q}_i} (\beta(P) - \beta_t(P))$$

$$= \sup_{i \in I} (\beta(P_i) - \inf_{P \in \mathfrak{Q}_i} \beta_t(P)) \text{ (mit beliebig gewählten } P_i \in \mathfrak{Q}_i)$$

$$\leq \sup_{i \in I} (\beta(P_i) - \inf_{P \in \mathfrak{Q}_i} \beta_{t'}(P)) = \sup_{P \in \mathfrak{P}_1} (\beta(P) - \beta_{t'}(P)). \quad \lrcorner$$

Beispiel 12.1: Es seien $(\Omega, \mathfrak{A}) := (\mathbb{R}^n, \mathfrak{B}^n)$,

$\mathfrak{P} := \{\nu_{x,B} := n_{x,B} \cdot \lambda^n : x \in \mathbb{R}^n,$ B positiv definite nxn-Matrix$\}$

$\mathfrak{P}_o := \{\nu_{x,B} \in \mathfrak{P} : x = x_o\}$ sowie $\mathfrak{P}_1 := \mathfrak{P} \setminus \mathfrak{P}_o$, wobei $x_o \in \mathbb{R}^n$ ein fester Punkt sei und die Funktionen $n_{x,B} : \mathbb{R}^n \to \mathbb{R}$ definiert seien durch

$$n_{x,B}(y) := \left(\frac{\det B}{(2\pi)^n}\right)^{\frac{1}{2}} e^{-\frac{1}{2}\langle B(y-x), y-x\rangle} \quad \text{für alle } y \in \mathbb{R}^n.$$

$\nu_{x,B}$ ist die Normalverteilung mit Mittelwertvektor $x \in \mathbb{R}^n$ und Kovarianzmatrix B^{-1}.

Es sei $\alpha \in]0,1[$.

Zur Bestimmung eines zum Niveau α strengen Tests können wir uns auf Elemente der Klasse

$$\mathfrak{T}_\alpha^* := \{t \in \mathfrak{T}_\alpha : E_{\nu_{x_o,B}}(t) = \alpha\}$$

beschränken.

Bei passender Wahl von $k := k_\alpha$ wird durch

$$S_o := \{x \in \mathbb{R}^n : \langle B(x-x_o), x-x_o\rangle \geq k\}$$

bzw. nach Transformation durch

$$S : \{x \in \mathbb{R}^n : ||x-x_o|| \geq k\}$$

eine Menge definiert, so daß 1_S ein zum Niveau α strenger Test ist.

Zum Nachweis dieser Aussage wird Satz 2 herangezogen.

Wir definieren eine Parametrisierung $\theta : \mathfrak{T} \to \mathbb{R}^n =: \Theta$ durch $\theta(\nu_{x,B}) := x$ für alle $x \in \mathbb{R}^n$ und positiv-definite nxn-Matrizen B, setzen $\Theta_o := \{x_o\}$ sowie $\Theta_1 := \Theta \setminus \Theta_o$ und benutzen die Zerlegung $\Theta_1 := \bigcup_{r>o} E_r$ von Θ_1 in Kugelschalen $E_r := \{x \in \mathbb{R}^n : ||x-x_o||^2 = r\}$ mit dem Oberflächenmaß $\sigma_{\sqrt{r}}$.

Für $x \in \Theta_1$ sei

$$\beta(x) := \sup_{t \in \mathfrak{T}_\alpha^*} \beta_t(x)$$

definiert.

Dann gilt:

1. Die Funktion $\beta : \Theta_1 \to \mathbb{R}$ ist für jedes $r \in \mathbb{R}_+$ konstant auf E_r.

2. 1_S erfüllt für alle $r > 0$ die Bedingung

$$\inf_{x \in E_r} \beta_{1_S}(x) = \sup_{t \in \mathfrak{T}_\alpha^*} \inf_{x \in E_r} \beta_t(x)$$

Hierfür genügt es zu zeigen:

a) β_{1_S} ist für alle $r > 0$ auf E_r konstant.

b) Für alle $t \in \mathfrak{T}_\alpha^*$ und $r > 0$ gilt

$$\int_{E_r} \beta_{1_S} \, d\sigma_{\sqrt{r}} \geq \int_{E_r} \beta_t \, d\sigma_{\sqrt{r}}.$$

[a) beweist man wie die Konstanz von β auf E_r. b) ergibt sich aus dem Fundamental-Lemma, indem man S in der Form

$$S = \{x \in \mathbb{R}^n : \frac{\int_{E_r} e^{-\frac{1}{2}||x-y||^2} \sigma_{\sqrt{r}}(dy)}{e^{-\frac{1}{2}||x-x_o||}} \geq \gamma := \gamma_\alpha\}$$

$$= \{x \in \mathbb{R}^n : \text{const} \int_o^\pi e^{-||x-x_o|| \sqrt{r} \cos\vartheta} \sin^{n-2}\vartheta \, d\vartheta \geq \delta := \delta_\alpha\}$$

darstellt und beachtet, daß die Funktion

$$x \to \int_0^\pi e^{-||x-x_o|| \sqrt{r} \cos\vartheta} \sin^{n-2}\vartheta \, d\vartheta$$

strikt isotone "Projektionen" besitzt.]

<u>Definition 12.3:</u> Es seien $(\Omega, \mathfrak{A}, \mathfrak{P}, \mathfrak{P}_o, \mathfrak{P}_1)$ ein Testexperiment und $\alpha \in [0,1]$.

a) Es sei

$$\mathfrak{D}_\alpha := \{t \in \mathbb{M}_{(1)}(\Omega, \mathfrak{A}) : \int t \, dP \geq \alpha \text{ für alle } P \in \mathfrak{P}_1\}$$

Die Elemente aus $\mathfrak{D}_\alpha \cap \mathfrak{T}_\alpha$ heißen <u>unverfälscht</u>.

b) $t \in \mathfrak{T}_\alpha$ heißt <u>unverfälscht-trennscharf</u>, wenn für jeden unverfälschten Test $t' \in \mathfrak{D}_\alpha \cap \mathfrak{T}_\alpha$

$$\beta_t(P) \geq \beta_{t'}(P)$$

für alle $P \in \mathfrak{P}_1$ gilt.

<u>Bemerkung:</u> Da $\alpha.1_\Omega \in \mathfrak{T}_\alpha$ ein unverfälschter Test ist, ist jeder trennscharfe Test unverfälscht und damit unverfälscht trennscharf. Wie das folgende Beispiel zeigt, können aber unverfälscht-trennscharfe Tests existieren, ohne daß ein trennscharfer Test existiert.

<u>Beispiel 12.2:</u> Es seien $(\Omega, \mathfrak{A})$ ein Meßraum, $\nu \in \mathcal{M}_+(\Omega, \mathfrak{A})$ ein σ-endliches Maß und $T, h \in \mathbb{M}(\Omega, \mathfrak{A})$ zwei meßbare Funktionen derart, daß zu jedem $\vartheta \in \mathbb{R}$ ein $C(\vartheta)$ existiert mit

$$P_\vartheta := C(\vartheta) \, e^{\vartheta T} h.\nu \in \mathcal{M}^1(\Omega, \mathfrak{A}).$$

Es seien $\vartheta_1 < \vartheta_2$ zwei reelle Zahlen und $\mathfrak{P} := \{P_\vartheta : \vartheta \in \mathbb{R}\}$, $\mathfrak{P}_o := \{P_\vartheta : \vartheta \in [\vartheta_1, \vartheta_2]\}$ sowie $\mathfrak{P}_1 := \mathfrak{P} \setminus \mathfrak{P}_o$.

Dann existiert im allgemeinen kein α-trennscharfer Test, wohl aber ein unverfälscht-trennscharfer Test der Gestalt

$$t(\omega) = \begin{cases} 1 & \text{für } T(\omega) \notin [k_1, k_2] \text{ mit } k_1 < k_2 \\ \gamma_i & \text{für } T(\omega) = k_i \quad (i=1,2) \\ 0 & \text{für } T(\omega) \in \,]k_1, k_2[\end{cases}$$

mit $E_{\vartheta_1}(t) = E_{\vartheta_2}(t) = \alpha$.

Kapitel V: Schätzexperimente

§ 13 Erwartungstreue Minimalschätzungen

In diesem Kapitel werden solche parametrisierte Experimente behandelt, deren Parameter-Raum $\mathbb{R}$ oder $\mathbb{R}^p$ ist.

Wie in Kapitel III beschäftigen wir uns mit Eigenschaften parametrisierter Experimente bezüglich einer Funktionenklasse. Während aber die in Kapitel III betrachtete Funktionenmenge (die Menge der Tests, d.h. der meßbaren Funktionen mit Werten zwischen Null und Eins) nur vom Meßraum abhing, betrachten wir in diesem Kapitel Funktionenmengen, die viel enger an das Experiment angepaßt sind.

Definition 13.1:

a) Schätzexperiment heißt jedes parametrisierte Experiment $(\Omega, \mathfrak{A}, \mathfrak{P}, g : \mathfrak{P} \to \mathbb{R}^p)$ mit einem $\mathbb{R}^p$ $(p \geq 1)$ als Parameter-Raum.

b) Es sei $(\Omega, \mathfrak{A}, \mathfrak{P}, g)$ ein Schätzexperiment. Dann heißt jede meßbare Abbildung $s : \Omega \to \mathbb{R}^p$ eine Schätzfunktion zu $(\Omega, \mathfrak{A}, \mathfrak{P}, g)$ oder kurz Schätzung für g.

c) Eine Schätzfunktion s zu $(\Omega, \mathfrak{A}, \mathfrak{P}, g)$ heißt erwartungstreu, wenn s für alle $P \in \mathfrak{P}$ integrierbar ist und

$$\text{(E T)} \qquad E_P(s) = g(P)$$

für alle $P \in \mathfrak{P}$ gilt.

[Das Integral einer vektorwertigen Funktion sei dabei durch die Integrale der Komponenten definiert.]

Die Menge aller erwartungstreuen Schätzungen $s : \Omega \to \mathbb{R}^p$ wird mit $\overline{\mathfrak{S}}_E(\Omega, \mathfrak{A}, \mathfrak{P}, g)$ bzw. $\overline{\mathfrak{S}}_E(g)$ bzw. $\overline{\mathfrak{S}}_E$ bezeichnet.

$\overline{\mathfrak{S}}_E$ ist offensichtlich eine lineare Mannigfaltigkeit, d.h. mit $s_1, s_2 \in \overline{\mathfrak{S}}_E$ und $\alpha \in \mathbb{R}$ ist $\alpha s_1 + (1-\alpha) s_2 \in \overline{\mathfrak{S}}_E$.

In diesem Paragraphen wird die Parametrisierung $g : \mathfrak{P} \to \mathbb{R}^p$ ausschließlich dazu benutzt, um die Menge $\overline{\mathcal{S}}_E$ auszuzeichnen.

Definition 13.2:

a) Es seien $(\Omega, \mathfrak{A}, \mathfrak{P})$ ein Experiment und $p \in \mathbb{N}$.

$\mathcal{V} := \mathcal{V}(\mathfrak{P}, \mathbb{R}^p)$ sei die Menge aller Funktionen $V : \mathfrak{P} \times \mathbb{R}^p \to \mathbb{R}_+$ mit der Eigenschaft, daß für jedes $P \in \mathfrak{P}$ die Funktion $V(P,\cdot)$ strikt konvex (und daher stetig) ist.
Die $V \in \mathcal{V}$ werden Verlustfunktionen genannt.

b) Die für jedes $V \in \mathcal{V}$ und jede meßbare Funktion $s : \Omega \to \mathbb{R}^p$ durch

$$R_s^V(P) := \int V(P, s(\omega))\, P(d\omega) \quad (P \in \mathfrak{P})$$

definierte Funktion $R_s^V : \mathfrak{P} \to \overline{\mathbb{R}}_+$ wird Risikofunktion genannt.

Bemerkung: Die Beschränkung auf strikt konvexe Verlustfunktionen ist recht einschneidend, für uns ist aber vorläufig der hier definierte Begriff der Verlustfunktion hinreichend allgemein.

c) Ist $(\Omega, \mathfrak{A}, \mathfrak{P}, g : \mathfrak{P} \to \mathbb{R}^p)$ ein Schätzexperiment und $V \in \mathcal{V}(\mathfrak{P}, \mathbb{R}^p)$, so sei

$$\mathcal{S}_E^V := \{s \in \overline{\mathcal{S}}_E : R_s^V(P) < \infty \text{ für alle } P \in \mathfrak{P}\}$$

d) $s \in \mathcal{S}_E^V$ heißt Minimalschätzung, falls für alle $s' \in \mathcal{S}_E^V$ und $P \in \mathfrak{P}$ gilt

$$R_{s'}^V(P) \geq R_s^V(P)$$

$\mathcal{S}_M^V := \mathcal{S}_M^V(g) = \mathcal{S}_M^V(\Omega, \mathfrak{A}, \mathfrak{P}, g)$ sei die Menge aller Minimalschätzungen.
Ist V fest, so schreibt man oft nur $\mathcal{S}_M$ anstelle von $\mathcal{S}_M^V$.

Satz 13.1: Es sei $(\Omega, \mathfrak{A}, \mathfrak{P}, g : \mathfrak{P} \to \mathbb{R}^p)$ ein Schätzexperiment, und $s_1, s_2 : \Omega \to \mathbb{R}^p$ seien zwei Minimalschätzungen für eine Verlustfunktion $V \in \mathcal{V}(\mathfrak{P}, \mathbb{R}^p)$. Dann ist $s_1 = s_2$ $[\mathfrak{P}]$.

Beweis: Wir wählen ein $\alpha \in]0,1[$ und setzen $s := \alpha s_1 + (1-\alpha) s_2$.
Sei nun $P \in \mathfrak{P}$ beliebig.
Wegen der Konvexität von $V(P,\cdot)$ ist

$$f := \alpha\, V\,(P,s_1) + (1-\alpha)\, V\,(P,s_2) - V\,(P,s)$$

eine nichtnegative Funktion auf Ω, und es ist

$$0 \leq \int f\, d\, P = \alpha\, R^V_{s_1}\,(P) + (1-\alpha)\, R^V_{s_2}\,(P) - R^V_s\,(P)$$

Da die s_i $(i=1,2)$ als minimal vorausgesetzt werden, ist außerdem $\int f\, d\, P \leq 0$, also $f = 0$ $[P]$ für alle $P \in \mathfrak{P}$, d.h. $V\,(P,\alpha\, s_1 + (1-\alpha)s_2) = \alpha\, V\,(P,s_1) + (1-\alpha)\, V\,(P,s_2)$ $[P]$ für alle $P \in \mathfrak{P}$. Weil V als strikt konvex vorausgesetzt wurde, ist damit $s_1 = s_2$ $[P]$ für alle $P \in \mathfrak{P}$, wie behauptet. $\lrcorner$

Um eine gewisse Vorstellung vom Begriff der Erwartungstreue zu bekommen, betrachten wir zwei Beispiele:

<u>Beispiel 13.1:</u> Es sei $(\Omega, \mathfrak{A}, \mathfrak{P}, \mathfrak{P}_o, \mathfrak{P}_1)$ ein Testexperiment, also $(\Omega, \mathfrak{A}, \mathfrak{P}, g : \mathfrak{P} \to \mathbb{R})$ mit der Funktion $g := 1_{\mathfrak{P}_1}$ ein Schätzexperiment.
Ein Test $t \in \mathfrak{M}_{(1)}(\Omega, \mathfrak{A})$ ist genau dann erwartungstreu für die Parametrisierung g, wenn $\int t\,(\omega)\, P\,(d\omega)$ gleich Null ist für $P \in \mathfrak{P}_o$ und gleich Eins für $P \in \mathfrak{P}_1$.
Einen für den Parameter g erwartungstreuen Test kann es also nur geben, wenn $\mathfrak{P}_o$ und $\mathfrak{P}_1$ zueinander orthogonal sind.

<u>Beispiel 13.2:</u> Es seien $(\Omega, \mathfrak{A}) := (\mathbb{R}^n, \mathfrak{L}^n)$ und $\mathfrak{P} := \{P \in \mathcal{M}^1(\mathbb{R}^n, \mathfrak{L}^n)$: Es gibt ein $\mu \in \mathcal{M}^1(\mathbb{R}, \mathfrak{L})$ mit $\int |\xi|\, \mu\,(d\xi) < \infty$ und $P = \mu^{\otimes n}\}$.
Durch $g\,(P) := \int \xi\, \mu\,(d\xi)$ für alle $P \in \mathfrak{P}$ ist dann eine Parametrisierung $g : \mathfrak{P} \to \mathbb{R}$ definiert, für die

$$s := \overline{X} = \frac{1}{n} \sum_{i=1}^{n} X_i$$

eine erwartungstreue Schätzung ist.

$$[E_P\,(s) = \int \frac{1}{n} \sum_{i=1}^{n} X_i\,(x)\, \mu^{\otimes n}\,(dx) = \frac{1}{n} \sum_{i=1}^{n} \int \xi_i\, \mu\,(d\xi_i)$$

$$= \int \xi\, \mu\,(d\xi) = g\,(P)]$$

<u>Satz 13.2:</u> (C.R. Rao, D. Blackwell) Es seien $(\Omega, \mathfrak{A}, \mathfrak{P}, g : \mathfrak{P} \to \mathbb{R}^p)$ ein Schätzexperiment, $V \in \mathfrak{V}(\mathfrak{P}, \mathbb{R}^p)$ eine Verlustfunktion, $\mathfrak{T} \subset \mathfrak{A}$ eine für $\mathfrak{P}$ erschöpfende Unter-σ-Algebra, $s \in \mathcal{S}_E^V(g)$ eine erwartungstreue Schätzfunktion und $s^{\mathfrak{T}}$ eine von $P \in \mathfrak{P}$ unabhängige Version der bedingten Erwartung von s bzgl. $\mathfrak{T}$. Dann gilt:

(i) $s^{\mathfrak{T}} \in \mathcal{S}_E^V(g)$

(ii) $R_{s^{\mathfrak{T}}}^V \leq R_s^V$

(iii) Für $P \in \mathfrak{P}$ ist genau dann $R_{s^{\mathfrak{T}}}^V(P) = R_s^V(P)$, wenn $s = s^{\mathfrak{T}}$ [P].

<u>Beweis:</u> (i) und (ii): Für jedes $P \in \mathfrak{P}$ gilt

$$E_P(s^{\mathfrak{T}}) = E_P(E_P^{\mathfrak{T}}(s)) = E_P(s) = g(P),$$

also ist $s^{\mathfrak{T}} \in \overline{\mathcal{S}}_E$.
Für jedes $P \in \mathfrak{P}$ ist

$$R_{s^{\mathfrak{T}}}^V(P) = \int V(P, s^{\mathfrak{T}})\, dP = \int V(P, E_P^{\mathfrak{T}}(s))\, dP$$

$$\leq \int E_P^{\mathfrak{T}} V(P,s)\, dP \quad \text{(Jensensche Ungleichung)}$$

$$= \int V(P,s)\, dP = R_s^V(P),$$

und hieraus folgt außerdem $s^{\mathfrak{T}} \in \mathcal{S}_E^V(g)$.

(iii) Da für P - fast alle $\omega \in \Omega$ die Ungleichung

$$E_P^{\mathfrak{T}} V(P, s(\omega)) \geq V(P, E_P^{\mathfrak{T}}(s)(\omega))$$

erfüllt ist, gilt nach Integration bzgl. P die Gleichheit beider Seiten, d.h. man hat $R_{s^{\mathfrak{T}}}^V(P) = R_s^V(P)$ genau dann, wenn bereits die Funktionen $E_P^{\mathfrak{T}} V(P,s)$ und $V(P, E_P^{\mathfrak{T}}(s)) = V(P, s^{\mathfrak{T}})$ selbst modulo P identisch sind. Nach der Jensenschen Ungleichung ist dies wegen der strikten Konvexität von V genau dann der Fall, wenn $s = s^{\mathfrak{T}}$ [P]. ⌋

<u>Korollar:</u> Ist s eine Minimalschätzung und $\mathfrak{T}$ eine erschöpfende Unter-σ-Algebra, so gilt $s = E_P^{\mathfrak{T}}(s)$ [P] für alle $P \in \mathfrak{P}$.

<u>Beweis:</u> Da s eine Minimalschätzung ist, gilt $R^V_{s^{\mathfrak{T}}}(P) = R^V_s(P)$ für alle $P \in \mathfrak{P}$, nach (iii) also $s = E_P^{\mathfrak{T}}(s)$ [P] für alle $P \in \mathfrak{P}$. ⌋

Die Bedeutung der Vollständigkeit einer erschöpfenden σ-Algebra zeigt sich erneut im folgenden

<u>Satz 13.3:</u> (E.L. Lehmann, H. Scheffé) Es sei $(\Omega, \mathfrak{A}, \mathfrak{P})$ ein Experiment, das eine für $\mathfrak{P}$ erschöpfende und vollständige Unter-σ-Algebra $\mathfrak{T}$ von $\mathfrak{A}$ besitzt. Dann gibt es zu jeder Parametrisierung $g : \mathfrak{P} \to \mathbb{R}^p$, für die $\overline{\mathcal{S}}_E(g)$ nicht leer ist, eine Schätzung $s_o : \Omega \to \mathbb{R}^p$, die für jedes $V \in \mathfrak{V}(\mathfrak{P}, \mathbb{R}^p)$ mit nichtleerem $\mathcal{S}^V_E(g)$ Minimalschätzung ist.
s_o ist modulo $\mathfrak{P}$ eindeutig bestimmt und $\mathfrak{T}$-meßbar, und jede $\mathfrak{T}$-meßbare erwartungstreue Schätzung von g stimmt modulo $\mathfrak{P}$ mit s_o überein.

<u>Beweis:</u> Da $\mathfrak{T}$ erschöpfend ist, gibt es zu jedem $s \in \overline{\mathcal{S}}_E(g)$ ein $s^{\mathfrak{T}}$ mit

$$s^{\mathfrak{T}} = E_P^{\mathfrak{T}}(s) \quad [P] \quad \text{für alle } P \in \mathfrak{P}.$$

Nach Satz 2 (i) ist $s^{\mathfrak{T}} \in \overline{\mathcal{S}}_E(g)$.

Ist $s' \in \overline{\mathcal{S}}_E(g)$ eine weitere Schätzung, so gilt für alle $P \in \mathfrak{P}$:

$$E_P(s^{\mathfrak{T}} - s'^{\mathfrak{T}}) = E_P(s^{\mathfrak{T}}) - E_P(s'^{\mathfrak{T}}) = g(P) - g(P) = 0.$$

Aus der Vollständigkeit von $\mathfrak{T}$ folgt somit $s^{\mathfrak{T}} = s'^{\mathfrak{T}}$ $[\mathfrak{P}]$.
Wir setzen $s_o := s^{\mathfrak{T}}$.

Ist nun $V \in \mathfrak{V}(\mathfrak{P}, \mathbb{R}^p)$ und $s' \in \mathcal{S}^V_E(g)$, so gilt nach Satz 2 (ii) $R^V_{s'^{\mathfrak{T}}} \le R^V_{s'}$. Insgesamt ist also für jedes $P \in \mathfrak{P}$

$$R^V_{s_o}(P) = R^V_{s_o^{\mathfrak{T}}}(P) = R^V_{s'^{\mathfrak{T}}}(P) \le R^V_{s'}(P),$$

wie behauptet. ⌋

§ 14 p-Minimalität

In diesem Paragraphen setzen wir die Behandlung der Minimalschätzungen fort. Am Beispiel von besonders geeigneten Verlustfunktionen zeigen wir zwei Charakterisierungsmöglichkeiten der Minimalität, nämlich die durch das Verschwinden des Gateau-Differentials (Satz 4) und die durch Reduktion auf die spezielle Parametrisierung g = 0 (Satz 1). Die Charakterisierung der Minimalität liefert gleichzeitig Einsichten in die Struktur der Menge aller minimalen Schätzungen (Satz 2 und Satz 3).

Definition 14.1: Es sei $(\Omega, \mathfrak{A}, \mathfrak{P}, g : \mathfrak{P} \to \mathbb{R})$ ein Schätzexperiment, p sei eine reelle Zahl mit $p > 1$, und $V_p : \mathbb{R} \times \mathfrak{P} \to \mathbb{R}_+$ sei durch

$$V_p(x,P) = | x - g(P) |^p \quad \text{für alle } x \in \mathbb{R},\ P \in \mathfrak{P}$$

definiert. Dann sei

a) $\mathcal{S}_E(p,g) := \{s \in \bigcap_{P \in \mathfrak{P}} \mathcal{L}^p(\Omega, \mathfrak{A}, P) : \int s \, dP = g(P)$ für alle $P \in \mathfrak{P}\}$

b) $\mathcal{S}_M(p,g) := \{s \in \mathcal{S}_E(p,g) : \int V_p(s(\cdot),P)\, dP$

$$= \inf_{s' \in \mathcal{S}_E(p,g)} \int V_p(s'(\cdot),P)\, dP \text{ für alle } P \in \mathfrak{P}\}$$

Die Elemente aus $\mathcal{S}_M(p,g)$ heißen p-minimale Schätzungen.

Satz 14.1: $\mathcal{S}_M(p,g)$ ist die Menge derjenigen $s \in \mathcal{S}_E(p,g)$, die für jedes $v \in \mathcal{S}_E(p,0)$ und $P \in \mathfrak{P}$ die Gleichung

$$(*) \qquad E_P(v\, | s - g(P) |^{p-1} \operatorname{sgn}(s - g(P))) = 0$$

erfüllen.

Beweis: a) Es seien $s_o \in \mathcal{S}_M(p,g)$ und $v \in \mathcal{S}_E(p,0)$.
Wegen $\frac{1}{p} + \frac{1}{p/p-1} = 1$ ist nach der Hölderschen Ungleichung

$$\int | v | \, | s_o - g(P) |^{p-1} dP$$

$$\leq \left(\int | v |^{p} dP \right)^{\frac{1}{p}} \cdot \left(\int | s_o - g(P) |^{p-1 \frac{p}{p-1}} dP \right)^{\frac{p-1}{p}}$$

Diese Aussage schließt die Existenz des Integrals in (*) ein. Angenommen, es gäbe ein $P_1 \in \mathcal{P}$ derart, daß

$$E_{P_1} (v \, | s_o - g(P_1) |^{p-1} \operatorname{sgn} (s_o - g(P_1))) \neq 0.$$

Wir benutzen die Tatsache, daß die Funktion $x \to | x |^p$ n-fach differenzierbar ist für jede natürliche Zahl $n < p$.

Nach dem Satz von Taylor ist für alle $x,h \in \mathbb{R}$

$$| x + h |^{p} = \sum_{\nu=0}^{[p]-1} \binom{p}{\nu} | x |^{p-\nu} (\operatorname{sgn} x)^{\nu} h^{\nu}$$

$$+ \binom{p}{[p]} (x + \vartheta h)^{p-[p]} (\operatorname{sgn} x)^{[p]} h^{[p]},$$

wobei ϑ eine reelle Zahl mit $| \vartheta | \leq 1$ ist.

Wegen $| x + \vartheta h |^{p-[p]} \leq | x |^{p-[p]} + | \vartheta h |^{p-[p]}$ ist

$$| x + h |^{p} \leq | x |^{p} + p | x |^{p-1} (\operatorname{sgn} x) h$$

$$+ \sum_{\nu=2}^{[p]} \binom{p}{\nu} | x |^{p-\nu} | h |^{\nu} + | h |^{p}.$$

Aus dieser Eigenschaft der Funktion $x \to | x |^p$ folgt für jedes $\lambda \in \mathbb{R}$

$$E_{P_1} (| (s_o - g(P_1)) + \lambda v |^{p}) \leq E_{P_1} (| s_o - g(P_1) |^{p})$$

$$+ \lambda p E_{P_1} (| s_o - g(P_1) |^{p-1} \operatorname{sgn} (s_o - g(P_1)) v)$$

$$+ \sum_{\nu=2}^{[p]} \lambda^{\nu} \binom{p}{\nu} E_{P_1} (| s - g_o |^{p-\nu} | v |^{\nu})$$

$$+ | \lambda |^{p} E_{P_1} (| v |^{p}).$$

Da im zweiten Summanden der Koeffizient von λ nach Beweis-Annahme von Null verschieden ist, wird dieser Summand für kleine λ dem Betrage nach größer als die Restsumme mit den höheren λ-Potenzen; λ läßt sich so wählen, daß der zweite Summand negativ ist, es gibt also ein $\lambda_1 \in \mathbb{R}$ derart, daß

$$E_{P_1} (| (s_o + \lambda_1 v) - g (P_1) | ^p) < E_{P_1} (| s_o - g (P_1) | ^p).$$

Dies ist aber ein Widerspruch zur Minimalität von s_o.
[Wegen $v \in \mathcal{S}_E (p,o)$ und $s_o \in \mathcal{S}_E (p,g)$ ist nämlich für jedes $P \in \mathcal{P}$

$$s_o + \lambda_1 v \in \mathcal{L}^p (\Omega, \mathfrak{A}, P) \text{ und}$$

$$E_P (s_o + \lambda_1 v) = E_P (s_o) + E_P (\lambda_1 v) = g (P) + 0 = g (P),$$

d.h. $s_o + \lambda_1 v \in \mathcal{S}_E (p,g)$]

b) Es sei $s_o \in \mathcal{S}_E (p,g)$, und es gelte für alle $v \in \mathcal{S}_E (p,o)$ und $P \in \mathcal{P}$

$$(*) \quad E_P (v \mid s_o - g (P) \mid ^{p-1} \operatorname{sgn} (s_o - g (P))) = 0.$$

Weiter sei $s \in \mathcal{S}_E (p,g)$ beliebig vorgegeben. Dann ist $s - s_o \in \mathcal{S}_E (p,0)$. Aus (*) folgt daher für jedes $P \in \mathcal{P}$, indem man $s - s_o = (s - g (P)) - (s_o - g (P))$ benutzt,

$$E_P ((s_o - g (P)) \mid s_o - g (P) \mid ^{p-1} \operatorname{sgn} (s_o - g (P)))$$
$$= E_P ((s - g (P)) \mid s_o - g (P) \mid ^{p-1} \operatorname{sgn} (s_o - g (P))).$$

Die linke Seite ist gerade gleich $E_P (| s_o - g (P) | ^p)$, die rechte Seite wird mit der Hölderschen Ungleichung nach oben abgeschätzt. Also gilt

$$E_P (| s_o - g (P) | ^p)$$
$$\leq E_P (| s - g (P) | ^p)^{\frac{1}{p}} E_P (| s_o - g (P) | ^p)^{\frac{p-1}{p}}.$$

Im Falle $E_P (| s_o - g (P) | ^p) = 0$ ist die Behauptung von vornherein richtig, im Falle $E_P (| s_o - g (P) | ^p) \neq 0$ folgt aus der eben bewiesenen Ungleichung

$$E_P (| s_o - g (P) | ^p)^{\frac{1}{p}} \leq E_P (| s - g (P) | ^p)^{\frac{1}{p}}.$$

Damit gilt für alle $P \in \mathcal{P}$

$$E_P (| s_o - g (P) | ^p) \leq E_P (| s - g (P) | ^p),$$

also ist $s_o \in \mathcal{S}_M (p,g)$. ⌋

Korollar 14.1: $\mathcal{S}_M (2,g)$ ist die Menge derjenigen $s \in \mathcal{S}_E (2,g)$, die für jedes $v \in \mathcal{S}_E (2,0)$ und $P \in \mathcal{P}$ die Gleichung $\int v \, s \, dP = 0$ erfüllen.

Beweis: Da für jedes $x \in \mathbb{R}$ die Gleichheit $x = | x | \operatorname{sgn} x$ gilt, ist nach Satz 1 $\mathcal{S}_M (2,g) = \{s \in \mathcal{S}_E (2,g) : \int v (s - g (P)) \, dP = 0$ für alle $v \in \mathcal{S}_E (2,0)\}$.
Für $v \in \mathcal{S}_E (2,0)$ ist aber $\int v \, g (P) \, dP = 0$, also folgt die Behauptung. ⌋

Korollar 14.2: Es seien $(\Omega, \mathfrak{A}, \mathcal{P})$ ein Experiment, $g_n : \mathcal{P} \to \mathbb{R}$ eine Folge von Parametrisierungen, s_n eine Folge 2-minimaler Schätzungen für g_n und $s \in \bigcap_{P \in \mathcal{P}} \mathcal{L}^2 (\Omega, \mathfrak{A}, P)$.

Gilt dann für jedes $P \in \mathcal{P}$

$$\lim_{n \to \infty} \int (s_n - s)^2 \, dP = 0,$$

so existiert $\lim_{n \to \infty} g_n =: g$, und s ist eine 2-minimale Schätzung für g.

Beweis: Aus der quadratischen Konvergenz der s_n gegen eine quadratisch integrierbare Funktion s folgt die Konvergenz ihrer Integrale. Aus $\int s_n \, dP = g_n (P)$ erhält man

$$\int s \, dP = \lim_{n \to \infty} \int s_n \, dP = \lim_{n \to \infty} g_n (P) =: g (P),$$

also die Existenz von g und die Erwartungstreue von s bezüglich g.
Die Minimalität der s_n bedeutet nach Korollar 1 von Satz 1, daß $E_P (v s_n) = 0$ für jedes $v \in \mathcal{S}_E (2,0)$ und $P \in \mathcal{P}$ ist.

Hieraus folgt unter den Voraussetzungen des Korollars

$$E_P (v\, s) = 0,$$

und damit nach Korollar 1 die Minimalität von s bezüglich g.

<u>Satz 14.2:</u> Es sei $(\Omega, \mathfrak{A}, \mathfrak{P})$ ein Experiment. Für $1 < p < \infty$ sei

$$\mathcal{S}_M (p) := \bigcup_{g \in \mathbb{R}^{\mathfrak{P}}} \mathcal{S}_M (p,g)$$

$$\mathcal{S}_M^b (p) := \mathcal{S}_M (p) \cap \mathbb{M}^b (\Omega, \mathfrak{A})$$

Dann gilt

a) Zu jedem $s \in \mathcal{S}_M (p)$ gibt es genau ein $g_s \in \mathbb{R}^{\mathfrak{P}}$ mit $s \in \mathcal{S}_M (p,g_s)$.

b) Ist $s \in \mathcal{S}_M (p)$ und $\lambda \in \mathbb{R}$, so sind λs und $s + \lambda$ aus $\mathcal{S}_M (p)$, und es gilt $g_{\lambda s} = \lambda g_s$ und $g_{s+\lambda} = g_s + \lambda$.

c) $\mathcal{S}_M^b (2)$ ist eine Algebra, und $\mathcal{S}_M (2)$ ist ein linearer Raum, der darüber hinaus $\mathcal{S}_M^b (2)$-Modul ist.

<u>Beweis:</u> a) Da jedes $s \in \mathcal{S}_M (p)$ erwartungstreu ist, gehört zu s die durch $g_s (P) := \int s\, dP$ für alle $P \in \mathfrak{P}$ definierte Parametrisierung $g_s : \mathfrak{P} \to \mathbb{R}$.

b) Ist $s \in \mathcal{S}_M (p)$, so ist für jedes $\lambda \in \mathbb{R}$, für alle $v \in \mathcal{S}_E (p,0)$ und alle $P \in \mathfrak{P}$

$$\int v \,|\, \lambda s - \lambda g_s \,|^{\,p-1} \operatorname{sgn} (\lambda s - \lambda g_s)\, dP$$

$$= |\, \lambda \,|^{\,p-1} \operatorname{sgn} \lambda \cdot \int v \,|\, s - g_s \,|^{\,p-1} \operatorname{sgn} (s - g_s)\, dP = 0$$

nach Satz 1 und

$$\int v \,|\, s + \lambda - (g_s + \lambda) \,|^{\,p-1} \operatorname{sgn} (s + \lambda - (g_s + \lambda))\, dP = 0$$

ebenfalls nach Satz 1.
Aus Satz 1 folgt daher $\lambda s \in \mathcal{S}_M (p,\lambda g_s)$ und $s + \lambda \in \mathcal{S}_M (p,g_s + \lambda)$.

c) Nach dem Korollar 1 zu Satz 1 ist

$$\mathcal{S}_M(2) = \{s \in \bigcap_{P \in \mathcal{P}} \mathcal{L}^2(\Omega, \mathfrak{A}, P) : \int v \cdot s \, dP = 0$$
$$\text{für alle } v \in \mathcal{S}_E(2,0)\}$$

$\mathcal{S}_M(2)$ ist also ein linearer Raum.

Ist $s^b \in \mathcal{S}_M^b(2)$, so ist nach Korollar 1 zu Satz 1 für jedes $v \in \mathcal{S}_E(2,0)$ auch $s^b \cdot v \in \mathcal{S}_E(2,0)$ und somit für jedes $s \in \mathcal{S}_M(2)$

$$\int (s \cdot s^b) v \, dP = \int s (s^b \cdot v) \, dP = 0.$$

Mit $s^b \in \mathcal{S}_M^b(2)$ und $s \in \mathcal{S}_M(2)$ ist also $s^b \cdot s \in \mathcal{S}_M(2)$.

Damit ist, da $\mathbb{M}^b(\Omega, \mathfrak{A})$ eine Algebra ist, $\mathcal{S}_M^b(2)$ eine Algebra und $\mathcal{S}_M(2)$ ein $\mathcal{S}_M^b(2)$-Modul. $\lrcorner$

<u>Satz 14.3:</u> Es sei $(\Omega, \mathfrak{A}, \mathcal{P})$ ein Experiment. Für jedes $f \in \bigcap_{P \in \mathcal{P}} \mathcal{L}^p(\Omega, \mathfrak{A}, P)$ definiere man eine Parametrisierung $g_f : \mathcal{P} \to \mathbb{R}$ durch $g_f(P) := \int f(\omega) \, P(d\omega)$ für alle $P \in \mathcal{P}$.

Für $A \in \mathfrak{A}$ sei $g_A := g_{1_A}$.

Dann gilt

a) $\mathfrak{T} := \{A \in \mathfrak{A} : 1_A \in \mathcal{S}_M(p, g_A)\}$ ist eine σ-Algebra.

b) $\bigcap_{P \in \mathcal{P}} \mathcal{L}^2(\Omega, \mathfrak{T}, P_{\mathfrak{T}}) \subset \mathcal{S}_M(2)$

c) $\mathfrak{T}$ ist 2-vollständig und modulo $\mathcal{P}$ in jeder erschöpfenden σ-Algebra enthalten.

<u>Beweis:</u> a) Für jedes $A \in \mathfrak{A}$ und $v \in \mathcal{S}_E(p,0)$, $P \in \mathcal{P}$ gilt wegen $\int v \, dP = 0$ offenbar

$$\int_A v \, dP = - \int_{\complement A} v \, dP.$$

Es ist also

$$\int v \mid 1_A - P(A) \mid^{p-1} \operatorname{sgn}(1_A - P(A))\, dP$$

$$= \int_A v\,(1 - P(A))^{p-1}\, dP - \int_{\complement A} v\, P(A)^{p-1}\, dP$$

$$= \int_A v\,(1 - P(A))^{p-1}\, dP + \int_A v\, P(A)^{p-1}\, dP$$

$$= [(1 - P(A))^{p-1} + P(A)^{p-1}] \int_A v\, dP$$

Nach Satz 1 ist daher genau dann $1_A \in \mathcal{S}_M(p, g_A)$, wenn für alle $v \in \mathcal{S}_E(p,0)$ $\quad \int 1_A\, v\, dP = 0$ ist.

Aus dieser Kennzeichnung der Mengen von $\mathfrak{T}$ folgt sofort:

(i) $\emptyset, \Omega \in \mathfrak{T}$

(ii) Mit $A \in \mathfrak{T}$ ist $\complement A \in \mathfrak{T}$.

(iii) Ist $A_n \in \mathfrak{T}$ und gilt $A_n \subset A_{n+1}$ für alle $n \in \mathbb{N}$, so ist

$$\bigcup_{n \in \mathbb{N}} A_n \in \mathfrak{T}.$$

[Dies folgt nach dem Satz von Lebesgue, da die Funktionen $1_{A_n} v (n \in \mathbb{N})$ durch die integrierbare Funktion $\mid v \mid$ auf Ω majorisiert werden.]

(iv) Sind $A, B \in \mathfrak{T}$, so ist $A \cap B \in \mathfrak{T}$.

[Unter der Voraussetzung ist mit jedem $v \in \mathcal{S}_E(p,0)$ auch $1_A \cdot v \in \mathcal{S}_E(p,0)$, und daher gilt $\int 1_{A \cap B}\, v\, dP$ $= \int 1_B (1_A \cdot v)\, dP = 0$]

Damit ist $\mathfrak{T}$ eine σ-Algebra.

b) Es sei

$$\mathfrak{V} := \{f \in \bigcap_{P \in \mathcal{P}} \mathcal{L}^2(\Omega, \mathfrak{T}, P_{\mathfrak{T}}) : f \in \mathcal{S}_M(2, g_f)\}$$

Dann ist $\mathfrak{V} \subset \mathcal{S}_M(2)$, und nach Satz 2 a) $\mathcal{S}_M(2) \subset \mathfrak{V}$, d.h. $\mathfrak{V} = \mathcal{S}_M(2)$.

$\mathfrak{V}$ enthält nach a) alle Indikatorfunktionen von $\mathfrak{T}$ und damit nach Satz 2 c) alle Treppenfunktionen.

Seien nun $f \in \bigcap_{P \in \mathcal{P}} \mathcal{L}^2(\Omega, \mathfrak{T}, P_{\mathfrak{T}})$ beliebig und $\varepsilon > 0$ vorgegeben.

Dann gibt es zu jedem $P \in \mathcal{P}$ eine Treppenfunktion $g \in \mathcal{S}_M(2)$ mit $\int (f - g)^2 \, dP < \varepsilon^2$.

Für jedes $v \in \mathcal{S}_E(2,0)$ ist also

$$| \int f.v \, dP | = | \int (f - g) \, v \, dP + \int g \cdot v \, dP | = | \int (f - g) \, v \, dP |$$

$$\leq (\int (f - g)^2 \, dP)^{\frac{1}{2}} (\int v^2 \, dP)^{\frac{1}{2}} < \varepsilon \cdot (\int v^2 \, dP)^{\frac{1}{2}},$$

d.h. $\int f \cdot v \, dP = 0$ für alle $v \in \mathcal{S}_E(2,0)$ und $P \in \mathcal{P}$.

Damit gilt $\bigcap_{P \in \mathcal{P}} \mathcal{L}^2(\Omega, \mathfrak{T}, P_{\mathfrak{T}}) \subset \mathcal{S}_M(2)$ wie behauptet.

c) Sei $f \in \bigcap_{P \in \mathcal{P}} \mathcal{L}^2(\Omega, \mathfrak{T}, P_{\mathfrak{T}})$ mit $\int f \, dP = 0$ für alle $P \in \mathcal{P}$.

Nach b) ist dann $f \in \mathcal{S}_M(2,0)$. Da ebenfalls $1_\emptyset \in \mathcal{S}_M(2,0)$ ist, folgt aus Satz 13.1 $f = 1_\emptyset \; [\mathcal{P}]$. $\mathfrak{T}$ ist also 2-vollständig.

Sei nun $\mathcal{T} \subset \mathfrak{A}$ eine erschöpfende σ-Algebra. Um die Beziehung $\mathfrak{T} \subset \mathcal{T} \vee \mathcal{N}_{\mathcal{P}}$ zu zeigen, wählen wir $A \in \mathfrak{T}$ und $Q_A \in \mathcal{M}_{(1)}(\Omega, \mathcal{T})$ mit $Q_A = \mathcal{P}^{\mathcal{T}}(A)$. Dann gilt nach der Jensenschen Ungleichung für alle $P \in \mathcal{P}$

$$E_P (| Q_A - P(A) | ^P) \leq E_P (| 1_A - P(A) | ^P).$$

Wegen $A \in \mathfrak{T}$ und da Q_A eine erwartungstreue Schätzung ist, gilt aber die Gleichheit, daher ist $Q_A = 1_A \; [\mathcal{P}]$, d.h. $A \in \mathcal{T} \vee \mathcal{N}_{\mathcal{P}}$. ┘

Im Rest dieses Paragraphen zeigen wir, daß sich das Minimierungsproblem bezüglich der V_p mit Methoden behandeln läßt, die mit den aus der Differentialrechnung bekannten Methoden zur Bestimmung von Extremalwerten vergleichbar sind.

<u>Definition 14.2:</u> Es seien E ein reeller Vektorraum und $q : E \to \mathbb{R}$ eine Funktion.

q heißt im Punkt $x_o \in E$ <u>schwach differenzierbar</u>, wenn für jedes $y \in E$

$$\lim_{t \to 0} \frac{1}{t} (q(x_o + ty) - q(x_o)) =: q'(x_o, y)$$

existiert.

$q'(x_o, y)$ heißt dann die <u>schwache Ableitung</u> von q im Punkte x_o in Richtung y.

<u>Lemma 14.1:</u> Ist $E := L^p(\Omega, \mathfrak{A}, P)$ und ist $q : E \to \mathbb{R}_+$ die p-Norm, so ist q für alle $x_o \neq 0$ schwach differnzierbar, und es gilt

$$q'(x_o, y) = q(x_o)^{1-p} \cdot \int | x_o(\omega) |^{p-1} \operatorname{sgn} x_o(\omega)\, y(\omega)\, P(d\omega)$$

für alle $y \in E$.

<u>Beweis:</u> Für $x_o \neq 0$ gilt:

$$q'(x_o, y) = \lim_{t \to 0} \frac{1}{t} (q(x_o + ty) - q(x_o))$$

$$= \lim_{t \to 0} \frac{1}{t} [(\int | x_o(\omega) + t\, y(\omega) |^p P(d\omega))^{\frac{1}{p}} - (\int | x_o(\omega) |^p P(d\omega))^{\frac{1}{p}}]$$

$$= \frac{d}{dt} (\int | x_o(\omega) + t\, y(\omega) |^p P(d\omega))^{\frac{1}{p}} \Big|_{t=0}$$

$$= \frac{1}{p} (\int | x_o(\omega) |^p P(d\omega))^{\frac{1}{p}-1} \cdot \frac{d}{dt} (\int | x_o(\omega) + ty(\omega) |^p P(d\omega))\Big|_{t=0}$$

$$= \frac{1}{p} q(x_o)^{1-p} \int \frac{d}{dt} | x_o(\omega) + t\, y(\omega) |^p P(d\omega)$$

$$= q(x_o)^{1-p} \int | x_o(\omega) |^{p-1} \operatorname{sgn} x_o(\omega)\, y(\omega)\, P(d\omega)$$

Dabei ergibt sich die Existenz des Grenzwerts durch Umkehrung der Gleichungskette. $\lrcorner$

<u>Satz 14.4:</u> Es seien $(\Omega, \mathfrak{A}, \mathfrak{P}, g : \mathfrak{P} \to \mathbb{R})$ ein Schätzexperiment und $s_o : \Omega \to \mathbb{R}$ eine erwartungstreue Schätzung des Parameters g. Dann sind für jedes $p \geq 1$ äquivalent:

(i) $s_o \in \mathcal{S}_M(p, g)$

(ii) Für alle $P \in \mathfrak{P}$ mit $P[s_o \neq g(P)] > 0$ ist

$$\lim_{t \to 0} \frac{1}{t} \left(|| s_o - g(P) + t v ||_p^{(P)} - || s_o - g(P) ||_p^{(P)} \right) = 0$$

(Dabei bezeichnet $|| \cdot ||_p^{(P)}$ die p-Norm bezüglich P)

Beweis: Nach Satz 1 ist (i) äquivalent damit, daß für jedes $v \in \mathcal{S}_E(p,0)$ die Gleichung

(*) $E_P (v \mid s_o - g(P) \mid^{p-1} \operatorname{sgn}(s - g(P))) = 0$

gilt.
Andererseits ist nach Lemma 1

$$\lim_{t \to 0} \frac{1}{t} \left(|| s_o - g(P) + t v ||_p^{(P)} - || s_o - g(P) ||_p^{(P)} \right)$$

$$= E_P (v \mid s_o - g(P) \mid^{p-1} \operatorname{sgn}(s - g(P)))$$

für alle $P \in \mathfrak{P}$ mit $P[s_o - g(P) \neq 0] > 0$.
Da für den Fall $P[s_o - g(P) \neq 0] = 0$ die Gleichung (*) automatisch erfüllt ist, ist (i) mit (ii) äquivalent.

§ 15 Schätzungen mittels der Ordnungsstatistik

Es seien $(\Omega', \mathfrak{A}')$ ein Meßraum und $(\Omega, \mathfrak{A}) := (\Omega'^n, \mathfrak{A}'^{\otimes n})$ für $n \in \mathbb{N}$. Wir bezeichnen mit Σ_n die Gruppe aller Permutationen der Menge $\{1,\dots,n\}$; zu jedem $\pi \in \Sigma_n$ sei $T_\pi : (\Omega, \mathfrak{A}) \to (\Omega, \mathfrak{A})$ definiert durch $T_\pi((\omega_1',\dots,\omega_n')) := (\omega'_{\pi(1)},\dots,\omega'_{\pi(n)})$; schließlich sei

$$\mathfrak{A}'^{\odot n} := \{A \in \mathfrak{A}'^{\otimes n} : T_\pi^{-1}(A) = A \text{ für alle } \pi \in \Sigma_n\}.$$

$\mathfrak{A}'^{\odot n}$ ist nach § 1 erschöpfend für jede Menge von Produktmaßen. Wir beschäftigen uns nun mit der Frage, wann $\mathfrak{A}'^{\odot n}$ für eine Menge von Produktmaßen vollständig ist.

Im Spezialfall $(\Omega', \mathfrak{A}') := (\mathbb{R}, \mathfrak{B})$, den wir fast ausschließlich behandeln, wird $\mathfrak{A}'^{\odot n}$ von einer Statistik $o_n : \mathbb{R}^n \to \mathbb{R}^n$, der sogenannten Ordnungsstatistik, erzeugt. Der Satz von Lehmann-Scheffé liefert dann für wichtige Klassen von Experimenten, daß einige der bekanntesten Schätzungen Minimalschätzungen sind und über die Ordnungsstatistik faktorisiert werden können.

Definition 15.1: Es seien $n \in \mathbb{N}$ und Σ_n die Gruppe aller Permutationen der Menge $\{1,\dots,n\}$. Die Elemente $x \in \mathbb{R}^n$ mögen mit $x := (\xi_1,\dots,\xi_n)$ bezeichnet werden.

a) Es sei $\mathbb{R}^n_{mon} := \{x \in \mathbb{R}^n : \xi_1 \leq \xi_2 \leq \dots \leq \xi_n\}$, und zu $x \in \mathbb{R}^n$ sei

$\Sigma_x^{mon} := \{\pi \in \Sigma_n : T_\pi(x) \in \mathbb{R}^n_{mon}\}$.

b) Die durch $o_n(x) := \{T_\pi(x) : \pi \in \Sigma_x^{mon}\}$ $(x \in \mathbb{R}^n)$ definierte Abbildung $o_n : \mathbb{R}^n \to \mathbb{R}^n_{mon}$ heißt Ordnungsstatistik auf $\mathbb{R}^n$.

Bemerkungen:

1. Es ist klar, daß für jedes $x \in \mathbb{R}^n$ Σ_x^{mon} nicht leer ist und daß $\{T_\pi(x) : \pi \in \Sigma_x^{mon}\}$ für jedes $x \in \mathbb{R}^n$ eine einelementige Menge ist. Die Definition von o_n ist also sinnvoll.
2. Bezeichnet man mit $\mathfrak{B}^n_{mon}$ die Einschränkung von $\mathfrak{B}^n$ auf $\mathbb{R}^n_{mon}$, so gilt offenbar $\mathfrak{B}^{\odot n} = o_n^{-1}(\mathfrak{B}^n_{mon})$. In diesem Sinn verstehen

wir die Aussage: $\mathcal{L}^{\odot n}$ wird von der Ordnungsstatistik erzeugt.

Satz 15.1: Es sei $\mathcal{M}_r$ die Menge aller verallgemeinerten Rechtecksverteilungen, d.h. aller $\mu \in \mathcal{M}^1(\mathbb{R},\mathcal{L})$, zu denen es endlich viele disjunkte Intervalle I_i und Zahlen $\alpha_i \geq 0$ mit $\sum \alpha_i = 1$ gibt, so daß

$\mu = (\sum\limits_i \frac{\alpha_i}{\lambda(I_i)} 1_{I_i}) \cdot \lambda$ ist.

Dann ist die Ordnungsstatistik auf $\mathbb{R}^n$ vollständig für das Experiment $(\mathbb{R}^n, \mathcal{L}^n, \mathcal{M}_r^{\otimes n})$, wobei $\mathcal{M}_r^{\otimes n}$ aufgefaßt wird als die Menge $\{\mu^{\otimes n} : \mu \in \mathcal{M}_r\}$.

Dem Beweis des Satzes schicken wir ein einfaches Lemma voraus.

Lemma 15.1: Es sei P ein reelles Polynom in k Unbestimmten mit

$$P(\alpha_1,\ldots,\alpha_k) := \sum_{\substack{(i_1,\ldots,i_k) \in \mathbb{Z}_+^k \\ i_1+\ldots+i_k=n}} c_{i_1,\ldots,i_k} \alpha_1^{i_1} \cdot \ldots \cdot \alpha_k^{i_k}$$

für ein $n \in \mathbb{Z}_+$. Gilt dann $P(\alpha) = 0$ für alle $\alpha \in \mathbb{R}_+^k$ mit $\sum \alpha_i = 1$, so verschwindet P identisch.

Beweis: Für $k = 1$ und beliebiges $n \in \mathbb{Z}_+$ sowie für $n = 0$ und beliebiges $k \in \mathbb{N}$ ist die Behauptung richtig.

Angenommen, sie sei für $k - 1$ bewiesen, dann verschwinden alle Koeffizienten $c_{i_1,\ldots,i_k}$, bei denen ein Index Null ist. Wenn P noch nicht identisch verschwindet, erhält man daher eine Zerlegung $P = P_1 \cdot Q_1$ von P in zwei Polynome, von denen $Q_1(\alpha_1,\ldots,\alpha_k) = \alpha_1 \cdot \ldots \cdot \alpha_k$ ist und P_1 vom Grad $n - k$ ist und die gleiche Eigenschaft hat wie P. Indem man das gleiche Argument auf P_1 usw. anwendet, erhält man nach endlich vielen Schritten einen identisch verschwindenden Faktor von P. Also verschwindet bereits P identisch. $\lrcorner$

Beweis von Satz 1: Es sei

$$f \in \bigcap_{P \in \mathcal{M}_r^{\otimes n}} \mathcal{L}^1(\mathbb{R}^n, \mathfrak{A}(o_n), P)$$

mit $\int f \, dP = 0$ für alle $P \in \mathcal{M}_r^{\otimes n}$.

Nach Bemerkung 2 ist $\mathfrak{A}(o_n)$ gerade die σ-Algebra aller permutationsinvarianten Mengen. Es gilt also für

$$P := \left(\sum_{i=1}^{k} \frac{\alpha_i}{\lambda(I_i)} 1_{I_i} \lambda\right)^{\otimes n}$$

$$\int f\, dP = \sum_{(j_1,\ldots,j_n)=(1,\ldots,1)}^{(k,\ldots,k)} \left(\frac{1}{\lambda(I_{j_1})\cdot\ldots\cdot\lambda(I_{j_n})} \int_{I_{j_1}\times\ldots\times I_{j_n}} f\, d\lambda^{\otimes n}\right)\alpha_{j_1}\cdot\ldots\cdot\alpha_{j_n}$$

$$= \sum_{1\leq j_1\leq j_2\leq\cdots\leq j_n\leq k} \left(\frac{n!}{\lambda(I_{j_1})\cdot\ldots\cdot\lambda(I_{j_n})} \int_{I_{j_1}\times\ldots\times I_{j_n}} f\, d\lambda^{\otimes n}\right)\alpha_{j_1}\cdot\ldots\cdot\alpha_{j_n}$$

$$= \sum_{\substack{(i_1,\ldots,i_k)\in \mathbb{Z}_+^k \\ i_1+\ldots+i_k=n}} c_{i_1,\ldots,i_k}\, \alpha_1^{i_1}\cdot\ldots\cdot\alpha_n^{i_n}$$

mit $$c_{i_1,\ldots,i_k} := \frac{n!}{\lambda(I_1)^{i_1}\cdot\ldots\cdot\lambda(I_k)^{i_k}} \int_{I_1^{i_1}\times\ldots\times I_k^{i_k}} f\, d\lambda^{\otimes n}$$

Indem man bei festen $I_1,\ldots,I_k$ die α_i variieren läßt, erhält man ein homogenes Polynom vom Grade k, das nach Voraussetzung über f für alle $\alpha \in \mathbb{R}_k^+$ mit $\sum \alpha_i = 1$ verschwindet. Nach Lemma 1 verschwinden alle Koeffizienten des Polynoms. Das bedeutet, daß das Maß $f.\lambda^n$ auf allen Produkten von Intervallen, also auf einem durchschnittsstabilen Erzeuger von $\mathfrak{L}^n$, verschwindet. Damit ist $f.\lambda^n$ das Nullmaß, also $f \equiv 0$ $[\lambda^n]$. Wegen $\mathfrak{M}_r^{\otimes n} \sim \lambda^n$ gilt $f \equiv 0$ $[\mathfrak{M}_r^{\otimes n}]$.

Den folgenden besonders anwendungsfähigen Satz bringen wir als Beispiel für die weitgehenden Verallgemeinerungsmöglichkeiten der in diesem Paragraphen angestellten Betrachtungen:

<u>Satz 15.2:</u> (D.A.S. Fraser) Es seien $(\Omega', \mathfrak{A}')$ ein Meßraum und $\mathfrak{E} \subset \mathfrak{A}'$ ein durchschnittsstabiles Erzeugendensystem von $\mathfrak{A}'$ derart, daß zu jedem $A',B' \in \mathfrak{E}$ mit $A' \subset B'$ endlich viele Mengen $A'_o,\ldots,A'_k$ existieren mit $A' = A'_o \subset A'_1 \subset \cdots \subset A'_k = B'$ und $A'_i \setminus A'_{i-1} \in \mathfrak{E}$ für alle $i=1,\ldots,k$. Mit $\mathfrak{R}$ werde der Ring aller endlichen disjunkten Ver-

einigungen von Mengen aus $\mathfrak{G}$ bezeichnet.

Es seien ferner ν ein atomfreies σ-endliches Maß in $\mathcal{M}_+(\Omega', \mathfrak{A}')$ und

$\mathcal{N} := \{ \frac{1}{\nu(B)} 1_B . \nu : B \in \mathfrak{R}$ und $0 < \nu(B) < \infty\}$.

Dann ist $\mathfrak{A}' \odot n$ vollständig für $\mathcal{N}^{\otimes n}$.

<u>Beweis:</u> Wir setzen zunächst ν als endlich voraus.
[Dies ist keine Einschränkung der Allgemeinheit: Ist nämlich der Satz für endliche Maße bewiesen und ist $f \in \mathfrak{M}(\Omega, \mathfrak{A}'^{\odot n})$ eine Funktion mit $\int f \, d\mu^{\otimes n} = 0$ für alle $\mu \in \mathcal{N}$, so ist für alle $R \in \mathfrak{R}$ mit $\nu(R) < \infty$: $f = 0 \; [1_{R^n} \mu^{\otimes n}]$ für alle $\mu \in \mathcal{N}$, also $f.1_{R^n} = 0 \; [\mu^{\otimes n}]$ für alle $\mu \in \mathcal{N}$ und daher $f = 0 \; [\mathcal{N}^{\otimes n}]$.]

Es sei nun $f \in \mathfrak{M}(\Omega, \mathfrak{A}'^{\odot n})$ eine Funktion mit

$$\int f \, d\mu^{\otimes n} = 0 \quad \text{für alle } \mu \in \mathcal{N} .$$

Wir wollen zeigen, daß für alle $A'_1, \ldots, A'_n \in \mathfrak{G}$

$$\int_{A'_1 \times \ldots \times A'_n} f \, d\nu^{\otimes n} = 0$$

gilt.

[Dann stimmen nämlich die Maße $f^+ \cdot \nu^{\otimes n}$ und $f^- . \nu^{\otimes n}$ auf $\mathfrak{G} \times \mathfrak{G} \times \ldots \times \mathfrak{G}$ und damit auf $\mathfrak{A}'^{\otimes n}$ überein. Es ist also $f = 0 \; [\nu^{\otimes n}]$, d.h. $f = 0 \; [\mathcal{N}^{\otimes n}]$]

Es seien also $A'_1, \ldots, A'_n \in \mathfrak{G}$ und $\varepsilon > 0$ vorgegeben (mit $\varepsilon < \nu(\Omega)$).

Da ν atomfrei ist, gibt es eine disjunkte meßbare Zerlegung $\mathfrak{Z} = \{Z'_1, \ldots, Z'_k\}$ von Ω' mit $k \geq 2$ und $\nu(Z'_i) = \varepsilon$ für $i = 1, \ldots, k-1$ sowie $\nu(Z'_k) \leq \varepsilon$.

Der Übersichtlichkeit halber führen wir den Beweis unter der Zusatzvoraussetzung durch, daß $\mathfrak{Z} \subset \mathfrak{G}$ gewählt werden kann.
[Falls das nicht erreicht werden kann, muß man die Z_i ihrerseits durch endliche disjunkte Vereinigungen aus $\mathfrak{G}$ approximieren. Dies ist möglich, da $\mathfrak{G}$ ein Erzeugendensystem von $\mathfrak{A}$ ist.]

Es ist dann

$$\left| \int_{A'_1 \times \ldots \times A'_n} f \, d\, \nu^{\otimes n} \right|$$

$$= \left| \sum_{(i_1,\ldots,i_n)=(1,\ldots,1)}^{(k,\ldots,k)} \int_{(A'_1 \cap Z'_{i_1}) \times \ldots \times (A'_n \cap Z'_{i_n})} f \, d\, \nu^{\otimes n} \right|$$

$$= \left| \sum_{m=1}^{k} \sum_{1 \leq i < j \leq n} \int_{A'_1 \times \ldots \times (A'_i \cap Z'_m) \times \ldots \times (A'_j \cap Z'_m) \times \ldots \times A'_n} f \, d\, \nu^{\otimes n} \right|$$

[Wie man nämlich durch Induktion analog zum Beweis von Lemma 1 zeigt, verschwinden in der vorhergehenden Summe alle die Summanden, für die die Indizes des n-Tupels $(i_1,\ldots,i_n)$ paarweise verschieden sind. Man benutzt beim Induktionsbeweis wesentlich die Voraussetzung, daß

$\int f \, d \left(\frac{1}{\nu(Z'_k)} 1_{Z'_k} . \nu \right)^{\otimes n} = 0$ ist.]

$$\leq \sum_{m=1}^{k} \sum_{1 \leq i < j \leq n} \int_{\Omega' \times \ldots \times (A'_i \cap Z'_m) \times \ldots \times (A'_i \cap Z'_m) \times \ldots \times \Omega'} | f | \, d\, \nu^{\otimes n}$$

Da aber $| f | . \nu^{\otimes n}$ totalstetig bezüglich $\nu^{\otimes n}$ ist und

$$\nu^{\otimes n} (\Omega' \times \ldots \times (A'_i \cap Z'_m) \times \ldots \times (A_i \cap Z'_m) \times \ldots \times \Omega') \leq \varepsilon^2 \, \nu \, (\Omega')^{n-2}$$

gilt, können durch passende Wahl von ε die einzelnen Summanden beliebig klein gemacht werden, wegen $k \, \varepsilon \leq 2 \, \nu \, (\Omega_o)$ und damit

$$\sum_{1 \leq m \leq k} \sum_{1 \leq i < j \leq n} \nu \, (\Omega')^{n-2} \, \varepsilon^2 \leq \binom{n}{2} \, \nu \, (\Omega')^{n-2} \, 2 \, \nu \, (\Omega') \, \varepsilon$$

ist also $\left| \int_{A'_1 \times \ldots \times A'_n} f \, d\, \nu^{\otimes n} \right|$ beliebig klein. ⌋

Eine zur Atomfreiheit entgegengesetzte Situation behandelt der folgende

<u>Satz 15.3:</u> Es seien $B \subset \mathbb{R}$ eine beliebige Menge und $\mathcal{M}_B$ die konvexe Hülle der ε_b $(b \in B)$.

Dann ist die Ordnungsstatistik auf $\mathbb{R}^n$ vollständig für das Experiment $(\mathbb{R}^n, \mathcal{B}^n, \mathcal{M}_B^{\otimes n})$ mit $\mathcal{M}_B^{\otimes n} := \{\mu^{\otimes n} : \mu \in \mathcal{M}_B\}$.

Beweis: Für $P := (\sum_{i=1}^{k} \alpha_i \varepsilon_{b_i})^{\otimes n}$ und $f \in \mathfrak{M}(\mathbb{R}^n, \mathcal{B}^{\otimes n})$ ist

$$\int f\, dP = \sum_{(j_1,\ldots,j_n)=(1,\ldots,1)}^{(k,\ldots,k)} \left(\int f\, d(\varepsilon_{b_{j_1}} \otimes \ldots \otimes \varepsilon_{b_{j_n}})\right) \alpha_{j_1} \cdot \ldots \cdot \alpha_{j_n}$$

$$= \sum_{1 \le j_1 \le \ldots \le j_n \le k} n!\, f(b_{j_1}, \ldots, b_{j_n})\, \alpha_{j_1} \cdot \ldots \cdot \alpha_{j_n}$$

$$= \sum_{\substack{(i_1,\ldots,i_k) \in \mathbb{Z}_+^k \\ i_1+\ldots+i_k=n}} c_{i_1,\ldots,i_k}\, \alpha_1^{i_1} \cdot \ldots \cdot \alpha_k^{i_k}$$

mit

$$c_{i_1,\ldots,i_k} = n!\, f(\underbrace{b_{i_1},\ldots,b_{i_1}}_{i_1\text{-mal}}, \underbrace{b_{i_2},\ldots,b_{i_2}}_{i_2\text{-mal}}, \ldots, \underbrace{b_{i_k},\ldots,b_{i_k}}_{i_k\text{-mal}})$$

Ist nun $\int f\, dP = 0$ für alle $P \in \mathcal{M}_B^{\otimes n}$, so folgt aus Lemma 1, daß f auf B^n verschwindet, also $f \equiv 0$ $[\mathcal{M}_B^{\otimes n}]$.

Satz 15.4: Es seien $k \in \mathbb{N}$ und $\mathcal{M}^{(k)}$ die Menge aller W-Maße $\mu \in \mathcal{M}^1(\mathbb{R}, \mathcal{B})$ mit $\int |\xi|^k \mu(d\xi) < \infty$, und es sei $\mathcal{N} \subset \mathcal{M}^{(k)}$ eine Menge diskreter W-Maße mit $\mathcal{M}_B \subset \mathcal{N}$ oder eine Menge λ-stetiger W-Maße mit $\mathcal{M}_r \subset \mathcal{N}$, wobei $\mathcal{M}_B$ bzw. $\mathcal{M}_r$ wie in Satz 3 bzw. Satz 1 definiert sei. Man definiere ein Schätzexperiment $(\Omega, \mathfrak{A}, \mathfrak{P}, g : \mathfrak{P} \to \mathbb{R})$ durch $(\Omega, \mathfrak{A}, \mathfrak{P}) := (\mathbb{R}^n, \mathcal{B}^n, \{\mu^{\otimes n} : \mu \in \mathcal{N}\})$ und
$g(P) := \int |\xi|^k \mu(d\xi)$ für $P = \mu^{\otimes n}$ $(\mu \in \mathcal{N})$.
Dann ist $s_k := \frac{1}{n} \sum_{i=1}^{n} |X_i|^k$ eine Minimalschätzung für g.

Beweis: Die Erwartungstreue von s_k ist klar; denn für $P := \mu^{\otimes n}$ mit $\mu \in \mathcal{N}$ ist

$$\int s_k \, dP = \int \frac{1}{n} \sum_{i=1}^{n} | X_i |^k \, d\mu^{\otimes n} = \frac{1}{n} \sum_{i=1}^{n} \int | X_i |^k \, d\mu^{\otimes n}$$

$$= \frac{1}{n} \sum_{i=1}^{n} \int | \xi |^k \, d\mu = g(P).$$

Satz 3 bzw. Satz 1 liefern nun für jeden der beiden betrachteten Fälle, daß die erschöpfende σ-Algebra $\mathcal{L}^{\odot n}$ auch vollständig ist.

Da s_k $\mathcal{L}^{\odot n}$-meßbar ist, ist s_k nach dem Satz von Lehmann-Scheffé (Satz 13.3) eine Minimalschätzung. ⌋

Kapitel VI: Informationsvergleich von Experimenten

§ 16 Entscheidungstheoretische Deutung von Experimenten

In diesem Paragraphen wird explizit ein entscheidungstheoretischer Rahmen der Statistik dargestellt. Dabei beschränken wir uns auf die rein maßtheoretische Version der Entscheidungstheorie. Dieser Paragraph enthält die grundlegenden Definitionen, einige Interpretationen und einführende Sätze, welche die Struktur des angeschnittenen Fragenkreises verdeutlichen sollen.

Definition 16.1: Entscheidungsproblem heißt jedes Tripel $\underline{D} = (I, D, \mathfrak{V})$, wobei $I = (\Omega_I, \mathfrak{A}_I)$ und $D = (\Omega_D, \mathfrak{A}_D)$ zwei Meßräume und $\mathfrak{V}$ eine Menge separat meßbarer reeller Funktionen auf $\Omega_I \times \Omega_D$ seien. (Falls $\mathfrak{A}_I$ und $\mathfrak{V}$ nicht weiter spezifiziert sind, sei $\mathfrak{A}_I := \mathfrak{P}(\Omega_I)$ und $\mathfrak{V}$ die Menge aller beschränkten separat meßbaren Funktionen.)

Definition 16.2: Es sei $\underline{D} = (I, D, \mathfrak{V})$ ein Entscheidungsproblem.

a) Experiment zu $\underline{D}$ heißt jedes Paar $\mathfrak{X} = (X_{\mathfrak{X}}, N_{\mathfrak{X}})$, bei dem $X_{\mathfrak{X}} =: (\Omega_{\mathfrak{X}}, \mathfrak{A}_{\mathfrak{X}})$ ein Meßraum und $N_{\mathfrak{X}} \in$ Stoch $(I, X_{\mathfrak{X}})$ ein stochastischer Kern ist.

   Die Klasse aller Experimente zu $\underline{D}$ werde mit $\mathcal{E}(I)$ oder synonym mit $\mathcal{E}(\underline{D})$ bezeichnet.

b) Entscheidungsfunktion zu einem Experiment $\mathfrak{X} \in \mathcal{E}(\underline{D})$ heißt jeder stochastische Kern $\delta \in$ Stoch $(X_{\mathfrak{X}}, D)$.
   Die Menge aller Entscheidungsfunktionen zu $\mathfrak{X}$ werde mit $\mathfrak{D}(X_{\mathfrak{X}}, D)$ oder kurz mit $\mathfrak{D}(\mathfrak{X})$ bezeichnet.

Wir interpretieren I als Raum von Ursachen, D als Raum von Entscheidungen und $\mathfrak{V}$ als Menge von Verlustfunktionen.
Bekannt ist eine Situation dieser Art in der Spieltheorie, wo man I und D als Strategienräume deutet. Dort ist es üblich, D durch die gemischte Erweiterung $\mathcal{M}^1(D)$ zu ersetzen. Im Gegensatz hierzu behandelt man in der Statistik solche Situationen, bei denen sich die Ursachen "bemerkbar machen". Eine enge Analogie besteht zu dem Grundmodell der

Informationstheorie, in dem sich die gesendeten Nachrichten über einen Kanal bemerkbar machen.

Den bisher benutzten Begriff $(\Omega, \mathfrak{A}, \mathfrak{P})$ eines Experiments schlechthin erhalten wir, indem wir $I := D := (\mathfrak{P}, \Sigma)$ mit einer σ-Algebra $\Sigma_{\mathfrak{A}} \subset \Sigma \subset \mathfrak{P}(\mathfrak{P})$ setzen und $\mathfrak{V}$ als die Menge aller beschränkten separat-meßbaren Funktionen $V : \mathfrak{P} \times \mathfrak{P} \to \mathbb{R}$ wählen.

[$\Sigma_{\mathfrak{A}}$ sei die von den Funktionen $(P \to P(A)) : \mathfrak{P} \to \mathbb{R}$ erzeugte σ-Algebra, wobei A die σ-Algebra $\mathfrak{A}$ durchlaufe.]

Bei einem indizierten Experiment $(\Omega, \mathfrak{A}, (P_i)_{i \in I})$ wird man die Indexmenge zwanglos als Raum der Ursachen deuten. Bei einem parametrisierten Experiment $(\Omega, \mathfrak{A}, \mathfrak{P}, \theta : \mathfrak{P} \to \Theta)$ wird man Θ als Entscheidungsraum auffassen und θ als eine Abbildung, die zu jedem $P \in \mathfrak{P}$ die "korrekte Entscheidung" $\theta(P)$ angibt.

<u>Definition 16.3:</u> Es sei $\bar{D} = (I, D, \mathfrak{V})$ ein Entscheidungsproblem.

a) <u>Toleranzfunktion</u> zu $\bar{D}$ heißt jede Abbildung $\varepsilon : \Omega_I \to \mathbb{R}_+$.

b) Es seien $\mathfrak{X} \in \mathcal{E}(\bar{D})$ und $\delta \in \mathfrak{D}(\mathfrak{X})$. Ist $V \in \mathfrak{V}$ eine Verlustfunktion mit der Eigenschaft, daß für jedes $i \in \Omega_I$ die Funktion $V(i,\cdot)$ integrierbar ist bezüglich des Maßes $(N_{\mathfrak{X}}\delta)(i,\cdot)$, so heißt die durch

$$R_\delta^V(i) := \langle N_{\mathfrak{X}}\delta(i,\cdot), V(i,\cdot)\rangle \quad \text{für alle } i \in \Omega_I$$

definierte Funktion $R_\delta^V : \Omega_I \to \mathbb{R}$ <u>Risikofunktion</u> zu δ und V.

<u>Definition 16.4:</u> Es seien $\bar{D} = (I, D, \mathfrak{V})$ ein Entscheidungsproblem und $\mathfrak{X}, \mathfrak{Y} \in \mathcal{E}(\bar{D})$ zwei Experimente zu $\bar{D}$.

a) Ist $\varepsilon : I \to \mathbb{R}_+$ eine Toleranzfunktion, so heißt <u>$\mathfrak{X}$ ε-informativer als $\mathfrak{Y}$</u>, in Zeichen

$$\mathfrak{X} \overset{\bar{D}}{\succ}_{\varepsilon} \mathfrak{Y},$$

wenn es zu jedem $V \in \mathfrak{V}$ mit $\| V \| := \sup_{(i,d) \in \Omega_I \times \Omega_D} | V(i,d) | < \infty$

und zu jedem $\delta_{\mathfrak{Y}} \in \mathfrak{D}(\mathfrak{Y})$ ein $\delta_{\mathfrak{X}} \in \mathfrak{D}(\mathfrak{X})$ gibt mit

$$R_{\delta_{\mathfrak{X}}}^V \leq R_{\delta_{\mathfrak{Y}}}^V + \varepsilon \| V \|.$$

Wir setzen zudem

b) $\rho_{\underline{\overline{D}}}(\mathfrak{X},\mathfrak{Y}) := \inf\{\varepsilon \in \mathbb{R}_+ \mid \mathfrak{X} \overset{\underline{\overline{D}}}{\underset{\varepsilon . 1_{\Omega_I}}{\succ}} \mathfrak{Y}\}$,

$$\Delta_{\underline{\overline{D}}}(\mathfrak{X},\mathfrak{Y}) := \rho_{\underline{\overline{D}}}(\mathfrak{X},\mathfrak{Y}) + \rho_{\underline{\overline{D}}}(\mathfrak{Y},\mathfrak{X}) \quad \text{sowie}$$

$$\mathfrak{X} \overset{\underline{\overline{D}}}{\sim} \mathfrak{Y} :\Longleftrightarrow \Delta_{\underline{\overline{D}}}(\mathfrak{X},\mathfrak{Y}) = 0$$

Bemerkung: Für Experimente $\mathfrak{X},\mathfrak{Y},\mathfrak{Z} \in \mathcal{E}(\underline{\overline{D}})$ hat man

1. $\Delta_{\underline{\overline{D}}}(\mathfrak{X},\mathfrak{Y}) = \Delta_{\underline{\overline{D}}}(\mathfrak{Y},\mathfrak{X})$

2. $\Delta_{\underline{\overline{D}}}(\mathfrak{X},\mathfrak{Y}) \leq \Delta_{\underline{\overline{D}}}(\mathfrak{X},\mathfrak{Z}) + \Delta_{\underline{\overline{D}}}(\mathfrak{Z},\mathfrak{Y})$

Definition 16.5: Es seien $\underline{\overline{D}} : (I,D,\mathfrak{V})$ ein Entscheidungsproblem und $\varepsilon : \Omega_I \to \mathbb{R}_+$ eine Toleranzfunktion.

a) Wir setzen

$$\mathfrak{V}^b := \{V \in \mathfrak{V} : \|V\| = \sup_{(i,d) \in \Omega_I \times \Omega_D} |V(i,d)| < \infty\}$$

$$\mathfrak{V}^I := \{V \in \mathfrak{V} : \|V(i,\cdot)\| = \sup_{d \in \Omega_D} |V(i,d)| < \infty \text{ für alle } i \in \Omega_I\}$$

$$\mathfrak{V}_+ := \{V \in \mathfrak{V} : V \geq 0\}$$

$$\mathfrak{V}_1 := \{V \in \mathfrak{V} : \|V\| \leq 1\}$$

$$\mathfrak{V}_{(1)} := \mathfrak{V}_1 \cap \mathfrak{V}_+$$

b) Die Entscheidungsprobleme mit den geänderten Mengen von Verlustfunktionen nennen wir $\underline{\overline{D}}^b$, $\underline{\overline{D}}^I$, $\underline{\overline{D}}_+$, $\underline{\overline{D}}_1$ und $\underline{\overline{D}}_{(1)}$.

c) Zu ε definieren wir drei Funktionen

$$\tilde{\varepsilon}^{(k)} : \Omega_I \times \mathfrak{V} \to \overline{\mathbb{R}}_+ \qquad (k = 0,1,2)$$

durch

$$\tilde{\varepsilon}^0(i,V) = \varepsilon(i)$$

$$\tilde{\varepsilon}^1(i,V) = \varepsilon(i)\,\|V\|$$

$\tilde{\varepsilon}^2(i,V) = \varepsilon(i)\, \| V(i,\cdot) \|$ (für alle $i \in \Omega_I$, $V \in \mathfrak{V}$)

d) Sind $\mathfrak{X}, \mathfrak{Y} \in \mathcal{E}(\underline{\overline{D}})$ und ist $\tilde{\varepsilon} : \Omega_I \times \mathfrak{V} \to \mathbb{R}_+$ eine Funktion, so setzen wir

$$\mathfrak{X} \succ_{\tilde{\varepsilon}}^{\underline{\overline{D}}^I} \mathfrak{Y},$$

wenn es zu jedem $V \in \mathfrak{V}^I$ und zu jedem $\delta_{\mathfrak{Y}} \in \mathfrak{D}(\mathfrak{Y})$ ein $\delta_{\mathfrak{X}} \in \mathfrak{D}(\mathfrak{X})$ gibt mit

$$R^V_{\delta_{\mathfrak{X}}} \leq R^V_{\delta_{\mathfrak{Y}}} + \tilde{\varepsilon}(\cdot, V).$$

Bemerkung: a) Es ist offenbar $\underline{\overline{D}}^{bI} = \underline{\overline{D}}^b$, $\underline{\overline{D}}^I_1 = \underline{\overline{D}}^I$

b) Definition 5 d) umfaßt die Definition 4 a) in dem Sinn, daß $\mathfrak{X} \succ_{\varepsilon}^{\underline{\overline{D}}} \mathfrak{Y}$ genau dann gilt, wenn $\mathfrak{X} \succ_{\tilde{\varepsilon}^1}^{\underline{\overline{D}}^I} \mathfrak{Y}$ gilt.

Satz 16.1: Es seien $\underline{\overline{D}} = (I, D, \mathfrak{V})$ ein Entscheidungsproblem, $\varepsilon : \Omega_I \to \mathbb{R}_+$ eine Toleranzfunktion und $\mathfrak{X}, \mathfrak{Y} \in \mathcal{E}(\underline{\overline{D}})$ zwei Experimente.

Man betrachte die folgenden Eigenschaften von $\mathfrak{V}$:

(1) Mit $V \in \mathfrak{V}$, $c \in \mathbb{R}$, $n \in \mathbb{N}$ gilt auch $nV \in \mathfrak{V}$, $V + c \in \mathfrak{V}$.

(2) Ist $V \in \mathfrak{V}$ und ist $W : \Omega_I \times \Omega_D \to \mathbb{R}$ definiert durch

$$W(i,d) := \frac{V(i,d)}{\|V(i,\cdot)\|} \; 1_{[\| V(j,\cdot) \| > 0]}(i),$$

so gilt $W \in \mathfrak{V}$

sowie die folgenden Aussagen

(a) $\mathfrak{X} \succ_{\tilde{\varepsilon}^2}^{\underline{\overline{D}}^I} \mathfrak{Y}$ (b) $\mathfrak{X} \succ_{\varepsilon}^{\underline{\overline{D}}} \mathfrak{Y}$ (c) $\mathfrak{X} \succ_{\tilde{\varepsilon}^0}^{\underline{\overline{D}}_1} \mathfrak{Y}$

(d) $\mathfrak{X} \succ_{\frac{\tilde{\varepsilon}^2}{2}}^{\underline{\overline{D}}^I_+} \mathfrak{Y}$ (e) $\mathfrak{X} \succ_{\frac{\varepsilon}{2}}^{\underline{\overline{D}}_+} \mathfrak{Y}$ (f) $\mathfrak{X} \succ_{\frac{\tilde{\varepsilon}^0}{2}}^{\underline{\overline{D}}_{(1)}} \mathfrak{Y}$

Dann gilt (a) $\Rightarrow$ (b) $\Rightarrow$ (c) und (d) $\Rightarrow$ (e) $\Rightarrow$ (f).

Ist (1) erfüllt, so gilt (a) <=> (d), (b) <=> (e), (c) <=> (f).
Sind (1) und (2) erfüllt, so sind die Aussagen (a) bis (f) äquivalent.

Beweis: Die Implikationen (a) => (b) => (c) und (d) => (e) => (f) sind klar, da die Abschätzungen abgeschwächt werden.

Es sei nun (1) erfüllt. Wir zeigen (b) <=> (e); die Implikationen (a) <=> (d) und (c) <=> (f) werden analog bewiesen.

Seien also $V \in \mathcal{V}_+^b$ und $\delta_{\mathcal{Y}} \in \mathcal{D}(\mathcal{Y})$ vorgegeben. Da wegen (1) $2V - \|V\| \in \mathcal{V}^b$ ist, folgt aus (b) die Existenz eines $\delta_{\mathcal{X}} \in \mathcal{D}(\mathcal{X})$ mit

$$\langle N_{\mathcal{X}}\, \delta_{\mathcal{X}}(i,\cdot),\, 2V(i,\cdot) - \|V\|\rangle$$

$$\leq \langle N_{\mathcal{Y}}\, \delta_{\mathcal{Y}}(i,\cdot),\, 2V(i,\cdot) - \|V\|\rangle + \varepsilon(i)\, \|\, 2V - \|V\|\, \|,$$

also mit

$$2\langle N_{\mathcal{X}}\, \delta_{\mathcal{X}}(i,\cdot),\, V(i,\cdot)\rangle - \|V\|$$

$$\leq 2\langle N_{\mathcal{Y}}\, \delta_{\mathcal{Y}}(i,\cdot),\, V(i,\cdot)\rangle - \|V\| + \varepsilon(i)\, \|\, 2V - \|V\|\, \|.$$

Nun ist wegen $\|2V\| \leq \|\, 2V - \|V\|\, \| + \|V\|$ stets $\|\, 2V - \|V\|\, \| \geq \|V\|$. Für $V \geq 0$ ist außerdem $-\|V\| \leq 2V - \|V\| \leq \|V\|$ und daher $\|\, 2V - \|V\|\, \| \leq \|V\|$, zusammen also $\|\, 2V - \|V\|\, \| = \|V\|$.

Damit erhalten wir für alle $i \in \Omega_I$:

$$\langle N_{\mathcal{X}}\, \delta_{\mathcal{X}}(i,\cdot),\, V(i,\cdot)\rangle$$

$$\leq \langle N_{\mathcal{Y}}\, \delta_{\mathcal{Y}}(i,\cdot),\, V(i,\cdot)\rangle + \frac{1}{2}\varepsilon(i)\, \|V\|,$$

wie in (e) behauptet.

Seien umgekehrt $V \in \mathcal{V}^b$ und $\delta_{\mathcal{Y}} \in \mathcal{D}(\mathcal{Y})$ vorgegeben, und es gelte (e). Aus $V + \|V\| \in \mathcal{V}_+$ folgt dann die Existenz eines $\delta_{\mathcal{X}} \in \mathcal{D}(\mathcal{X})$ mit

$$\langle N_{\mathcal{X}}\, \delta_{\mathcal{X}}(i,\cdot),\, V(i,\cdot) + \|V\|\rangle$$

$$\leq \langle N_{\mathcal{Y}}\, \delta_{\mathcal{Y}}(i,\cdot),\, V(i,\cdot) + \|V\|\rangle + \frac{1}{2}\varepsilon(i)\, \|\, V + \|V\|\, \|,$$

also mit

$$\langle N_{\mathfrak{X}}\ \delta_{\mathfrak{X}}\ (i,\cdot),\ V\ (i,\cdot)\rangle\ +\ ||\ V\ ||$$

$$\leq \langle N_{\mathfrak{Y}}\ \delta_{\mathfrak{Y}}\ (i,\cdot),\ V\ (i,\cdot)\rangle\ +\ ||\ V\ ||\ +\ \frac{1}{2}\ \varepsilon\ (i)\ (||\ V\ ||\ +\ ||\ V\ ||)$$

für alle $i \in \Omega_I$

wie in (b) behauptet.

Es gelte nun (1) und (2). Wir zeigen (c) $\Rightarrow$ (a).

Sei also (c) erfüllt und seien $V \in \mathfrak{V}^I$ und $\delta_{\mathfrak{Y}} \in \mathfrak{D}(\mathfrak{Y})$ vorgegeben.
Durch

$$W\ (i,d)\ :=\ \frac{V(i,d)}{||V(i,\cdot)||}\ 1_{[||V(j,\cdot)||>0]}\ (i) \text{ für alle } (i,d) \in \Omega_I \times \Omega_D$$

ist eine Funktion $W \in \mathfrak{V}_1$ definiert. Man wähle nach (c) ein $\delta_{\mathfrak{X}} \in \mathfrak{D}(\mathfrak{X})$ mit

$$\langle N_{\mathfrak{X}}\ \delta_{\mathfrak{X}}\ (i,\cdot),\ W\ (i,\cdot)\rangle\ \leq\ \langle N_{\mathfrak{Y}}\ \delta_{\mathfrak{Y}}\ (i,\cdot),\ W\ (i,\cdot)\rangle\ +\ \varepsilon\ (i)$$

für alle $i \in \Omega_I$. Dann gilt auf $[||\ V\ (i,\cdot)\ ||\ >\ 0]$ die Ungleichung

$$\frac{1}{||V(i,\cdot)||}\ \langle N_{\mathfrak{X}}\ \delta_{\mathfrak{X}}\ (i,\cdot),\ V(i,\cdot)\rangle\ \leq\ \frac{1}{||V(i,\cdot)||}\ \langle N_{\mathfrak{Y}}\ \delta_{\mathfrak{Y}}(i,\cdot),\ V(i,\cdot)\rangle$$
$$+\ \varepsilon\ (i)$$

also

$$\langle N_{\mathfrak{X}}\ \delta_{\mathfrak{X}}\ (i,\cdot),\ V\ (i,\cdot)\rangle \leq \langle N_{\mathfrak{Y}}\ \delta_{\mathfrak{Y}}\ (i,\cdot),\ V(i,\cdot)\rangle\ +\ \varepsilon\ (i)\ ||\ V(i,\cdot)||.$$

Die letzte Gleichung gilt auch für die $i \in \Omega_I$ mit $||\ V\ (i,\cdot)\ ||\ =\ 0$, d.h. (a) ist erfüllt.

(f) $\Rightarrow$ (d) ergibt sich, indem man das eben Bewiesene auf $\mathfrak{V}_+$ statt $\mathfrak{V}$ anwendet; denn die Eigenschaften (1) und (2) übertragen sich auf $\mathfrak{V}_+$.

Damit sind (a) bis (c) und (d) bis (f) äquivalent, und wegen (b) $\Leftrightarrow$ (e) sind (a) bis (f) äquivalent.

<u>Definition 16.6:</u> Es seien $\overline{D}$ = $(I,D,\mathfrak{V})$ ein Entscheidungsproblem, $\mathfrak{X}, \mathfrak{Y} \in \mathcal{E}(I)$ zwei Experimente und $\varepsilon : \Omega_I \to \mathbb{R}_+$ eine Toleranzfunktion. $\mathfrak{X}$ heißt ε-<u>Blackwell-informativer</u> als $\mathfrak{Y}$, in Zeichen $\mathfrak{X} \overset{B}{\underset{\varepsilon}{\succ}} \mathfrak{Y}$, wenn

es einen stochastischen Kern $N \in$ Stoch $(X_{\mathfrak{X}}, X_{\mathfrak{Y}})$ gibt mit $\| N_{\mathfrak{X}} N - N_{\mathfrak{Y}} \| \leq \varepsilon$.

Satz 16.2: Es seien $\underline{D} = (I, D, \mathfrak{V})$ ein Entscheidungsproblem mit den Eigenschaften (1) und (2) aus Satz 1, $\mathfrak{X}, \mathfrak{Y} \in \mathcal{E}(I)$ zwei Experimente und $\varepsilon : \Omega_I \to \mathbb{R}_+$ eine Toleranzfunktion.
Gilt dann $\mathfrak{X} \underset{\varepsilon}{\overset{B}{\succ}} \mathfrak{Y}$, so gilt $\mathfrak{X} \underset{\varepsilon}{\overset{\underline{D}}{\succ}} \mathfrak{Y}$.

Beweis: Es seien $V \in \mathfrak{V}^I$ und $\delta_{\mathfrak{Y}} \in \mathfrak{D}(\mathfrak{Y})$ vorgegeben. Man wähle ein $N \in$ Stoch $(X_{\mathfrak{X}}, X_{\mathfrak{Y}})$ mit $\| N_{\mathfrak{X}} N - N_{\mathfrak{Y}} \| \leq \varepsilon$ und setze $\delta_{\mathfrak{X}} := N \delta_{\mathfrak{Y}}$. Dann gilt $\delta_{\mathfrak{X}} \in$ Stoch $(X_{\mathfrak{X}}, D) = \mathfrak{D}(\mathfrak{X})$, und man erhält

$$\langle N_{\mathfrak{X}} \delta_{\mathfrak{X}} (i,\cdot), V(i,\cdot) \rangle = \langle N_{\mathfrak{X}} N \delta_{\mathfrak{Y}} (i,\cdot), V(i,\cdot) \rangle$$

$$= \langle N_{\mathfrak{X}} N (i,\cdot), \delta_{\mathfrak{Y}} V(i,\cdot) \rangle$$

$$= \langle N_{\mathfrak{Y}} (i,\cdot), \delta_{\mathfrak{Y}} V(i,\cdot) \rangle + \langle (N_{\mathfrak{X}} N - N_{\mathfrak{Y}})(i,\cdot), \delta_{\mathfrak{Y}} V(i,\cdot) \rangle$$

$$\leq \langle N_{\mathfrak{Y}} (i,\cdot), \delta_{\mathfrak{Y}} V(i,\cdot) \rangle + \| (N_{\mathfrak{X}} N - N_{\mathfrak{Y}})(i,\cdot) \| \, \| \delta_{\mathfrak{Y}} V(i,\cdot) \|$$

$$\leq \langle N_{\mathfrak{Y}} (i,\cdot), \delta_{\mathfrak{Y}} V(i,\cdot) \rangle + \varepsilon(i) \| V(i,\cdot) \|$$

$$= \langle N_{\mathfrak{Y}} \delta_{\mathfrak{Y}} (i,\cdot), V(i,\cdot) \rangle + \varepsilon(i) \| V(i,\cdot) \| \quad \text{für alle } i \in \Omega_I,$$

also $\mathfrak{X} \underset{\tilde{\varepsilon}^2}{\overset{\underline{D}^I}{\succ}} \mathfrak{Y}$. Nach Satz 1 gilt $\mathfrak{X} \underset{\varepsilon}{\overset{\underline{D}}{\succ}} \mathfrak{Y}$. ⌟

Die ε-Blackwell-Informativität ist also unter sehr allgemeinen Bedingungen hinreichend für die ε-Informativität von Experimenten. Sie hat den Vorteil, sich in den Formalismus der stochastischen Kerne einzufügen.

Eine für den Experimentevergleich nützliche Sprechweise halten wir für Referenzzwecke in der folgenden Definition fest:

Definition 16.7: Es seien $\underline{D} = (I, D, \mathfrak{V})$ ein Entscheidungsproblem, $\mathfrak{X} \in \mathcal{E}(\underline{D})$ ein Experiment und M ein Meßraum.

a) M-Entmischung von $\mathfrak{X}$ heißt jedes Paar (N, μ), bei dem N ein stochastischer Kern $\in$ Stoch $(M \otimes I, X_{\mathfrak{X}})$ und μ ein W-Maß $\in \mathcal{M}^1(M)$ ist, so daß für alle $i \in \Omega_I$ und $A \in \mathfrak{A}_X$

$$N_{\mathfrak{X}}(i, A) = \int N((\cdot, i), A) \, d\mu$$

gilt.

b) Ist umgekehrt jedem $\omega \in \Omega_M$ ein Experiment $\mathfrak{X}(\omega) \in \mathcal{E}(\underline{D})$ mit festem Meßraum $X := X_{\mathfrak{X}(\omega)}$ für alle $\omega \in \Omega_M$ zugeordnet, so heißt die Familie $\Gamma := (\mathfrak{X}(\omega))_{\omega \in \Omega_M}$ ein <u>meßbares Feld von Experimenten</u>, wenn die durch

$$N_\Gamma((\omega,i),A) := N_{\mathfrak{X}(\omega)}(i,A)$$

für alle $(\omega,i) \in \Omega_M \times \Omega_I$, $A \in \mathfrak{A}_X$ definierte Funktion $N_\Gamma : (\Omega_M \times \Omega_I) \times \mathfrak{A}_X \to [0,1]$ ein stochastischer Kern ist.

Ist darüber hinaus $\mu \in \mathcal{M}^1(M)$ ein W-Maß derart, daß das Paar (N_Γ,μ) eine M-Entmischung von $\mathfrak{X}$ ist, so schreibt man auch

$$\mathfrak{X} = \int^{\oplus} \mathfrak{X}(\omega)\, \mu(d\omega)$$

und nennt $\mathfrak{X}$ die <u>Mischung der $\mathfrak{X}(\omega)$</u> mit dem Maß μ.

<u>Bemerkung:</u> Man kann jedem $\mu \in \mathcal{M}^1(M)$ einen stochastischen Kern $K^\mu \in$ Stoch $(I, M \otimes I)$ zuordnen durch $K^\mu(i,\mathcal{X}) := \mu(\mathcal{X}_i)$ für alle $i \in \Omega_I$, $\mathcal{X} \in \mathfrak{A}_M \otimes \mathfrak{A}_I$, wobei $\mathcal{X}_i$ den i-Schnitt von $\mathcal{X}$ bezeichnet.

Die Bedingung, daß das Paar (N,μ) eine Entmischung von $\mathfrak{X}$ ist, bedeutet dann gerade, daß die stochastischen Kerne $K^\mu \in$ Stoch $(I, M \otimes I)$ und $N \in$ Stoch $(M \otimes I, X_{\mathfrak{X}})$ die Relation

$$K^\mu N = N_{\mathfrak{X}} \in \text{Stoch}\,(I, X_{\mathfrak{X}})$$

erfüllen.

<u>Definition 16.8:</u> Es seien $\underline{D} = (I,D,\mathcal{V})$ ein Entscheidungsproblem und $\mathfrak{X},\mathfrak{Y} \in \mathcal{E}(\underline{D})$ zwei Experimente.
Dann heißt das Experiment

$$\mathfrak{X} \otimes \mathfrak{Y} := (X_{\mathfrak{X}} \otimes X_{\mathfrak{Y}}, N_{\mathfrak{X}} \underset{\sim}{\otimes} N_{\mathfrak{Y}})$$

das <u>Produkt-Experiment</u> zu $\mathfrak{X}$ und $\mathfrak{Y}$.

<u>Satz 16.3:</u> Es sei $\underline{D} = (I,D,\mathcal{V})$ ein Entscheidungsproblem.
Sind $\mathfrak{X}_1, \mathfrak{Y}_1, \mathfrak{X}_2, \mathfrak{Y}_2 \in \mathcal{E}(\underline{D})$ Experimente und $\varepsilon_1, \varepsilon_2 : \Omega_I \to \mathbb{R}_+$ Toleranzfunktionen mit $\mathfrak{X}_i \overset{B}{\underset{\varepsilon_i}{\succ}} \mathfrak{Y}_i$, so gilt

$$\mathfrak{X}_1 \otimes \mathfrak{X}_2 \underset{\varepsilon_1+\varepsilon_2}{\overset{B}{\succ}} \mathfrak{Y}_1 \otimes \mathfrak{Y}_2 .$$

<u>Beweis:</u> Für i=1,2 seien $N_i \in$ Stoch $(X_{\mathfrak{X}_i}, X_{\mathfrak{Y}_i})$ stochastische Kerne mit $|| N_{\mathfrak{X}_i} N_i - N_{\mathfrak{Y}_i} || \leq \varepsilon_i$. Dann gilt mit

$N := N_1 \otimes N_2 \in$ Stoch $(X_{\mathfrak{X}_1 \otimes \mathfrak{X}_2}, X_{\mathfrak{Y}_1 \otimes \mathfrak{Y}_2})$ für alle $i \in \Omega_I$

$$|| N_{\mathfrak{X}_1 \otimes \mathfrak{X}_2} N (i,\cdot) - N_{\mathfrak{Y}_1 \otimes \mathfrak{Y}_2} (i,\cdot) ||$$

$$= || [N_{\mathfrak{X}_1} N_1 (i,\cdot)] \otimes [N_{\mathfrak{X}_2} N_2 (i,\cdot)] - N_{\mathfrak{Y}_1} (i,\cdot) \otimes N_{\mathfrak{Y}_2} (i,\cdot) ||$$

$$\leq || N_{\mathfrak{X}_1} N_1 (i,\cdot) - N_{\mathfrak{Y}_1} (i,\cdot) || + || N_{\mathfrak{X}_2} N_2 (i,\cdot) - N_{\mathfrak{Y}_2} (i,\cdot) ||$$

[Denn für W-Maße $\mu_1, \nu_1 \in \mathcal{M}^1 (X_{\mathfrak{Y}_1})$, $\mu_2, \nu_2 \in \mathcal{M}^1 (X_{\mathfrak{Y}_2})$ hat man bekanntlich:

$$|| \mu_1 \otimes \mu_2 - \nu_1 \otimes \nu_2 || \leq || \mu_1 - \nu_1 || + || \mu_2 - \nu_2 ||]$$

$\leq \varepsilon_1 (i) + \varepsilon_2 (i)$ nach Voraussetzung. ⌋

§ 17 Erschöpftheit beim Vergleich von Experimenten

Im Rahmen des Informationsvergleichs von Experimenten wird nun der Begriff der Erschöpftheit, der in den ersten beiden Kapiteln eine zentrale Rolle spielte, erneut diskutiert.

Zunächst definieren wir, um eine formale Abrundung zu erhalten, die Erschöpftheit eines Kerns. Im Begriff des erschöpfenden Kerns sind die Begriffe der erschöpfenden Statistik und damit der erschöpfenden σ-Algebra enthalten. Andererseits läßt sich die Erschöpftheit eines Kerns durch die Erschöpftheit einer zugeordneten σ-Algebra definieren (Satz 1). Zentrales Ergebnis dieses Paragraphen ist ein Satz von Csiszár (Satz 2), der die Erschöpftheit bezüglich eines Experimentes mit nur zwei Maßen charakterisiert.

Hieraus gewinnt man unter speziellen, aber nicht allzu stark einschränkenden maßtheoretischen Voraussetzungen die Gleichwertigkeit von Erschöpftheit, Blackwell-Erschöpftheit und Informativität (Satz 5). Bedingungen dieser Art können nicht ersatzlos gestrichen werden; in den Sätzen 3 und 4 schwächen wir die Bedingungen etwas ab, ohne jedoch sehr an Allgemeinheit zu gewinnen.

<u>Definition 17.1:</u> Es seien $(\Omega, \mathfrak{A}, \mathfrak{P})$ ein Experiment, $(\Omega', \mathfrak{A}')$ ein Meßraum und N ein stochastischer Kern von $(\Omega, \mathfrak{A})$ nach $(\Omega', \mathfrak{A}')$.

Für jedes $P \in \mathfrak{P}$ sei $E_P^N : \mathfrak{M}^b(\Omega, \mathfrak{A}) \to L^\infty(\Omega', \mathfrak{A}', N(P))$ definiert durch

$$E_P^N(f) := \frac{dN(f \cdot P)}{dN(P)}$$

für alle $f \in \mathfrak{M}^b(\Omega, \mathfrak{A})$.

a) N heißt <u>erschöpfend</u>, wenn es zu jedem $A \in \mathfrak{A}$ eine Funktion $Q'_A \in \mathfrak{M}_{(1)}(\Omega', \mathfrak{A}')$ gibt, so daß

$$E_P^N(1_A) = Q'_A \quad [N(P)] \quad \text{für alle } P \in \mathfrak{P}$$

gilt.

b) N heißt <u>Blackwell-erschöpfend</u>, falls es einen stochastischen Kern N' von $(\Omega', \mathfrak{A}')$ nach $(\Omega, \mathfrak{A})$ gibt, so daß für alle $P \in \mathfrak{P}$ $N'(N(P)) = P$ gilt.

Bemerkungen:

1. Der Begriff des erschöpfenden Kerns ist eine Verallgemeinerung des Begriffs der erschöpfenden Statistik. Ist nämlich $(\Omega, \mathfrak{A}, \mathfrak{P})$ ein Experiment und $T : (\Omega, \mathfrak{A}) \to (\Omega', \mathfrak{A}')$ eine Statistik, so ist der durch $N_T(\omega, \cdot) := \varepsilon_{T(\omega)}$ für alle $\omega \in \Omega$ definierte Kern genau dann erschöpfend, wenn T erschöpfend ist.

Der Begriff der erschöpfenden Statistik war seinerseits als Verallgemeinerung des Begriffs der erschöpfenden σ-Algebra eingeführt worden. Wir zeigen in Satz 1, daß der Begriff der erschöpfenden σ-Algebra bereits ausreicht, um erschöpfende Kerne zu definieren, wenn man geeignete Operationen auf den Experimenten zuläßt.

2. Ist $N \in \text{Stoch}((\Omega, \mathfrak{A}), (\Omega', \mathfrak{A}'))$ erschöpfend und gibt es einen Kern $N' \in \text{Stoch}((\Omega', \mathfrak{A}'), (\Omega, \mathfrak{A}))$, so daß für alle $A \in \mathfrak{A}$ die Beziehung

$$N'(\cdot, A) = Q'_A = E_P^N(1_A)\,[N(P)]$$

für alle $P \in \mathfrak{P}$ gilt, so ist N Blackwell-erschöpfend.

[Für jedes $P \in \mathfrak{P}$, $A \in \mathfrak{A}$ und $N' \in \text{Stoch}((\Omega', \mathfrak{A}'), (\Omega, \mathfrak{A}))$ mit

$$N'(\cdot, A) = E_P^N(1_A) := \frac{dN(1_A \cdot P)}{dN(P)}$$

gilt:

$$[N'(N(P))](A) = \int_{\Omega'} [N(P)](d\omega')\, N'(\omega', A) = [N'(\cdot, A)\, N(P)](\Omega')$$

$$= [\frac{dN(1_A \cdot P)}{dN(P)} N(P)](\Omega') = [N(1_A \cdot P)](\Omega')$$

$$= (1_A \cdot P)(\Omega) = P(A)]$$

3. Die Bezeichnung "Blackwell-erschöpfend" wurde in Anlehnung an den Begriff der Blackwell-Informativität gemäß § 16 eingeführt. N ist genau dann Blackwell-erschöpfend, wenn

$$(\Omega', \mathfrak{A}', N(\mathfrak{P})) \underset{0}{\overset{B}{\succ}} (\Omega, \mathfrak{A}, \mathfrak{P}) \text{ gilt.}$$

Satz 17.1: Es seien $(\Omega_1, \mathfrak{A}_1, \mathfrak{P})$ ein Experiment, $(\Omega_2, \mathfrak{A}_2)$ ein Meßraum und N ein stochastischer Kern von $(\Omega_1, \mathfrak{A}_1)$ nach $(\Omega_2, \mathfrak{A}_2)$. Weiter seien $(\tilde{\Omega}, \tilde{\mathfrak{A}}) := (\Omega_1 \times \Omega_2, \mathfrak{A}_1 \otimes \mathfrak{A}_2)$, $\pi_1 : \tilde{\Omega} \to \Omega_1$ bzw.

$\pi_2 : \tilde{\Omega} \to \Omega_2$ die Koordinatenprojektionen und $\tilde{\mathfrak{A}}_1 := \pi_1^{-1} (\mathfrak{A}_1)$ bzw. $\tilde{\mathfrak{A}}_2 := \pi_2^{-1} (\mathfrak{A}_2)$.

Schließlich sei $\tilde{\mathcal{P}} := \{P \times N : P \in \mathcal{P}\}$, wobei $P \times N$ das durch

$(P \times N) (A_1 \times A_2) := \int_{A_1} P (d\omega_1) N (\omega_1, A_2)$ für alle $A_1 \in \mathfrak{A}_1$, $A_2 \in \mathfrak{A}_2$

definierte Maß auf $\tilde{\mathfrak{A}} := \mathfrak{A}_1 \otimes \mathfrak{A}_2$ sei.

Es ist N genau dann erschöpfend, wenn $\tilde{\mathfrak{A}}_2$ eine erschöpfende σ-Algebra für das Experiment $(\tilde{\Omega}, \tilde{\mathfrak{A}}, \tilde{\mathcal{P}})$ ist.

<u>Beweis:</u> Wir benützen die Formel

$$(*) \qquad E_{P \times N}^{\tilde{\mathfrak{A}}_2} (1_{A_1 \times \Omega_2}) = 1_{\Omega_1} \otimes E_P^N (1_{A_1})$$

[Da für jedes $\tilde{f} \in \mathfrak{M}^b (\tilde{\Omega}, \tilde{\mathfrak{A}})$ von der Form $\tilde{f} := 1_{\Omega_1} \otimes f_2$ mit $f_2 \in \mathfrak{M}^b (\Omega_2, \mathfrak{A}_2)$

$$\int \tilde{f} \, d (P \times N) = \int P (d\omega_1) \tilde{f} (\omega_1, \omega_2) N (\omega_1, d\omega_2)$$

$$= \int P (d\omega_1) f_2 (\omega_2) N (\omega_1, d\omega_2) = \int f_2 \, d N (P)$$

gilt, ist nämlich für jede Menge $\tilde{A}_2 \in \tilde{\mathfrak{A}}_2$ (etwa $\tilde{A}_2 := \Omega_1 \times A_2$ mit $A_2 \in \mathfrak{A}_2$)

$$\int_{\tilde{A}_2} 1_{\Omega_1} \otimes E_P^N (1_{A_1}) \, d (P \times N) = \int 1_{\Omega_1} \otimes (1_{A_2} E_P^N (1_{A_1})) \, d (P \times N)$$

$$= \int 1_{A_2} E_P^N (1_{A_1}) \, dN (P) = \int 1_{A_2} \frac{dN(1_{A_1} P)}{dN(P)} \, dN (P)$$

$$= [N (1_{A_1} P)] (A_2) = \int (1_{A_1} P) (d\omega_1) N (\omega_1, A_2)$$

$$= (P \times N) (A_1 \times A_2) = \int 1_{A_1 \times \Omega_2} \cdot 1_{\Omega_1 \times A_2} \, d (P \times N)$$

$$= \int_{\tilde{A}_2} 1_{A_1 \times \Omega_2} \, d\,(P \times N)]$$

Ist nun $\tilde{\mathfrak{A}}_2$ erschöpfend für $(\tilde{\Omega}, \tilde{\mathfrak{A}}, \tilde{\mathfrak{P}})$, so gibt es zu jedem $\tilde{A} \in \tilde{\mathfrak{A}}$ eine Funktion $Q_{\tilde{A}} \in \mathfrak{M}_{(1)} (\tilde{\Omega}, \tilde{\mathfrak{A}}_2)$ mit

$$Q_{\tilde{A}} = E_{P \times N}^{\tilde{\mathfrak{A}}_2} (1_{\tilde{A}}) \quad [P \times N] \quad \text{für alle } P \in \mathfrak{P} \;;$$

insbesondere gibt es zu jedem $A_1 \in \mathfrak{A}_1$ eine Funktion $Q'_{A_1} \in \mathfrak{M}_{(1)} (\Omega_2, \mathfrak{A}_2)$ mit

$$1_{\Omega_1} \otimes Q'_{A_1} = E_{P \times N}^{\tilde{\mathfrak{A}}_2} (1_{A_1 \times \Omega_2}) \quad [P \times N] \quad \text{für alle } P \in \mathfrak{P} \,,$$

also nach (*)

$$Q'_{A_1} = E_P^N (1_{A_1}) \quad [P] \quad \text{für alle } P \in \mathfrak{P} \,.$$

Sei umgekehrt N erschöpfend. Man setze

$\tilde{\mathfrak{D}} := \{\tilde{A} \in \tilde{\mathfrak{A}}$: Es gibt eine Funktion $Q_{\tilde{A}} \in \mathfrak{M} (\tilde{\Omega}, \tilde{\mathfrak{A}}_2)$ mit

$Q_{\tilde{A}} = E_{P \times N}^{\tilde{\mathfrak{A}}_2} (1_{\tilde{A}})$ $[P \times N]$ für alle $P \in \mathfrak{P}\}$

Wegen

$$E_{P \times N}^{\tilde{\mathfrak{A}}_2} (1_{A_1 \times A_2}) = E_{P \times N}^{\tilde{\mathfrak{A}}_2} (1_{A_1 \times \Omega_2}) \cdot 1_{\Omega_1 \times A_2}$$

$$= (1_{\Omega_1} \otimes E_P^N (1_{A_1})) \, (1_{\Omega_1} \otimes 1_{A_2})$$

enthält $\tilde{\mathfrak{D}}$ alle Mengen $A_1 \times A_2$ mit $A_i \in \mathfrak{A}_i$ $(i=1,2)$, also ein durchschnittsstabiles Erzeugendensystem. Da $\tilde{\mathfrak{D}}$ ein Dynkinsystem ist, folgt $\tilde{\mathfrak{D}} = \tilde{\mathfrak{A}}$. ⌋

<u>Definition 17.2:</u> Es seien $(\Omega, \mathfrak{A})$ ein Meßraum, P und Q zwei W-Maße auf $(\Omega, \mathfrak{A})$ mit der Lebesgue-Zerlegung $P = P_1 + P_2$ von P bezüglich Q und $f : \mathbb{R}_+ \to \mathbb{R}$ eine konvexe Funktion.

Die durch

$$J_f (P,Q) := \int \left(f \circ \frac{dP_1}{dQ}\right) d\,Q + P_2\,(\Omega) \lim_{u \to \infty} \frac{f(u)}{u}$$

definierte Zahl $J_f\,(P,Q) \in \mathbb{R} \cup \{\infty\}$ heißt die <u>f-Divergenz von P bezüglich</u> Q.

<u>Bemerkungen:</u>

1. Die Summe ist wohldefiniert, da beide Summanden aus $\mathbb{R} \cup \{\infty\}$ sind. Ist nämlich γ die Rechtsableitung von f in 1, so gilt $f\,(u) \geq \gamma\,(u - 1) + f\,(1)$ für alle $u \in \mathbb{R}_+$, also

$$\int \left(f \circ \frac{dP_1}{dQ}\right) d\,Q \geq \int \left(\gamma\left(\frac{dP_1}{dQ} - 1\right) + f\,(1)\right) d\,Q > -\infty.$$

Ebenso ist für konvexe Funktionen f $\lim\limits_{u \to \infty} \frac{f(u)}{u} > -\infty$.

2. Ist f die durch $f\,(u) := |\,u - 1\,|$ für alle $u \in \mathbb{R}_+$ definierte Funktion, so ist $J_f\,(P,Q) = \|\,P - Q\,\|$. In diesem Sinn ist die f-Divergenz eine Verallgemeinerung der Totalvariation. Jedoch gilt für allgemeine Funktionen f nicht einmal $J_f\,(P,Q) = J_f\,(Q,P)$.

Die Bedeutung der f-Divergenz für die Theorie der Erschöpftheit liegt im folgenden

<u>Satz 17.2:</u> (I. Csiszár) Es seien $(\Omega, \mathfrak{A})$, $(\Omega', \mathfrak{A}')$ zwei Meßräume, $N \in$ Stoch $((\Omega, \mathfrak{A}), (\Omega', \mathfrak{A}'))$ und $(\Omega, \mathfrak{A}, \mathfrak{P})$ ein Experiment mit $\mathfrak{P} := \{P,Q\}$. Dann gilt:

a) Für jede konvexe Funktion $f : \mathbb{R}_+ \to \mathbb{R}$ ist

$$J_f\,(N(P),N(Q)) \leq J_f\,(P,Q).$$

b) Ist $f : \mathbb{R}_+ \to \mathbb{R}$ eine streng konvexe Funktion mit $J_f\,(N(P),N(Q)) = J_f\,(P,Q) < \infty$, so ist N erschöpfend für das Experiment $(\Omega, \mathfrak{A}, \mathfrak{P})$.

Die Beweise der Aussagen a) und b) werden durch Vorschalten einiger Lemmata gegliedert, welche teilweise eigene Bedeutung besitzen.

Lemma 17.1: Es sei $f : \mathbb{R}_+ \to \mathbb{R}$ eine konvexe Funktion. Dann gilt für alle $\alpha, \beta \in \mathbb{R}_+$

$$f(\alpha + \beta) \leq f(\alpha) + \beta \lim_{u \to \infty} \frac{f(u)}{u}.$$

Ist f streng konvex, so gilt Gleichheit genau dann, wenn $\beta = 0$ ist.

Beweis: Wir bezeichnen die Rechtsableitung der konvexen Funktion f mit $D_r f$ und erhalten

$$f(\alpha + \beta) - f(\alpha) \leq \beta \sup_{t \in [\alpha, \alpha+\beta]} D_r f(t)$$

$$\leq \beta D_r f(\alpha + \beta) \leq \beta \lim_{u \to \infty} \frac{f(u)}{u},$$

also den ersten Teil der Behauptung.

Gilt $f(\alpha + \beta) = f(\alpha) + \beta \lim_{u \to \infty} \frac{f(u)}{u}$, so muß insbesondere

$\beta D_r f(\alpha + \beta) = \beta \lim_{u \to \infty} \frac{f(u)}{u}$ gelten.

Dies ist bei streng konvexem f nur für $\beta = 0$ möglich. ⌟

Lemma 17.2: Es seien $(\Omega, \mathfrak{A})$ ein Meßraum, $\mu, \nu \in \mathcal{M}_+^b(\Omega, \mathfrak{A})$ zwei positive beschränkte Maße ($\nu \neq 0$) und $f : \mathbb{R}_+ \to \mathbb{R}$ eine konvexe Funktion. Analog zur Definition 2 setze man

$$J_f(\mu, \nu) := \int \left(f \circ \frac{d\mu_1}{d\nu}\right) d\nu + \mu_2(\Omega) \lim_{u \to \infty} \frac{f(u)}{u},$$

wobei $\mu := \mu_1 + \mu_2$ die Lebesgue-Zerlegung bezüglich ν sei.

Dann gilt $J_f(\mu, \nu) \geq \nu(\Omega) f(\rho)$ mit $\rho := \frac{\mu(\Omega)}{\nu(\Omega)}$.

Ist f streng konvex, so gilt die Gleichheit genau dann, wenn es ein $\alpha \in \mathbb{R}_+$ gibt mit $\mu = \alpha\nu$.

Beweis: Wir setzen $\mu \neq 0$ voraus; für $\mu = 0$ ist die Behauptung trivial. Sei γ das arithmetische Mittel aus Links- und Rechtsableitung von f an der Stelle ρ.

Dann gilt für alle $u \in \mathbb{R}_+$

$$f(u) \geq \gamma (u - \rho) + f(\rho),$$

also

$$J_f(\mu,\nu) = \int (f \circ \frac{d\mu_1}{d\nu})\, d\nu + \mu_2(\Omega) \lim_{u \to \infty} \frac{f(u)}{u}$$

$$\geq \int [\gamma (\frac{d\mu_1}{d\nu} - \rho) + f(\rho)]\, d\nu + \mu_2(\Omega) \lim_{u \to \infty} \frac{f(u)}{u}$$

$$= \mu_2(\Omega)\,(\lim_{u \to \infty} \frac{f(u)}{u} - \gamma) + \nu(\Omega)\, f(\rho) \geq \nu(\Omega)\, f(\rho).$$

Ist nun f streng konvex, so gilt die Gleichheit für beide Ungleichungen genau dann, wenn $\frac{d\mu_1}{d\nu} = \rho\ [\nu]$ und $\mu_2(\Omega) = 0$, d.h. wenn $\mu = \rho\nu$ gilt. [Denn für streng konvexe Funktionen ist insbesondere $\lim_{u \to \infty} \frac{f(u)}{u} > \gamma$] ⌋

Lemma 17.3: Es mögen die Bezeichnungen von Lemma 2 gelten. Ist außerdem $\lim_{u \to \infty} \frac{f(u)}{u} < \infty$, so gilt

$$\lim_{n \to \infty} J_f(\mu, \frac{n-1}{n}\nu + \frac{1}{n}\mu) = J_f(\mu,\nu).$$

Beweis: Für jedes $n \in \mathbb{N}$ setze man $\nu_n := \frac{n-1}{n}\nu + \frac{1}{n}\mu$.
Wegen $\mu \ll \nu_n$ für alle $n \in \mathbb{N}$ ist dann

$$J_f(\mu,\nu_n) = \int (f \circ \frac{d\mu}{d\nu_n})\, d\nu_n$$

$$= \int \frac{n-1}{n} (f \circ \frac{d\mu_1}{d\nu_n})\, d\nu + \int \frac{1}{n} (f \circ \frac{d\mu_1}{d\nu_n})\, d\mu_1 + \int \frac{1}{n} (f \circ \frac{d\mu_2}{d\nu_n})\, d\mu_2,$$

wobei $\mu := \mu_1 + \mu_2$ die Lebesgue-Zerlegung von μ bezüglich ν ist.

Nach Voraussetzung kann man zwei Zahlen $a,b \in \mathbb{R}_+$ wählen, so daß für alle $u \in \mathbb{R}_+$ $|f(u)| \leq a u + b$ ist.

Dann gelten die Abschätzungen

$$\left| \frac{n-1}{n} (f \circ \frac{d\mu_1}{d\nu_n}) \right| \leq \frac{n-1}{n} (a \frac{d\mu_1}{d\nu_n} + b) \leq a \frac{d\mu_1}{d\nu_n} + b$$

und

$$\left| \frac{1}{n}(f \circ \frac{d\mu_1}{d\nu_n}) \right| \leq \frac{1}{n} (a \frac{d\mu_1}{d\nu_n} + b) \leq a + b \text{ (wegen } \frac{d\mu_1}{d\nu_n} \leq n).$$

Nach dem Satz von der majorisierten Konvergenz erhält man daher als Grenzwerte für die drei obigen Summanden

$$\lim_{n \to \infty} \int \frac{n-1}{n} (f \circ \frac{d\mu_1}{d\nu_n})\, d\nu = \int (f \circ \frac{d\mu_1}{d\nu})\, d\nu,$$

$$\lim_{n \to \infty} \int \frac{1}{n} (f \circ \frac{d\mu_1}{d\nu_n})\, d\, \mu_1 = \int \lim_{n \to \infty} \frac{1}{n} (f \circ \frac{d\mu_1}{d\nu_n})\, d\mu_1$$

$$= \int f \circ (\lim_{u \to \infty} \frac{d\mu_1}{dn\nu_n})\, d\mu_1 = 0 \quad \text{und}$$

$$\lim_{n \to \infty} \int \frac{1}{n} (f \circ \frac{d\mu_2}{d\nu_n})\, d\mu_2 = \lim_{n \to \infty} \int \frac{1}{n} f\, (n)\, d\mu_2$$

$$= \mu_2\, (\Omega) \lim_{u \to \infty} \frac{f(u)}{u} \quad \lrcorner$$

<u>Beweis von Satz 2 a):</u> Es sei $N\,(P_2) := \pi' + \sigma'$ die Lebesgue-Zerlegung von $N\,(P_2)$ bezüglich $N\,(Q)$, also

$$N\,(P) = [N\,(P_1) + \tau'] + \sigma'$$

die Lebesgue-Zerlegung von $N\,(P)$ bezüglich $N\,(Q)$.

Man setze sinngemäß wie in Satz 1 $(\tilde{\Omega}, \tilde{\mathfrak{A}}) := (\Omega, \mathfrak{A}) \otimes (\Omega', \mathfrak{A}')$ und $\tilde{\mathfrak{A}}' := \{\emptyset, \Omega\} \otimes \mathfrak{A}'$. Dann gilt

$$(**) \qquad E^{\tilde{\mathfrak{A}}'}_{Q \times N} (\frac{dP_1}{dQ} \otimes 1_{\Omega'}) = 1_{\Omega} \otimes \frac{dN(P_1)}{dN(Q)},$$

wie man analog zur Gleichung (*) im Beweis von Satz 1 nachrechnet, oder wie man aus (*) durch Aufsteigen von den Indikatorfunktionen zu den Q-integrablen Funktionen folgert.

Nach diesen Vorbereitungen folgt nun die behauptete Ungleichung aus der folgenden Ungleichungskette:

$$J_f\ (N(P),\ N(Q)) = \int (f \circ [\frac{dN(P_1)}{dN(Q)} + \frac{d\tau'}{dN(Q)}])\ dN\ (Q) + \sigma'\ (\Omega')\ \lim_{u \to \infty} \frac{f(u)}{u}$$

$$\underset{\text{Lemma 1}}{\geq}\ \int (f \circ \frac{dN(P_1)}{dN(Q)})\ dN\ (Q) + (\tau' + \sigma')\ (\Omega')\ \lim_{u \to \infty} \frac{f(u)}{u}$$

$$= \int f \circ (1_\Omega \otimes \frac{dN(P_1)}{dN(Q)})\ d\ (Q\times N) + [N(P_2)]\ (\Omega')\ \lim_{u \to \infty} \frac{f(u)}{u}$$

$$\underset{(**)}{=}\ \int f \circ (E^{\tilde{\mathfrak{A}}'}_{Q\times N}\ (\frac{dP_1}{dQ} \otimes 1_{\Omega'}))\ d\ (Q\times N) + P_2\ (\Omega)\ \lim_{u \to \infty} \frac{f(u)}{u}$$

$$\underset{\text{Jensensche Ungleichung}}{\leq}\ \int E^{\tilde{\mathfrak{A}}'}_{Q\times N}\ (f \circ (\frac{dP_1}{dQ} \otimes 1_{\Omega'}))\ d\ (Q\times N) + P_2\ (\Omega)\ \lim_{u \to \infty} \frac{f(u)}{u}$$

$$= \int f \circ (\frac{dP_1}{dQ} \otimes 1_{\Omega'})\ d\ (Q\times N) + P_2\ (\Omega)\ \lim_{u \to \infty} \frac{f(u)}{u}$$

$$= \int f \circ \frac{dP_1}{dQ}\ d\ Q + P_2\ (\Omega)\ \lim_{u \to \infty} \frac{f(u)}{u} = J_f\ (P,Q)$$

Damit ist Satz 2 a) bewiesen. ⌟

Eine Analyse des Beweises liefert das folgende Lemma, aus dem Satz 2 b) gefolgert wird:

<u>Lemma 17.4:</u> Es mögen die oben eingeführten Bezeichnungen gelten. $\lambda' := N\ (P_1) + \tau'$ sei der totalstetige Teil von N (P) bezüglich N (Q). Ist f streng konvex, so gilt genau dann

$$J_f\ (N(P),N(Q)) = J_f\ (P,Q),$$

wenn $J_f\ (N(P),N(Q)) = \infty$ oder

$$1_\Omega \otimes \frac{d\lambda'}{dN(Q)} = \frac{dP_1}{dQ} \otimes 1_{\Omega'}\quad [Q\times N]$$

gilt.

<u>Beweis:</u> Es gelte $J_f\ (P,Q) = J_f\ (N(P),N(Q)) < \infty$.
Dann gilt für beide Ungleichungen im Beweis von Satz 2 a) die Gleichheit. Aus Lemma 1 und der Bedingung für Gleichheit folgt daher

$$\frac{d\tau'}{dN(Q)} = 0 \qquad [N(Q)] \text{ , also}$$

(1) $$1_\Omega \otimes \frac{d\tau'}{dN(Q)} = 0 \qquad [Q\times N] \quad \text{und}$$

aus der Gleichheitsaussage in der Jensenschen Ungleichung

(2) $$\frac{dP_1}{dQ} \otimes 1_{\Omega'} = E_{Q\times N}^{\tilde{\mathfrak{A}}'} \left(\frac{dP_1}{dQ} \otimes 1_{\Omega'}\right).$$

Hieraus folgt unter Benutzung von (**)

$$1_\Omega \otimes \frac{d\lambda'}{dN(Q)} = 1_\Omega \otimes \frac{d(N(P_1)+\tau')}{dN(Q)} = 1_\Omega \otimes \frac{dN(P_1)}{dN(Q)}$$

$$\underset{(**)}{=} E_{Q\times N}^{\tilde{\mathfrak{A}}'} \left(\frac{dP_1}{dQ} \otimes 1_{\Omega'}\right) = \frac{dP_1}{dQ} \otimes 1_{\Omega'} \quad [Q\times N] \text{ ,}$$

also die eine Richtung der Behauptung von Lemma 4. Die andere Richtung des Lemmas folgt durch rückläufige Rechnung. ┘

Beweis von Satz 2 b): Nach Satz 1 genügt es zu zeigen, daß $\tilde{\mathfrak{A}}'$ erschöpfend ist für $\{P\times N, Q\times N\}$, daß also $P \times N$ und $Q \times N$ $\tilde{\mathfrak{A}}'$-meßbare Dichten bezüglich $\frac{1}{2}(P + Q) \times N$ besitzen (Neyman-Kriterium, Satz 5.3).

Aus Lemma 4 erhält man

$$[N(P_1)](\Omega') + \tau'(\Omega') = \lambda'(\Omega') = \int \frac{d\lambda'}{dN(Q)} \, dN(Q)$$

$$= \int 1_\Omega \otimes \frac{d\lambda'}{dN(Q)} \, d(Q\times N) = \int \frac{dP_1}{dQ} \otimes 1_{\Omega'} \, d(Q\times N) = P_1(\Omega) = [N(P_1)](\Omega'),$$

also $\tau' = 0$.

Nach Lemma 4 und dieser Folgerung aus Lemma 4 folgt nun die Behauptung. ┘

Satz 17.3: Es seien $(\Omega, \mathfrak{A}, \mathfrak{P})$ ein Experiment, $(\Omega', \mathfrak{A}')$ ein Meßraum und N ein stochastischer Kern von $(\Omega, \mathfrak{A})$ nach $(\Omega', \mathfrak{A}')$.

a) Ist $\mathfrak{P}$ dominiert und ist N Blackwell-erschöpfend, so ist N erschöpfend.

b) Ist N ($\mathfrak{P}$) dominiert durch ein Maß μ' auf $(\Omega', \mathfrak{A}')$, ist weiter $(\Omega', \mathfrak{A}', \mu')$ ein Maßraum mit Lifting und $(\Omega, \mathfrak{A})$ ein Standard-Meßraum und ist N erschöpfend, so ist N Blackwell-erschöpfend.

Beweis: a) Nach Satz 1 genügt es zu zeigen, daß die σ-Algebra $\{\emptyset,\Omega\} \otimes \mathfrak{A}'$ erschöpfend ist für das Experiment $(\Omega \times \Omega', \mathfrak{A} \otimes \mathfrak{A}', \mathfrak{P} \times N)$. Wird $\mathfrak{P}$ durch das σ-endliche Maß μ dominiert, so wird $\mathfrak{P} \times N$ durch das σ-endliche Maß $\mu \times N$ dominiert. Dies wiederum bedeutet nach dem Satz von Halmos-Savage (Satz 5.2), daß nur die paarweise Erschöpftheit von $\{\emptyset,\Omega\} \otimes \mathfrak{A}'$ bezüglich $\mathfrak{P} \times N$ nachzuweisen ist. Nach Satz 1 genügt es also zu zeigen, daß N für jede zweielementige Menge $\mathfrak{P}_o \subset \mathfrak{P}$ erschöpfend ist.

Sei also oBdA $\mathfrak{P} := \{P_1,P_2\}$.

Nach Voraussetzung gibt es einen Kern N' von $(\Omega', \mathfrak{A}')$ nach $(\Omega, \mathfrak{A})$ mit $N'(N(P_i)) = P_i$ für i=1,2, es ist daher für jede konvexe Funktion f auf $\mathbb{R}_+$:

$$J_f\,(N'(N(P_1)),\ N'(N(P_2))) = J_f\,(P_1,P_2).$$

Da nach Satz 2 a) die f-Divergenz beim Transport durch Kerne nicht vergrößert wird, muß $J_f\,(N(P_1),N(P_2)) = J_f\,(P_1,P_2)$ sein, und hieraus folgt nach Satz 2 b) die Erschöpftheit von N.

b) Es sei N erschöpfend, und es mögen die angegebenen Zusatzbedingungen gelten. Dann ist die Abbildung, die jedem $f \in \mathfrak{M}^b\,(\Omega,\mathfrak{A})$ eine Funktion $Q_f' \in \mathfrak{M}^b\,(\Omega', \mathfrak{A}')$ mit

$$Q_f' = \frac{dN(f\cdot P)}{dN(P)} \qquad [\mu']$$

zuordnet, nach Restklassenbildung bezüglich μ'-Nullmengen ein positiver linearer Operator von $\mathfrak{M}^b\,(\Omega, \mathfrak{A})$ nach $L^\infty\,(\Omega', \mathfrak{A}', \mu')$, der die Einsfunktion in die Einsfunktion überführt. Nach dem folgenden Lemma läßt sich dieser Operator durch einen stochastischen Kern beschreiben.

Lemma 17.5: Es seien $(\Omega, \mathfrak{A}, \mu)$ ein Maßraum mit Lifting und $(\Omega', \mathfrak{A}')$ ein Standard-Meßraum. Dann gibt es zu jedem positiven Operator $T : \mathfrak{M}^b\,(\Omega', \mathfrak{A}') \to L^\infty\,(\Omega, \mathfrak{A}, \mu)$ mit $T\,(1_{\Omega'}) \leq 1_\Omega$ bzw. $T\,(1_{\Omega'}) = 1_\Omega$ einen substochastischen bzw. stochastischen Kern N von $(\Omega, \mathfrak{A})$ nach $(\Omega', \mathfrak{A}')$ derart, daß für jedes $A' \in \mathfrak{A}'$ $\quad N\,(1_{A'}) = T\,(1_{A'})\ [\mu]$ gilt.

Beweis: Man wähle gemäß den Voraussetzungen eine kompakte, metrisierbare Topologie $\mathfrak{T}$, die $\mathfrak{A}'$ erzeugt, und ein Lifting $L : L^\infty(\Omega, \mathfrak{A}, \mu) \to \mathfrak{M}^b(\Omega, \mathfrak{A})$.

Dann wird für jedes $\omega \in \Omega$ durch

$$N(\omega, f') := [L(T(f'))](\omega) \text{ für alle } f' \in \mathfrak{C}(\Omega', \mathfrak{T})$$

eine positive Linearform $N(\omega, \cdot)$ auf $\mathfrak{C}(\Omega', \mathfrak{T})$ definiert, die sich zu einer σ-stetigen Linearform auf $\mathfrak{M}^b(\Omega', \mathfrak{A}')$ fortsetzt. Das so erhaltene reguläre Maß bezeichnen wir wieder mit $N(\omega, \cdot)$.

Nach Konstruktion gilt für alle $\omega \in \Omega$

$$N(\omega, \Omega') = N(\omega, 1_{\Omega'}) = L(T(1_{\Omega'}))(\omega) \leq 1 \text{ bzw. } = 1$$

Ferner ist für jedes $f \in \mathfrak{C}(\Omega', \mathfrak{T})$ die Funktion $\omega \to N(\omega, f)$ $\mathfrak{A}$-meßbar. Da sich jede Indikatorfunktion $1_{A'} \in \mathfrak{M}^b(\Omega', \mathfrak{A}')$ als Grenzwert einer Folge aus $\mathfrak{C}(\Omega', \mathfrak{T})$ erhalten läßt, ist für jedes $A' \in \mathfrak{A}'$ die Funktion $\omega \to N(\omega, A')$ $\mathfrak{A}$-meßbar. N ist also ein Kern. ⌋

Satz 17.4: Es sei $(\Omega, \mathfrak{A}, \mathfrak{P})$ ein μ-dominiertes Experiment derart, daß der Maßraum $(\Omega, \mathfrak{A}, \mu)$ ein Lifting besitzt.
Weiter seien $(\Omega', \mathfrak{A}')$ ein Standard-Meßraum und N ein stochastischer Kern von $(\Omega, \mathfrak{A})$ nach $(\Omega', \mathfrak{A}')$, und schließlich sei $\underline{D} := (I, D, \mathfrak{V})$ das Entscheidungsproblem, bei dem $I := (\mathfrak{P}, \mathfrak{P}(\mathfrak{P}))$, $D := (\Omega, \mathfrak{A})$ und $\mathfrak{V}$ die Menge aller beschränkten separat-meßbaren Funktionen $V : \mathfrak{P} \times \Omega \to \mathbb{R}$ bezeichnet.
Gilt dann $(\Omega', \mathfrak{A}', N(\mathfrak{P})) \succ_0^{\underline{D}} (\Omega, \mathfrak{A}, \mathfrak{P})$, so ist N erschöpfend.

Ein zum Beweis wichtiges Argument formulieren wir im folgenden grundlegenden

Lemma 17.6: Es seien $(\Omega, \mathfrak{A}, \mu)$ ein σ-endlicher Maßraum und $(\Omega', \mathfrak{A}')$ ein Meßraum.
$\mathfrak{R}$ sei die Menge aller positiven linearen Abbildungen $T : \mathfrak{M}^b(\Omega', \mathfrak{A}') \to L^\infty(\Omega, \mathfrak{A}, \mu)$ mit $T(1_{\Omega'}) \leq 1_\Omega$.

Zu jedem $f' \in \mathfrak{M}^b(\Omega', \mathfrak{A}')$ und $g \in L^1(\Omega, \mathfrak{A}, \mu)$ sei $F_{f',g} : \mathfrak{R} \to \mathbb{R}$ definiert durch

$$F_{f',g}(T) := \int T(f')\, g \, d\mu \qquad (T \in \mathfrak{R}),$$

und $\mathcal{T}$ sei die von allen $F_{f',g}$ ($f' \in \mathfrak{M}^b(\Omega',\mathfrak{A}')$, $g \in L^1(\Omega,\mathfrak{A},\mu)$) erzeugte Topologie auf $\mathfrak{R}$.

Dann ist $(\mathfrak{R},\mathcal{T})$ ein kompakter Raum.

Beweis: $\mathfrak{R}$ ist eine abgeschlossene Teilmenge der Menge

$$K := \prod_{f' \in \mathfrak{M}^b(\Omega',\mathfrak{A}')} \{g \in L^\infty(\Omega,\mathfrak{A},\mu) : \|g\| \leq \|f'\|\},$$

die versehen mit der Produkttopologie der $\sigma(L^\infty,L^1)$-kompakten Faktoren eine kompakte Menge ist. ⌋

Beweis von Satz 4: Es seien $P_1,P_2 \in \mathfrak{P}$ beliebig.

Wir definieren eine Funktion

$$\Phi : \mathfrak{V}_{(1)} \times \mathfrak{R} \to \mathbb{R}$$

durch

$$\Phi(V,T) := \sum_{i=1}^{2} \left(\int T(V(P_i,\cdot))\, dN(P_i) - \int V(P_i,\cdot)\, dP_i \right)$$

Angewandt auf den identischen Kern δ auf $(\Omega,\mathfrak{A})$ liefert die Voraussetzung $(\Omega',\mathfrak{A}',N(\mathfrak{P})) \underset{0}{\overset{\overline{D}}{\succ}} (\Omega,\mathfrak{A},\mathfrak{P})$ zu jedem $V \in \mathfrak{V}_{(1)}$ die Existenz eines stochastischen Kerns N'_V von $(\Omega',\mathfrak{A}')$ nach $(\Omega,\mathfrak{A})$ mit $\Phi(V,N'_V) \leq 0$.

Φ ist in beiden Variablen affin-linear und in der zweiten Variablen stetig, und $\mathfrak{R}$ ist nach Lemma 6 konvex und kompakt. Außerdem ist $\mathfrak{R}$ konvex. Nach dem Minimaxsatz existiert deshalb ein $N' \in \mathfrak{R}$ mit

$$\sup_{V \in \mathfrak{V}_{(1)}} \Phi(V,N') = \inf_{T \in \mathfrak{R}} \sup_{V \in \mathfrak{V}_{(1)}} \Phi(V,T)$$

$$= \sup_{V \in \mathfrak{V}_{(1)}} \inf_{T \in \mathfrak{R}} \Phi(V,T) \leq 0.$$

Nach Lemma 5 kann N' sogar als stochastischer Kern gewählt werden. Indem man V variieren läßt, erhält man $N'(N(P_1)) = P_1$ und $N'(N(P_2)) = P_2$.

Das Experiment $(\Omega, \mathfrak{A}, \mathfrak{P})$ ist also paarweise Blackwell-erschöpfend, nach Satz 3 demnach paarweise erschöpfend, und wegen der Dominiertheit sogar erschöpfend, wie behauptet.

Satz 17.5: Es seien $(\Omega, \mathfrak{A})$, $(\Omega', \mathfrak{A}')$ zwei Standard-Meßräume und $\mathfrak{P} \subset \mathcal{M}^1(\Omega, \mathfrak{A})$ dominiert. Dann sind für einen stochastischen Kern N von $(\Omega, \mathfrak{A})$ nach $(\Omega', \mathfrak{A}')$ die folgenden Aussagen äquivalent.

(i) N ist erschöpfend.

(ii) N ist Blackwell-erschöpfend.

(iii) Es gilt $(\Omega', \mathfrak{A}', N(\mathfrak{P})) \underset{0}{\overset{\underline{D}}{\succ}} (\Omega, \mathfrak{A}, \mathfrak{P})$ mit dem in Satz 4 definierten Entscheidungsproblem $\underline{D}$.

Beweis: Da mit $\mathfrak{P}$ auch $N(\mathfrak{P})$ dominiert ist, und da jedes Maß auf einem Standard-Meßraum ein Lifting besitzt, sind alle Voraussetzungen der Sätze 3 und 4 erfüllt.

Satz 3 liefert nun (i) $\Rightarrow$ (ii), Satz 16.2 (ii) $\Rightarrow$ (iii), und Satz 4 (iii) $\Rightarrow$ (i). $\rfloor$

Bemerkung: Die Voraussetzungen von Satz 5 können nicht ersatzlos gestrichen werden. Zur Abgrenzung des Gültigkeitsbereiches mögen die folgenden Beispiele dienen.

Beispiel 17.1: Ohne die Voraussetzungen der Dominiertheit ist die Aussage von Satz 5 im allgemeinen falsch.

Wir greifen das Beispiel 3 aus § 6 wieder auf. Es seien $\Omega = \Omega' := \mathbb{R}$, $\mathfrak{A} := \mathfrak{L}$, $\mathfrak{A}' := \{A_1 \cup A_2 : A_i \in \mathfrak{A},\ A_1 = -A_1,\ A_2 \subset M\}$, wobei $M \subset \mathbb{R}$ eine nicht $\mathfrak{A}$-meßbare Menge mit $M = -M$ sei, und $\mathfrak{P} := \{\frac{1}{2}\varepsilon_x + \frac{1}{2}\varepsilon_{-x} : x \in \mathbb{R}\}$.

Dann ist nach § 6 $\mathfrak{A}'$ eine σ-Algebra.

Es sei $N \in \mathrm{Stoch}((\Omega, \mathfrak{A}), (\Omega', \mathfrak{A}'))$ der stochastische Kern, der der Abbildung $x \to x$ von Ω auf Ω' entspricht. Nach § 6 ist die σ-Algebra $\mathfrak{A}' \subset \mathfrak{A}$ nicht erschöpfend für $\mathfrak{P}$, d.h. N ist nicht erschöpfend.

Andererseits ist durch

$$N'(\cdot, A) := \frac{1}{2}(1_A + 1_{-A}) = 1_{A \cap (-A)} + \frac{1}{2} 1_{A \Delta (-A)} \quad \text{für alle } A \in \mathfrak{A}$$

ein Kern $N' \in \text{Stoch}((\Omega', \mathfrak{A}'), (\Omega, \mathfrak{A}))$ erklärt, für den $P N N' = P$ für alle $P \in \mathfrak{P}$ gilt.

Beispiel 17.2: Es seien $(\Omega, \mathfrak{A}, \nu)$ ein W-Raum und $\mathfrak{A}' \subset \mathfrak{A}$ eine Unter-σ-Algebra, für die die bedingte Erwartung nicht durch einen stochastischen Kern beschrieben werden kann (Ein solcher W-Raum wird in § 6 Beispiel 8 beschrieben).

Es sei $\mathfrak{P} := \{\nu(A')^{-1} 1_{A'} . \nu : A' \in \mathfrak{A}', \nu(A') > 0\}$.

Dann ist für alle $P \in \mathfrak{P}$ und $A \in \mathfrak{A}$

$$E_P^{\mathfrak{A}'}(1_A) = E_\nu^{\mathfrak{A}'}(1_A),$$

d.h. $\mathfrak{A}'$ ist erschöpfend.

Angenommen, es gäbe einen Kern $N' \in \text{Stoch}((\Omega, \mathfrak{A}'), (\Omega, \mathfrak{A}))$ mit $P_{\mathfrak{A}'} N' = P$ für alle $P \in \mathfrak{P}$. Dann gilt für alle $A \in \mathfrak{A}$, $A' \in \mathfrak{A}'$

$$[(1_{A'} . \nu) N'](A) = \int 1_{A'}(\omega)\, \nu(d\omega)\, N'(\omega, A) = \int_{A'} N'(\omega, A)\, \nu(d\omega)$$

bzw. $\qquad = (1_{A'} . \nu) = \nu(A \cap A'),$

d.h. N' ist Erwartungskern im Widerspruch zur Annahme.

§ 18 Vergleich von Translationsexperimenten

Wir diskutieren die Ergebnisse des letzten Paragraphen an einem speziellen Typ von Experimenten. Die gewählte Spezialisierung läßt eine interessante Verschärfung von Satz 17.5 zu.
Eine Verschärfung dieser Art ist typisch für Experimente und Entscheidungsprobleme, die Symmetriebedingungen unterworfen sind. Wir werden auf die allgemeinen Gesichtspunkte jedoch nicht eingehen, sondern uns auf eine eng begrenzte Problemstellung konzentrieren.

Es seien G eine kommutative lokalkompakte Gruppe mit abzählbarer Basis, $\mathfrak{B}$ die von der Topologie erzeugte σ-Algebra und $\mathcal{M}^1 := \mathcal{M}^1(G, \mathfrak{B})$.

$\mathcal{M}^1$ sei mit der vagen Topologie versehen, d.h. mit der Topologie, die von den Funktionen $(\mu \to \int f \, d\mu) : \mathcal{M}^1 \to \mathbb{R}$ erzeugt wird, wobei f alle stetigen Funktionen auf G mit kompaktem Träger durchläuft.

Zu je zwei Maßen $\mu, \nu \in \mathcal{M}^1$ sei die <u>Faltung</u> $\mu * \nu \in \mathcal{M}^1$ erklärt durch

$$(*) \quad \mu * \nu (B) := \int_{G\times G} 1_B (x+y) \, \mu(dx) \, \nu(dy)$$

$$= \int \mu(B-x) \, \nu(dx) = \int \nu(B-x) \, \mu(dx) \quad (B \in \mathfrak{B}).$$

Mit dieser Multiplikation wird $\mathcal{M}^1$ zu einer topologischen Halbgruppe.
Ist $\nu = \varepsilon_x$ für ein $x \in G$, so gilt für alle $B \in \mathfrak{B}$

$$\mu * \varepsilon_x (B) = \mu(B-x).$$

Auf $(G, \mathfrak{B})$ existiert ein von Null verschiedenes σ-endliches Maß derart, daß für alle $x \in G$

$$\lambda * \varepsilon_x = \lambda$$

gilt.

[Die durch (*) definierte Faltung ist auch für diesen Fall sinnvoll.]

λ ist bis auf einen reellen Faktor eindeutig bestimmt und wird <u>Haar-Maß</u> auf G genannt

$(G, \mathfrak{B}, \lambda)$ ist ein Maßraum mit Lifting; es existiert sogar ein invariantes Lifting für $(G, \mathfrak{B}, \lambda)$.

Mit $\mathcal{M}_a^1$ bezeichnen wir die Menge aller $\mu \in \mathcal{M}^1$ mit $\mu << \lambda$.
$\mathcal{M}_a^1$ ist eine Unterhalbgruppe (und sogar ein Ideal) der Halbgruppe $\mathcal{M}^1$.

Wir ordnen nun jedem $\mu \in \mathcal{M}^1$ einen stochastischen Kern N_μ auf $(G, \mathfrak{B})$ bzw. ein mit G indiziertes Experiment $\mathfrak{X}(\mu)$ zu.

<u>Definition 18.1:</u> Es sei $\mu \in \mathcal{M}^1 := \mathcal{M}^1 (G, \mathfrak{B})$.

a) N_μ sei der durch $N_\mu (x,B) := \mu (B-x) = (\mu * \varepsilon_x) (B)$ für alle $x \in G, B \in \mathfrak{B}$ definierte stochastische Kern auf $(G, \mathfrak{B})$.

b) $\mathfrak{X}(\mu)$ sei das mit G indizierte Experiment $(G, \mathfrak{B}, \{\mu * \varepsilon_x : x \in G\})$. $\mathfrak{X}(\mu)$ heißt <u>Translationsexperiment</u> zu μ.

<u>Beispiel 18.1:</u> Es seien $(G, \mathfrak{B}) := (\mathbb{R}^n, \mathfrak{B}^n)$ und $\mu := \nu_{o,B}$ die Normalverteilung mit Mittelwertvektor 0 und Kovarianzmatrix B.

Das zugehörige Translationsexperiment $\mathfrak{X}(\mu)$ tritt bei dem statistischen Problem auf, in einer gegebenen Situation den "richtigen" Lokations-Parameter zu finden

Wir stellen zunächst einige Eigenschaften der Kerne N_μ in den folgenden <u>Vorbemerkungen</u> zusammen.

1. Für alle $x,y \in G$ und $B \in \mathfrak{B}$ gilt

$$N_\mu (x,B) = N_\mu (x+y,B+y)$$

[Denn $N_\mu (x+y,B+y) = (N_\mu (x+y,\cdot) * \varepsilon_{-y}) (B) = \mu * \varepsilon_{x+y} * \varepsilon_{-y} (B)$
$= (\mu * \varepsilon_x) (B) = N_\mu (x,B)$]

2. Ist N ein stochastischer Kern auf $(G, \mathfrak{B})$ und gilt für alle $x,y \in G$ und $B \in \mathfrak{B}$

$$N (x+y,B+y) = N (x,B),$$

so ist $\mu := N (0,\cdot) \in \mathcal{M}^1 (G, \mathfrak{B})$ ein Maß mit $N = N_\mu$.

[$N_\mu (x,B) = N (0,B-x) = \mu * \varepsilon_x (B)$]

3. Zu einem stochastischen Kern N von $(\Omega, \mathfrak{A})$ nach $(\Omega', \mathfrak{A}')$ und einem Maß $\mu \in \mathcal{M}^1 (\Omega, \mathfrak{A})$ definieren wir $N (\mu,A') = [N(\mu)] (A')$
$= \int \mu (d\omega) N (\omega,A') \quad (A' \in \mathfrak{A}')$.
Mit dieser Bezeichnung gilt für zwei Maße $\mu,\nu \in \mathcal{M}^1 (G, \mathfrak{B})$

$$\nu * N_\mu (x,\cdot) = N_\mu (\nu * \varepsilon_x,\cdot) = N_{\nu * \mu} (x,\cdot)$$

[Für jedes $B \in \mathfrak{B}$ ist nämlich $(\nu * N_\mu (x,\cdot))(B) = (\nu * \mu * \varepsilon_x)(B)$
$= N_{\nu * \mu}(x,B)$ und $N_\mu * (\nu * \varepsilon_x, B) = \int (\nu * \varepsilon_x)(dy)\, N_\mu (y,B)$
$= \int (\nu * \varepsilon_x)(dy)\, \mu(B-y) = ((\nu * \varepsilon_x) * \mu)(B) = (\nu * (\mu * \varepsilon_x))(B)$
$= [\nu * N_\mu (x,\cdot)](B)$]

4. Für $\mu,\nu \in \mathcal{M}^1 (G, \mathfrak{B})$ gilt $N_\mu N_\nu = N_{\mu * \nu}$.
[Denn mit der in 3. eingeführten Bezeichnung und der allgemeinen Gleichung $N_1 N_2 (\omega,\cdot) = N_2 (N_1(\omega,\cdot),\cdot)$ ist wegen 3. für alle $x \in G$

$$N_\mu N_\nu (x,\cdot) = N_\nu (N_\mu(x,\cdot),\cdot) = N_\nu (\mu * \varepsilon_x,\cdot) = \mu * N_\nu (x,\cdot)$$
$$= N_{\mu * \nu} (x,\cdot)]$$

Es seien nun μ und ν Maße aus $\mathcal{M}_a^1$ und $\mathfrak{X}(\mu)$, $\mathfrak{X}(\nu)$ die ihnen zugeordneten Translationsexperimente.

$\mathfrak{X}(\mu)$ und $\mathfrak{X}(\nu)$ erfüllen also die Voraussetzungen von Satz 17.5.

Wir definieren ein Entscheidungsproblem $\overline{D} := (I,D,\mathcal{V})$ wie in Satz 17.4, indem wir $I := (G, \mathfrak{P}(G))$, $D := (G,\mathfrak{B})$ setzen und $\mathcal{V}$ als die Menge aller beschränkten separat-meßbaren Funktionen $V : G \times G \to \mathbb{R}$ auffassen. Satz 17.5 liefert dann die Äquivalenzen (i) $\Leftrightarrow$ (ii) des nachstehenden Satzes:

<u>Satz 18.1:</u> Die folgenden Aussagen sind äquivalent:

(i) $\mathfrak{X}(\mu) \underset{0}{\overset{\overline{D}}{\succ}} \mathfrak{X}(\nu)$

(ii) Es gibt einen stochastischen Kern N auf $(G,\mathfrak{B})$ derart, daß für jedes $x \in G$ gilt
$$N(\mu * \varepsilon_x) = \nu * \varepsilon_x.$$

(iii) Es gibt ein Maß $\rho \in \mathcal{M}^1$ mit $\rho * \mu = \nu$.

(iv) Für alle $f \in \mathcal{C}^b(G)$ gilt
$$\int f\, d\nu \leq \sup_{x \in G} \int f\, d(\mu * \varepsilon_x)$$

<u>Beweis:</u> Wir zeigen zunächst die Äquivalenz (ii) $\Leftrightarrow$ (iii).
(iii) $\Rightarrow$ (ii) ist dabei trivial; denn gilt $\rho * \mu = \nu$, so ist $N_\rho N_\mu = N_\nu$.

N_ρ ist dann also ein stochastischer Kern auf $(G, \mathfrak{B})$, der für jedes $x \in G$

$$N_\rho(\mu * \varepsilon_x) = \nu * \varepsilon_x$$

erfüllt.

(ii) ⇒ (iii): Wir gehen vor wie im Beweis zu Satz 17.4.

Es sei $\mathfrak{R}$ die Menge aller positiven linearen Operatoren $T : \mathfrak{M}^b(G, \mathfrak{B}) \to L^\infty(G, \mathfrak{B}, \lambda)$ mit $T(1_G) = 1_G$ $[\lambda]$.

$\mathfrak{R}$ ist eine abgeschlossene Teilmenge von

$$K := \prod_{f \in \mathfrak{M}^b(G, \mathfrak{B})} \{g \in L^\infty(G, \mathfrak{B}, \lambda) : \| g \| \leq \| f \|\},$$

wenn man K mit der punktweisen Konvergenz in der $\sigma(L^\infty, L^1)$-Topologie versieht. K ist als Produkt kompakter Mengen kompakt, und damit ist $\mathfrak{R}$ eine kompakte Menge.

Zu $x \in G$ und $T \in \mathfrak{R}$ definieren wir eine Abbildung $\alpha(x) T : \mathfrak{M}^b(G, \mathfrak{B}) \to L^\infty(G, \mathfrak{B}, \lambda)$ durch $(\alpha(x)T) f := {}_{-x}(T({}_x f))$ für alle $f \in \mathfrak{M}^b(G, \mathfrak{B})$, wobei für $g \in L^\infty(G, \mathfrak{B}, \lambda)$ und $x \in G$ $({}_{-x}g)(y) := g(y-x)$ für λ-fast alle $y \in G$ gesetzt ist.

Gilt für ein Netz $(g_i)_{i \in I}$ in $L^\infty(G \mathfrak{B}, \lambda)$ bezüglich der Topologie $\sigma(L^\infty, L^1)$: $g_i \to g$, so auch ${}_{-x}g_i \to {}_{-x}g$.

Außerdem ist $\alpha(x) T$ wieder ein positiver linearer Operator von $\mathfrak{M}^b(G, \mathfrak{B})$ nach $L^\infty(G, \mathfrak{B}, \lambda)$. Insgesamt ist $\alpha(x) : \mathfrak{R} \to \mathfrak{R}$ eine stetige, affin-lineare Abbildung.

Da für $x, y \in G$ $\alpha(x) \cdot \alpha(y) = \alpha(x+y) = \alpha(y+x) = \alpha(y) \cdot \alpha(x)$ ist, ist $\{\alpha(x) : x \in G\}$ eine kommutative Menge stetiger, affin-linearer Abbildungen von $\mathfrak{R}$ in $\mathfrak{R}$.

Nach dem Fixpunktsatz von Markoff-Kakutani existiert daher in $\mathfrak{R}$ (und in jeder abgeschlossenen, konvexen, invarianten Teilmenge von $\mathfrak{R}$) ein T mit $\alpha(x) T = T$ für alle $x \in G$.

Es sei nun

$$\mathfrak{R}_o := \{T \in \mathfrak{R} : \int f \, d(\nu * \varepsilon_x) = \int T(f) \, d(\mu * \varepsilon_x)$$
$$\text{für alle } x \in G, f \in \mathfrak{M}^b(G, \mathfrak{B})\}$$

$\mathfrak{R}_o$ ist eine konvexe und abgeschlossene Teilmenge von $\mathfrak{R}$. Nach Voraussetzung ist $\mathfrak{R}_o$ nicht leer, und für jedes $x \in G$ ist mit $T \in \mathfrak{R}_o$

auch $\alpha(x)\,T \in \mathfrak{R}_o$, d.h. $\mathfrak{R}_o$ ist invariant.

Nach dem Satz von Markoff-Kakutani existiert daher ein $T_o \in \mathfrak{R}_o$ mit $\alpha(x)\,T_o = T_o$ für alle $x \in G$.

Es sei nun $L : L^\infty(G,\mathfrak{B},\lambda) \to \mathfrak{M}^b(G,\mathfrak{B})$ ein invariantes Lifting, d.h. ein Lifting, das $L({}_xf) = {}_xL(f)$ für alle $x \in G$ und $f \in L^\infty(G,\mathfrak{B},\lambda)$ erfüllt. Nach der Argumentation beim Beweis von Lemma 17.5 gibt es genau einen stochastischen Kern N auf $(G,\mathfrak{B})$, der für jede stetige Funktion $f : G \to \mathbb{R}$ mit kompaktem Träger die Gleichung

$$\int f(z)\,N(x,dz) = [L(T_o(f))](x)$$

für alle $x \in G$ erfüllt.

Es gilt dann weiter für alle $y \in G$ und alle stetigen Funktionen $f : G \to \mathbb{R}$ mit kompaktem Träger

$$\int f(z-y)\,N(x+y,dz) = [L(T_o({}_{-y}f))](x+y) = [L(\alpha(y)\,T_o({}_{-y}f))](x+y)$$

$$= [L({}_{-y}(T_o({}_{y-y}f)))](x+y) = [{}_{-y}(L(T_o(f)))](x+y) = [L(T_o(f))](x)$$

$$= \int f(z)\,N(x,dz)$$

Die Menge der Funktionen $f \in \mathfrak{M}^b(G,\mathfrak{B})$, für die diese Identität gilt, stimmt mit $\mathfrak{M}^b(G,\mathfrak{B})$ überein, es gilt also für alle $x,y \in G$ und $B \in \mathfrak{B}$

$$N(x+y,B+y) = N(x,B)$$

Nach Vorbemerkung 2 gibt es ein $\rho \in \mathcal{M}^1(G,\mathfrak{B})$ mit $N = N_\rho$, und aus der Voraussetzung $N_\rho \in \mathfrak{R}_o$, d.h. $N_\rho N_\mu = N_\nu$, folgt nach Vorbemerkung 4 schließlich $\rho * \mu = \nu$.

(iii) $\Rightarrow$ (iv): Es sei $\nu = \mu * \rho$. Dann gilt für jedes $f \in \mathcal{C}^b(G)$

$$\int f\,d\nu = \int f\,d(\mu * \rho) = \int\int f(x+y)\,\mu(dx)\,\rho(dy)$$

$$= \int\left(\int f\,d(\mu * \varepsilon_y)\right)\rho(dy) \leq \sup_{x \in G} \int f\,d(\mu * \varepsilon_x)$$

(iv) $\Rightarrow$ (iii): Man definiere zu jedem $f \in \mathcal{C}^b(G)$ eine Funktion $g_f : G \to \mathbb{R}$ durch $g_f(x) := \int f\,d(\mu * \varepsilon_x)$ $(x \in G)$ und setze

$$\mathcal{W}_\mu := \{g \in \mathcal{C}^b(G) : \text{Es gibt ein } f \in \mathcal{C}^b(G) \text{ mit } g = g_f\}$$

$\mathcal{W}_\mu$ ist ein linearer Teilraum von $\mathcal{C}^b$ mit $1_G \in \mathcal{W}_\mu$.
Durch $T_o(g_f) := \int f\, d\nu$ wird auf $\mathcal{W}_\mu$ eine Linearform definiert.
[Aus $g_{f_1} = g_{f_2}$ folgt $\int (f_1 - f_2)\, d(\mu * \varepsilon_x) = 0$ für alle $x \in G$, also

$$\int f_1\, d\nu - f_2\, d\nu \leq | \int (f_1 - f_2)\, d\nu |$$

$$\leq \sup_{\substack{x \in G \\ g \in \{f_1 - f_2, f_2 - f_1\}}} \int g\, d(\mu * \varepsilon_x) = 0]$$

Nach dem Satz von Hahn-Banach existiert eine Fortsetzung T von T_o zu einer Linearform auf $\mathcal{C}^b(G)$ mit $|| T || = || T_o ||$.
Wegen $T(1_G) = T_o(1_G) = || T_o || = T$ ist auch T positiv.
Nach dem Rieszschen Darstellungssatz gibt es daher ein $\rho \in \mathcal{M}^1$ mit $T(g) = \int g\, d\rho$ für alle $g \in \mathcal{C}^b(G)$.
Damit gilt für alle $f \in \mathcal{C}^b(G)$

$$\int f\, d\nu = T(g_f) = \int g_f\, d\rho = \int \left(\int f\, d(\mu * \varepsilon_x)\right) \rho(dx)$$

$$= \int \int f(x+y)\, \mu(dy)\, \rho(dx),$$

also gilt $\mu * \rho = \nu$. ┘

Kapitel VII: Vergleich endlicher Experimente

§ 19 Standard-Experimente

In § 16 hatten wir allgemeine Entscheidungsprobleme behandelt, d.h. Tripel $\underline{\overline{D}} := (I, D, \mathfrak{V})$, bei denen $I := (\Omega_I, \mathfrak{A}_I)$ und $D := (\Omega_D, \mathfrak{A}_D)$ Meßräume sind und $\mathfrak{V}$ eine Menge $\mathfrak{A}_I \otimes \mathfrak{A}_D$ - separat-meßbarer Funktionen $V : \Omega_I \times \Omega_D \to \mathbb{R}$ ist.

Wir spezialisieren nun und führen für besonders wichtige Spezialfälle eigene Bezeichnungen ein.

Definition 19.1:

a) Für $(\{1,\ldots,k\}, \mathfrak{P}(\{1,\ldots,k\}))$ wird gleichermaßen die Bezeichnung I_k und D_k verwendet werden.

b) Ist $I := (\Omega_I, \mathfrak{A}_I)$ ein Meßraum, so sei $\underline{\overline{D}}_k(I) := (I, D_k, \mathfrak{V})$ das Entscheidungsproblem mit I und D_k als Meßräumen und mit der Menge $\mathfrak{V}$ aller separat-meßbaren, beschränkten reellen Funktionen, d.h. mit der Menge aller Abbildungen $V : \Omega_I \times \Omega_{D_k} \to \mathbb{R}$ mit $V(\cdot, j) \in \mathbb{M}^b(I)$ für alle $j \in \Omega_{D_k} = \{1,\ldots,k\}$.

   Wir benutzen die Festsetzungen

$$\mathfrak{X} \overset{k}{\underset{\varepsilon}{\succ}} \mathfrak{Y} :\Longleftrightarrow \mathfrak{X} \overset{\underline{\overline{D}}_k(I)}{\underset{\varepsilon}{\succ}} \mathfrak{Y},$$

$$\Delta_k(\mathfrak{X}, \mathfrak{Y}) := \Delta_{\underline{\overline{D}}_k(I)}(\mathfrak{X}, \mathfrak{Y}) \text{ sowie}$$

$$\Delta := \sup_{k \in \mathbb{N}} \Delta_k$$

c) Es sei $K_n := (\mathcal{M}^1(I_n), \mathfrak{L}_{\mathcal{M}^1(I_n)})$, das ist die Menge aller Vektoren $(x_1,\ldots,x_n) \in \mathbb{R}_+^n$ mit $\sum_{i=1}^{n} x_i = 1$, versehen mit der Borelschen σ-Algebra.

Gelegentlich wird das Symbol K_n auch für die Menge $\mathcal{M}^1(I_n)$ selbst benutzt.

d) Seien $\underline{\overline{D}} := (I_n, D, \mathfrak{V})$ und $\mathfrak{X} := (\Omega_{\mathfrak{X}}, \mathfrak{A}_{\mathfrak{X}}, N_{\mathfrak{X}}) \in \mathcal{E}(\underline{\overline{D}})$.

$\mathfrak{X}$ heißt <u>Standard-Experiment zu $\underline{\overline{D}}$</u>, falls $(\Omega_{\mathfrak{X}}, \mathfrak{A}_{\mathfrak{X}}) = K_n$ und falls es ein Maß $Q \in \mathcal{M}^1(K_n)$ gibt derart, daß für alle $i \in \Omega_I$ gilt $N_{\mathfrak{X}}(i,\cdot) = n X_i \cdot Q$.

Dabei sei für jedes $i \in \Omega_I$ X_i die i-te Projektion von $\mathbb{R}^n$.

$\mathfrak{X}$ werde auch durch $(K_n, N_{\mathfrak{X}})$ abgekürzt.

$\mathcal{S}(\underline{\overline{D}})$ bezeichne die Menge aller Standard-Experimente zu $\underline{\overline{D}}$.

e) Ein Maß $Q \in \mathcal{M}^1(K_n)$ heißt <u>Standardmaß</u>, wenn

$$\int X_i(x)\, Q(dx) = \frac{1}{n} \text{ für alle } 1 \leq i \leq n,$$

d.h. wenn Q den gleichen Schwerpunkt besitzt wie die Gleichverteilung auf der Menge $(K_n)_e$ der Extremalpunkte von K_n.

$\mathcal{S}(K_n)$ sei die Menge aller Standardmaße.

Jedes Standard-Experiment $\mathfrak{X} = (K_n, N_{\mathfrak{X}})$ zu $\underline{\overline{D}}$ bestimmt das ihm <u>zugehörige Standardmaß</u> $Q := Q_{\mathfrak{X}}$ und wird durch dieses bestimmt; beide Ausdrücke sind also gegeneinander austauschbar, wenn man die zugehörigen Begriffe mit übersetzt.

So heißt z.B. ein Standardmaß Q_1 bezüglich des Entscheidungsproblems $\underline{\overline{D}}$ ε-<u>informativer</u> als das Standardmaß Q_2, in Zeichen $Q_1 \underset{\varepsilon}{\overset{\underline{\overline{D}}}{\succ}} Q_2$, falls es zu jedem $V \in \mathfrak{V}^b$ und $\delta_2 \in \text{Stoch}(K_n, D)$ ein $\delta_1 \in \text{Stoch}(K_n, D)$ gibt mit

$$\int_{K_n \times \Omega_D} n X_i(\omega)\, V(i,\omega_D)\, \delta_1(\omega, d\omega_D)\, Q_1(d\omega)$$

$$\leq \int_{K_n \times \Omega_D} n X_i(\omega)\, V(i,\omega_D)\, \delta_2(\omega, d\omega_D)\, Q_2(d\omega) + \varepsilon(i)\, \|V\|$$

für alle $i=1,\dots,n$.

Wir werden von der Möglichkeit freien Gebrauch machen, Standardmaße und Standardexperimente als gleichwertige Sprechweisen zu benützen.

$\mathcal{M}^1(K_n)$ bildet mit der schwachen Topologie ein kompaktes, metrisierbares Simplex. Da $\mathcal{S}(K_n) \subset \mathcal{M}^1(K_n)$ der Durchschnitt von $\mathcal{M}^1(K_n)$

mit endlich vielen abgeschlossenen Hyperebenen ist, ist auch $\mathcal{S}(K_n)$ ein solches Simplex. Der Satz von Choquet über die Integraldarstellung konvexer, kompakter Mengen liefert die nächste Definition und den folgenden Satz:

<u>Definition 19.2:</u> Es sei $M_n := (\Omega_{M_n}, \mathfrak{A}_{M_n})$ die Extremalpunktmenge $\mathcal{S}_e(K_n)$ von $\mathcal{S}(K_n)$, versehen mit der Borelschen σ-Algebra zur schwachen Topologie.

Ist dann $Q \in \mathcal{S}(K_n)$, so sei $\mu^Q \in \mathcal{M}^1(M_n)$ das eindeutig bestimmte Maß der Choquet-Darstellung von Q.

<u>Satz 19.1:</u> Sei $\underline{D} := (I_n, D, \mathfrak{V})$ ein Entscheidungsproblem mit Ursachenraum I_n und sei $\mathfrak{X} := (\Omega_{\mathfrak{X}}, \mathfrak{A}_{\mathfrak{X}}, N_{\mathfrak{X}}) \in \mathcal{S}(\underline{D})$ ein Standard-Experiment mit Standardmaß Q.

Es sei $N_n \in$ Stoch $(M_n \otimes I_n, (\Omega_{\mathfrak{X}}, \mathfrak{A}_{\mathfrak{X}}))$ definiert durch

$$N_n((m,i),A) := n \int_A X_i(\omega)\, m(d\omega)$$

$$(i \in \Omega_{I_n},\ m \in \Omega_{M_n},\ i \in I_n,\ A \in \mathfrak{A}_{\mathfrak{X}}).$$

Dann ist (N_n, μ^Q) eine M_n-Entmischung von $\mathfrak{X}$.

Die Menge $\mathcal{S}_e(K_n)$ der Extremalpunkte von $\mathcal{S}(K_n)$ läßt sich explizit angeben.

<u>Satz 19.2:</u> $\mathcal{S}_e(K_n)$ enthält genau diejenigen Maße $m \in \mathcal{S}(K_n)$, deren Träger die Eckpunkte eines Simplexes bilden.

<u>Beweis:</u> a) Sei $P \in \mathcal{S}(K_n)$ mit $P := \sum_{i=1}^{n} \alpha_i \varepsilon_{x_i}$, wobei die Punkte $x_1, \ldots, x_n$ geometrisch unabhängig seien (d.h. aus $\sum_{i=1}^{n} \xi_i x_i = 0$ und $\sum_{i=1}^{n} \xi_i = 0$ möge $\xi_i = 0$ für alle $i=1,\ldots,n$ folgen bzw. - in äquivalenter Formulierung - aus $\sum_{i=1}^{n} \xi_i x_i = \sum_{i=1}^{n} \eta_i x_i$ mit $\xi_i, \eta_i \geq 0, \sum_{i=1}^{n} \xi_i = \sum_{i=1}^{n} \eta_i = 1$ möge $\xi_i = \eta_i$ für alle $i=1,\ldots,n$ folgen).

Es sei

$$P = \rho\, Q + (1-\rho)\, R \text{ mit } \rho \in [0,1]$$

eine Zerlegung von P in eine konvexe Linearkombination von Maßen $Q,R \in \mathcal{S}(K_n)$.

Dann besitzt Q eine Dichte bezüglich P, es ist also $Q = \sum_{i=1}^{n} \alpha_i' \varepsilon_{x_i}$

mit geeigneten $\alpha_i' \in \mathbb{R}$ $(i=1,\dots,n)$, und wegen

$s_n := (\frac{1}{n},\dots,\frac{1}{n}) = \sum_{i=1}^{n} \alpha_i x_i = \sum_{i=1}^{n} \alpha_i' x_i$ ist $\alpha_i = \alpha_i'$ für alle

$i=1,\dots,n$, d.h. $P = Q$.

b) Sei $P \in \mathcal{S}_e(K_n)$, und seien $x_1,\dots,x_k$ Punkte aus Ω_{K_n} mit der Eigenschaft, daß $P(U) > 0$ für alle Umgebungen U von x_i $(i=1,\dots,k)$.

Sei $\Omega_{K_n} = \bigcup_{i=1}^{k} V_i$ eine Zerlegung von Ω_{K_n} in disjunkte meßbare Umgebungen V_i der x_i, und es werde

$$\tau_i := P(V_i),\ f_i := \frac{1}{\tau_i} 1_{V_i} \text{ und } v_i := \int x\, f_i(x)\, P(dx)$$

gesetzt.

Dann ist

$$\int f_i(x)\, P(dx) = 1 \text{ und } v_i \in \Omega_{K_n} \text{ für } i=1,\dots,n$$

sowie

$$s_n = \int x\, P(dx) = \sum_{i=1}^{k} \tau_i \int_{V_i} \frac{1}{\tau_i} x\, P(dx) = \sum_{i=1}^{k} \tau_i v_i.$$

Seien $\sigma_1,\dots,\sigma_k \geq 0$ weitere Konstanten mit $\sum_{i=1}^{k} \sigma_i = 1$ und

$s_n := \sum_{i=1}^{n} \sigma_i v_i$, und sei $Q := (\sum_{i=1}^{n} \sigma_i f_i).P$.

Dann ist $P = Q$ und damit $\sigma_i = \tau_i$ für $i=1,\dots,k$.

[Man kann sonst nämlich das extremale Element P in eine konvexe Linearkombination $P = \rho.Q + (1-\rho) R$ mit $\rho > 0$ zerlegen, indem man ein $a > 1$, $\sigma_1,\dots,\sigma_k$ wählt und dazu $\rho := \frac{a-1}{a}$, $R := \frac{1}{\rho}(P-(1-\rho)Q)$ setzt.]

Die v_i $(i=1,\dots,k)$ sind also geometrisch unabhängig und damit gilt $k \leq n$, also wird P schon von Punkten $x_1',\dots,x_m'$ mit $m \leq n$ getragen. Beginnt man obige Konstruktion mit diesen Punkten, so sind die zugehörigen $v_i^!$ gleich den $x_i^!$, und damit sind die $x_i^!$ $(i=1,\dots,k)$ geometrisch unabhängig. $\lrcorner$

Satz 19.3: Es sei $\bar{D} := (I_n, D_k, \mathfrak{V})$ ein Entscheidungsproblem mit endlichem Ursachenraum, endlichem Entscheidungsraum und mit $\mathfrak{V} := \mathbb{M}^b\ (I_n \otimes D_k)$. Es seien weiter ε eine Toleranzfunktion zu I_n und $\mathfrak{X} := (K_n, N_{\mathfrak{X}})$, $\mathfrak{Y} := (K_n, N_{\mathfrak{Y}})$ zwei Standard-Experimente zu $\bar{D}$. Dann sind äquivalent:

(i) $\mathfrak{X} \overset{\bar{D}}{\underset{\varepsilon}{\succeq}} \mathfrak{Y}$

(ii) Zu jedem $\delta_{\mathfrak{Y}} \in$ Stoch (K_n, D_k) und $V \in \mathfrak{V}$ existiert ein $\delta_{\mathfrak{X}} \in$ Stoch (K_n, D_k) mit

(1) $$\sum_{i=1}^{n} \langle N_{\mathfrak{X}}\ \delta_{\mathfrak{X}}\ (i,\cdot),\ V(i,\cdot)\rangle$$
$$\leq \sum_{i=1}^{n} (\langle N_{\mathfrak{Y}}\ \delta_{\mathfrak{Y}}\ (i,\cdot),\ V(i,\cdot)\rangle + \varepsilon\ (i)\ ||\ V(i,\cdot)\ ||)$$

(iii) Zu jedem $\delta_{\mathfrak{Y}} \in$ Stoch (K_n, D_k) und zu jedem $V \in \mathfrak{V}$ mit

(*) $$\max_{1 \leq j \leq k} V\ (i,j) = - \min_{1 \leq j \leq k} V\ (i,j) \text{ für alle } 1 \leq i \leq n$$

gibt es ein $\delta_{\mathfrak{X}} \in$ Stoch (K_n, D_k), so daß (1) erfüllt ist.

(iv) Zu jedem $\delta_{\mathfrak{Y}} \in$ Stoch (K_n, D_k) gibt es ein $\delta_{\mathfrak{X}} \in$ Stoch (K_n, D_k) mit

(2) $$||\ N_{\mathfrak{X}}\ \delta_{\mathfrak{X}}\ (i,\cdot) - N_{\mathfrak{Y}}\ \delta_{\mathfrak{Y}}\ (i,\cdot)\ || \leq \varepsilon\ (i) \text{ für alle } i=1,\dots,n.$$

Beweis: Die Implikationen (iv) $\Rightarrow$ (i) $\Rightarrow$ (ii) $\Rightarrow$ (iii) sind klar. Wir zeigen (iii) $\Rightarrow$ (ii) und (ii) $\Rightarrow$ (iv).

(iii) $\Rightarrow$ (ii) Es gelte (iii), und es seien $\delta_{\mathfrak{Y}} \in$ Stoch (K_n, D_k) und $V \in \mathfrak{V}$ vorgegeben. Man definiere $\hat{V} \in \mathfrak{V}$ durch

$$\hat{V}\ (i,j) := 2V\ (i,j) - \max_{1 \leq j \leq k} V\ (i,j) - \min_{1 \leq j \leq k} V\ (i,j)$$

für alle $(i,j) \in \Omega_{I_n} \times \Omega_{D_k}$.

Dann erfüllt $\hat{V}$ die Bedingung (*), und es gilt $||\ \hat{V}\ (i,\cdot)\ || \leq 2\ ||\ V\ ||$. Wählt man nun zu $\hat{V}$ ein $\delta_{\mathfrak{X}}$, das (1) erfüllt, so folgt durch Einsetzen

$$(1')\quad \sum_{i=1}^{n} \langle N_{\mathfrak{X}}\ \delta_{\mathfrak{X}}\ (i,\cdot),\ V(i,\cdot)\rangle$$

$$\leq \sum_{i=1}^{n} (\langle N_{\mathfrak{Y}}\ \delta_{\mathfrak{Y}}\ (i,\cdot),\ V(i,\cdot)\rangle + \varepsilon\,(i)\ \|\ V\ \|)$$

Indem man (1') auf jede der durch $V_i^!\ (j,d) := 1_{\{i\}}\ (j)\ V\ (j,d)$ für alle $(j,d) \in I_n \times D_k$ definierten Verlustfunktionen $V_i^!$ $(i \in \Omega_{I_n})$ anwendet und aufsummiert, erhält man (1).

(ii) $\Rightarrow$ (iv) Sei $\delta_{\mathfrak{Y}} \in$ Stoch (K_n,D_k) vorgegeben. Man definiere eine Funktion ϕ : Stoch $(K_n,D_k) \times \mathfrak{V} \to \mathbb{R}$ durch

$$\phi\ (\delta,V) := \sum_{i=1}^{n} (\langle N_{\mathfrak{X}}\,\delta(i,\cdot),V(i,\cdot)\rangle - \langle N_{\mathfrak{Y}}\,\delta_{\mathfrak{Y}}(i,\cdot),V(i,\cdot)\rangle - \varepsilon(i)\|V(i,\cdot)\|)$$

Dann ist ϕ bei festem V affin-linear (also insbesondere konvex) in δ und bei festem δ konkav in V. Nach (ii) gilt also

$$\sup_{V\in\mathfrak{V}}\ \inf_{\delta\in \text{Stoch}\,(K_n,D_k)}\ \phi\ (\delta,V) \leq 0.$$

Da $(K_n,N_{\mathfrak{X}})$ als Standard-Experiment vorausgesetzt wurde, (d.h. $N_{\mathfrak{X}}\ (i,\cdot) = n\ X_i\ Q_{\mathfrak{X}}$ für ein $Q_{\mathfrak{X}} \in \mathcal{S}(K_n)$ vorliegt), kann man ausnutzen, daß man Stoch (K_n,D_k) mit der Quotientenabbildung modulo $Q_{\mathfrak{X}}$ auf die Menge aller k-Tupel $(f_1,\ldots,f_k) \in L^{\infty}\ (K_n,Q_{\mathfrak{X}})$ mit $0 \leq f_j \leq 1$ für $1 \leq j \leq k$ und $\sum_{i=1}^{k} f_i = 1$ abbilden kann. Diese Menge ist kompakt bezüglich des k-fachen Produkts der Topologie $\sigma\ (L^{\infty},L^1)$, und man kann ϕ zu einer stetigen Funktion $\overline{\phi}$ auf dieser Menge faktorisieren.

Nach dem Minimaxsatz gibt es daher ein $\delta_{\mathfrak{X}} \in$ Stoch (K_n,D_k) mit

$$\sup_{V\in\mathfrak{V}}\ \phi\ (\delta_{\mathfrak{X}},V) = \inf_{\delta\in \text{Stoch}\,(K_n,D_k)}\ \sup_{V\in\mathfrak{V}}\ \phi\ (\delta,V)$$

$$= \sup_{V\in\mathfrak{V}}\ \inf_{\delta\in \text{Stoch}\,(K_n,D_k)}\ \phi\ (\delta,V) \leq 0.$$

Insbesondere ist $\sup_{V\in\mathfrak{V}_i} \phi\ (\delta_{\mathfrak{X}},V) \leq 0$ für jedes $i=1,\ldots,n$, wenn man

$\mathfrak{V}_i$ $(i=1,\ldots,n)$ definiert als die Menge derjenigen $V \in \mathfrak{V}$, zu denen ein $f \in \mathfrak{M}^b\ (D_k)$ mit $-1 \leq f \leq 1$ existiert, so daß $V = 1_{\{i\}} \otimes f$

(d.h. $V(j,d) = 1_{\{i\}}(j)\, f(d)$ für alle $j \in \Omega_{I_n}$ und $d \in \Omega_{D_k}$) gilt.

Dies liefert, wenn man ϕ explizit hinschreibt,

$$\sup_{\substack{f \in \mathbb{M}^b(D_k) \\ \| f \| \leq 1}} \langle N_{\mathfrak{X}}\, \delta_{\mathfrak{X}}(i,\cdot) - N_{\mathfrak{Y}}\, \delta_{\mathfrak{Y}}(i,\cdot),\ 1_{\{i\}} \otimes f(\cdot)\rangle \leq \varepsilon(i),$$

also $\| N_{\mathfrak{X}}\, \delta_{\mathfrak{X}}(i,\cdot) - N_{\mathfrak{Y}}\, \delta_{\mathfrak{Y}}(i,\cdot) \| \leq \varepsilon(i)$ für alle $1 \leq i \leq n$. ⌋

<u>Satz 19.4:</u> Es sei $\underline{D} := (I_n, D_k, \mathfrak{V})$ ein Entscheidungsproblem mit endlichem Ursachenraum, endlichem Entscheidungsraum und mit $\mathfrak{V} := \mathbb{M}^b(I_n \otimes D_k)$. Zu jedem $V \in \mathfrak{V}$ definiere man $\psi_V : \mathbb{R}^n \to \mathbb{R}$ durch

$$\psi_V(x) := \max_{1 \leq j \leq k} \sum_{i=1}^{n} X_i(x)\, V(i,j) \text{ (für alle } x \in \mathbb{R}^n).$$

Dann gilt

a) Für jedes $V \in \mathfrak{V}$ ist $\psi_V \in \Psi_k$:= Menge aller sublinearen Funktionale auf $\mathbb{R}^n$, die Maximum von k Linearformen sind, und umgekehrt gibt es zu jedem $\psi \in \Psi_k$ ein $V \in \mathfrak{V}$ mit $\psi = \psi_V$.

b) Genau dann gilt $\psi(-e_i) = \psi(e_i)$ für alle $i=1,\dots,n$, wenn es ein $V \in \mathfrak{V}$ gibt mit $\psi = \psi_V$ und mit

(1) $$\max_{1 \leq j \leq k} V(i,j) = - \min_{1 \leq j \leq k} V(i,j) \text{ für alle } i=1,\dots,n.$$

c) Ist $\mathfrak{X} := (K_n, N_{\mathfrak{X}})$ ein Standard-Experiment zu $\underline{D}$ mit zugehörigem Standardmaß $Q \in \mathfrak{S}(K_n)$, so gilt für jedes $V \in \mathfrak{V}$ und $\delta \in \text{Stoch}(K_n, D_k)$

(2) $$\int \psi_V\, dQ \geq \frac{1}{n} \sum_{i=1}^{n} \langle N_{\mathfrak{X}}\, \delta(i,\cdot),\ V(i,\cdot)\rangle ,$$

und es gibt ein $\delta_V \in \text{Stoch}(K_n, D_k)$, für das die Gleichheit eintritt.

d) Ist $\varepsilon \in \mathbb{M}^b(I_n)$ eine Toleranzfunktion und sind $Q_1, Q_2 \in \mathfrak{S}(K_n)$ zwei Standardmaße, so gilt $Q_1 \succ_{\varepsilon}^{\underline{D}} Q_2$ genau dann, wenn

(3) $$\int \psi\, dQ_1 \geq \int \psi\, dQ_2 - \frac{1}{n} \sum_{i=1}^{n} \varepsilon(i)\, \psi(e_i)$$

für alle $\psi \in \Psi_k$ mit $\psi(-e_i) = \psi(e_i)$ $(i=1,\dots,n)$ erfüllt ist.

<u>Beweis:</u> a) Die erste Aussage wiederholt nur die Definitionen von ψ_V und Ψ_k. Ist umgekehrt $\psi \in \Psi_k$, etwa $\psi(x) := \max_{1 \le j \le k} L_j(x)$ für alle $x \in \mathbb{R}^n$, so ist $\psi = \psi_V$ für die durch $V(i,j) := L_j(e_i)$ für alle $i=1,\dots,n$; $j = 1,\dots,k$ definierte Funktion $V \in \mathfrak{V}$.

b) Es gelte $\psi(e_i) = \psi(-e_i)$ für alle $i=1,\dots,n$ und $\psi = \max_{1 \le j \le k} L_j$. Dann gilt für das oben definierte V die Gleichungskette

$$\max_{1 \le j \le k} V(i,j) = \psi(e_i) = \psi(-e_i) = \max_{1 \le j \le k} L_j(-e_i)$$

$$= - \min_{1 \le j \le k} L_j(e_i) = - \min_{1 \le j \le k} V(i,j)(i=1,\dots,n)$$

Umgekehrt folgt für ein $V \in \mathfrak{V}$, welches (1) erfüllt,

$$\psi_V(e_i) = \max_{1 \le j \le k} V(i,j) = - \min_{1 \le j \le k} V(i,j)$$

$$= \psi(-e_i) \text{ (alle } i=1,\dots,n)$$

c) Ganz allgemein gilt für jede Matrix $(a_{ij})_{i=1,\dots,n;\ j=1,\dots,k}$ und alle Wahrscheinlichkeitsvektoren $(b_1,\dots,b_n)$, $(c_1,\dots,c_k)$ die Ungleichung

$$\sum_{i=1}^{n} \sum_{j=1}^{k} b_i c_j a_{ij} \le \sum_{j=1}^{k} c_j \max_{1 \le j \le k} \sum_{i=1}^{n} b_i a_{ij}$$

$$= \max_{1 \le j \le k} \sum_{i=1}^{n} b_i a_{ij}$$

Für jedes $\delta \in$ Stoch (K_n, D_k) ist also

$$\int \psi_V \, d\,Q = \int \max_{1 \le j \le k} \sum_{i=1}^{k} X_i(x) V(i,j) \, Q(dx)$$

$$\ge \int \sum_{i=1}^{n} \sum_{j=1}^{k} X_i(x) \, \delta(x,\{j\}) \, V(i,j) \, Q(dx)$$

$$= \frac{1}{n} \sum_{i=1}^{n} \langle N_{\mathfrak{X}} \, \delta(i,\cdot), V(i,\cdot) \rangle$$

Da schließlich die Mengen

$$\Omega_j := \bigcap_{m=1}^{n} \{x \in \Omega_{K_n} : \sum_{i=1}^{n} X_i(x) V(i,j) \ge \sum_{i=1}^{n} X_i(x) V(i,m)\} (j=1,\dots,k)$$

meßbar sind, gibt es ein δ_V mit der behaupteten Eigenschaft, zum Beispiel den durch

$$\delta_V\ (x,\{j\}) := 1_{(\Omega_j \setminus \bigcup_{m=1}^{j-1} \Omega_m)}(x) \quad (x \in K_n,\ j = 1,\dots,k)$$

definierten Kern. (Die leere Vereinigung sei dabei konventionsgemäß gleich $\emptyset$ gesetzt.)

d) Es gelte $Q_1 \overset{\overline{D}}{\underset{\varepsilon}{\succ}} Q_2$, und es sei $\psi \in \Psi_k$ mit $\psi\ (e_i) = \psi(-e_i)(i=1,\dots,n)$ vorgegeben.

Man bestimme gemäß b) ein $V \in \mathfrak{V}$ mit $\psi = \psi_V$ und

$$\max_{1 \leq j \leq k} V\ (i,j) = - \min_{1 \leq j \leq k} V\ (i,j), \text{ also } \psi(e_i) = ||V(i,\cdot)|| \quad (i=1,\dots,n)$$

Zu $-V$ und einem nach c) bestimmten δ_V wähle man ein $\delta_1 \in$ Stoch (K_n,D_k) mit

$$\sum_{i=1}^{n} \langle N_{\mathfrak{X}_1}\ \delta_1\ (i,\cdot),-V(i,\cdot)\rangle \leq \sum_{i=1}^{n} (\langle N_{\mathfrak{X}_2}\ \delta_V\ (i,\cdot),-V(i,\cdot)\rangle + \varepsilon\ (i)\ ||-V(i,\cdot)||).$$

Dabei seien die $(K_n,N_{\mathfrak{X}_\ell})$ die zu den Q_ℓ gehörigen Standard-Experimente $(\ell=1,2)$.

Nach Multiplikation der Ungleichung mit - 1 folgt dann aus (2)

$$\begin{aligned} \int \psi\ d\ Q_1 &\geq \frac{1}{n}\sum_{i=1}^{n} \langle N_{\mathfrak{X}_1}\ \delta_1\ (i,\cdot),\ V\ (i,\cdot)\rangle \\ &\geq \frac{1}{n}\sum_{i=1}^{n} \langle N_{\mathfrak{X}_2}\ \delta_V\ (i,\cdot),\ V\ (i,\cdot)\rangle - \frac{1}{n}\sum_{i=1}^{n} \varepsilon\ (i)\ ||\ V\ (i,\cdot)\ || \\ &= \int \psi\ d\ Q_2 - \frac{1}{n}\sum_{i=1}^{n} \varepsilon\ (i)\ \psi\ (e_i) \end{aligned}$$

wie behauptet.

Sei umgekehrt (3) erfüllt und seien $\delta_2 \in$ Stoch (K_n,D_k) sowie ein $V \in \mathfrak{V}$ mit der Eigenschaft (1) (also wieder $||\ V\ (i,\cdot)\ || = \psi_V\ (e_i)$ für alle $i=1,\dots,n$) vorgegeben.

Man wähle $\delta_1 := \delta_{-V}$, wobei δ_{-V} gemäß c) zu ψ_{-V} bestimmt sei.

Dann gilt

$$\frac{1}{n}\sum_{i=1}^{n} \langle N_{\mathfrak{X}_1} \delta_1 (i,\cdot), V(i,\cdot)\rangle = - \int \psi_{-V} \, d \, Q_1$$

$$\underset{\text{(nach (3))}}{\leq} - \int \psi_{-V} \, d \, Q_2 + \frac{1}{n}\sum_{i=1}^{n} \varepsilon (i) \, \psi_{-V} (e_i)$$

$$\underset{\text{(nach (1) und (2))}}{\leq} -\frac{1}{n}\sum_{i=1}^{n} \langle N_{\mathfrak{X}_2} \delta_2 (i,\cdot), - V(i,\cdot)\rangle + \frac{1}{n}\sum_{i=1}^{n} \varepsilon (i) \, || V(i,\cdot)||$$

Hieraus folgt nach Satz 3 (iii) $Q_1 \overset{\overline{D}}{\succ}_{\varepsilon} Q_2$. ┘

§ 20 Vergleich von Testexperimenten

Die schärfsten und interessantesten Ergebnisse liefert der Informationsvergleich für Testexperimente. Wir geben im folgenden eine Auswahl von leicht zu beweisenden Sätzen, die einige Ideen des Informationsvergleichs von Experimenten exemplifizieren sollen.

In diesen Beispielen beschränken wir uns auf Standard-Experimente. Wir übernehmen die Bezeichnungen von Definition 19.1.

Es sei also

$$K_n := (\Omega_{K_n}, \mathfrak{A}_{K_n}) := (\mathcal{M}^1(I_n), \mathfrak{B}_{\mathcal{M}^1(I_n)}),$$

und es bezeichne $\mathcal{S}(K_n)$ die Menge aller Standardmaße auf K_n.

Ist $P \in \mathcal{S}(K_n)$, so bezeichnen wir das zugeordnete Standard-Experiment in diesem Paragraphen mit $\mathfrak{X}_P$.

$\mathcal{S}_n$ sei die Menge aller Standard-Experimente $\mathfrak{X}_P$ mit $P \in \mathcal{S}(K_n)$.

Schließlich verwenden wir die Abkürzungen $\mathfrak{X} \overset{k}{\underset{\varepsilon}{\succ}} \mathcal{Y}$, $\Delta_k(\mathfrak{X}, \mathcal{Y})$ und Δ der Definition 19.1.

Entscheidend benützt werden in diesem Paragraphen einige Sätze über sublineare Funktionen auf dem $\mathbb{R}^n$, die im folgenden zusammengestellt werden:

Eine stetige Funktion $\psi : \mathbb{R}^n \to \mathbb{R}$ heißt sublinear, wenn gilt

(1 a) $f(\alpha x) = \alpha f(x)$ für alle $x \in \mathbb{R}^n$ und $\alpha \in \mathbb{R}_+$

(1 b) $f(x + y) \leq f(x) + f(y)$ für alle $x,y \in \mathbb{R}^n$.

Dies ist gleichbedeutend mit der Bedingung

(2) $f(\alpha x + \beta y) \leq \alpha f(x) + \beta f(y)$ für alle $x,y \in \mathbb{R}^n$ und $\alpha,\beta \in \mathbb{R}_+$

Ist $\psi : \mathbb{R}^n \to \mathbb{R}$ sublinear, so ist

$$D_\psi := \{x \in \mathbb{R}^n : \langle x,y \rangle \leq \psi(y) \text{ für alle } y \in \mathbb{R}^n\}$$

eine konvexe, kompakte Menge, und ist $D \subset \mathbb{R}^n$ konvex, kompakt, so ist die durch

$$\psi_D(x) := \sup_{y \in D} \langle x,y \rangle \quad \text{für alle } x \in \mathbb{R}^n$$

definierte Funktion $\psi_D : \mathbb{R}^n \to \mathbb{R}$ sublinear.

Es gilt $D_{\psi_D} = D$ und $\psi_{D_\psi} = \psi$.

Ist $\psi_D := \sup_{i \in I} \psi_{D_i}$, so ist $D = \overline{\text{conv}} \left(\bigcup_{i \in I} D_i \right)$, und ist $D = \sum_{k=1}^{n} D_k$, so ist $\psi_D := \sum_{k=1}^{n} \psi_{D_k}$.

<u>Satz 20.1:</u> Es seien $\mathfrak{X}_P, \mathfrak{X}_Q \in \mathcal{S}_n$. Genau dann gilt

$$\mathfrak{X}_P \overset{2}{\underset{\varepsilon}{\succ}} \mathfrak{X}_Q,$$

wenn für jedes $x := (\xi_1,\ldots,\xi_n) \in \mathbb{R}^n$

$$\left\| \sum_{i=1}^{n} \xi_i X_i P \right\| \geq \left\| \sum_{i=1}^{n} \xi_i X_i Q \right\| - \frac{1}{n} \sum_{i=1}^{n} \varepsilon(i) \mid \xi_i \mid$$

<u>Beweis:</u> Wegen $a \vee b = \frac{1}{2} (a+b + \mid a-b \mid)$ läßt sich jedes $\psi \in \Psi_2$ schreiben als $\psi = L_1 + \mid L_2 \mid$, wobei L_1 und L_2 zwei Linearformen auf $\mathbb{R}^n$ sind, also $\mid L_2 \mid = L_2 \vee (-L_2) \in \Psi_2$.

Nach Satz 19.4 d) ist daher $\mathfrak{X}_P \overset{2}{\underset{\varepsilon}{\succ}} \mathfrak{X}_Q$ äquivalent mit

$$(*) \quad \int \mid L \mid dP \geq \int \mid L \mid dQ - \frac{1}{n} \sum_{i=1}^{n} \varepsilon(i) \mid L(e_i) \mid$$

für alle $L \in \Psi_1$.

Da sich jedes $L \in \Psi_1$ darstellen läßt als $L = \sum_{i=1}^{n} \xi_i X_i$, folgt hieraus die Behauptung. $\lrcorner$

Wir treffen zwei Vereinbarungen:

Zu $P \in \mathcal{S}(K_n)$ sei $B(P) := \{x := (\xi_1,\ldots,\xi_n) \in \mathbb{R}^n$: Es gibt ein $t \in \mathbb{M}_{(1)}(K_n)$ mit $\xi_i = \int t n X_i dP$ für $1 \leq i \leq n\}$.

Sind $x,y \in \mathbb{R}^n$, so sei

$[x,y] := \{z \in \mathbb{R}^n : X_i(x) \leq X_i(z) \leq X_i(y)$ für alle $1 \leq i \leq n\}$.

$B(P)$ und $[x,y]$ sind konvexe, kompakte Teilmengen des $\mathbb{R}^n$.

<u>Korollar:</u> Für $P, Q \in \mathcal{S}(K_n)$ sind äquivalent:

(i) $\mathfrak{X}_P \overset{2}{\underset{\varepsilon}{\succ}} \mathfrak{X}_Q$

(ii) $B(P) + \frac{1}{2}[-\varepsilon,\varepsilon] \supset B(Q)$

<u>Beweis:</u> Wir benutzen die Formel

$$||\mu|| = 2 \cdot \sup_{t \in \mathcal{M}_{(1)}(\Omega,\mathfrak{A})} \int t \, d\mu - \mu(\Omega)$$

für die Totalvariation eines endlichen Maßes μ auf einem Meßraum $(\Omega, \mathfrak{A})$.
Es ist daher

$$\psi_{B(P)}(x) = \sup_{t \in \mathcal{M}_{(1)}(K_n)} \sum_{i=1}^{n} \xi_i \int t n X_i \, dP$$

$$= \frac{1}{2} \left(|| \sum_{i=1}^{n} \xi_i n X_i P || + \sum_{i=1}^{n} \xi_i \right)$$

und entsprechend

$$\psi_{B(Q)}(x) = \frac{1}{2} \left(|| \sum_{i=1}^{n} \xi_i n X_i Q || + \sum_{i=1}^{n} \xi_i \right)$$

für alle $x = (\xi_1,\ldots,\xi_n) \in \mathbb{R}^n$.

Aus $\psi_{\frac{1}{2}[-\varepsilon,\varepsilon]} = \frac{1}{2} \sum_{i=1}^{n} \varepsilon(i)|X_i|$ folgt nun, daß sowohl (i) als auch (ii) äquivalent ist mit der Ungleichung

$$\psi_{B(P)} + \psi_{\frac{1}{2}[-\varepsilon,\varepsilon]} \geq \psi_{B}(Q) \quad \lrcorner$$

<u>Satz 20.2:</u> Für $P, Q \in \mathcal{G}(K_n)$ sind äquivalent:

(i) $\mathfrak{X}_P \underset{\varepsilon}{\overset{2}{\succ}} \mathfrak{X}_Q$

(ii) Zu jeder Zerlegung von $\{1,\ldots,n\}$ in zwei disjunkte Mengen H_o und H_1 und zu jedem $\beta' \in B(Q)$ existiert ein $\beta \in B(P)$ mit

$$\beta \cdot 1_{H_o} \leq (\beta' + \frac{1}{2}\varepsilon) \, 1_{H_o}$$

$$\beta \cdot 1_{H_1} \leq (\beta' - \frac{1}{2}\varepsilon) \cdot 1_{H_1}$$

<u>Beweis:</u> Dies ist nur eine Umformulierung des Korollars zu Satz 1. $\lrcorner$

Weitere Umformulierungen erhalten wir, indem wir die Abstände im Sinne von Hausdorff bzw. Lévy heranziehen:

Definition 20.1:

a) Es sei $\mathfrak{K}$ das System der kompakten Teilmengen des $\mathbb{R}^n$. Zu $x \in \mathbb{R}^n$ und $K, K_1, K_2 \in \mathfrak{K}$ setze man

$$d\,(x,K) := \inf_{y \in K} d\,(x,y),$$

$$d_H\,(K_1,K_2) := \max\,(\sup_{x_1 \in K_1} d\,(x_1,K_2),\ \sup_{x_2 \in K_2} d\,(x_2,K_1))$$

d_H heißt Hausdorff-Abstand auf $\mathfrak{K}$.

b) Es sei $\mathfrak{I}$ die Menge aller isotonen, beschränkten reellen Funktionen auf $\mathbb{R}$. Zu $f_1, f_2 \in \mathfrak{I}$ setze man

$$d_L\,(f_1,f_2) := \inf\{\varepsilon \geq 0 : f_1(x-\varepsilon)-\varepsilon \leq f_2(x) \leq f_1(x+\varepsilon)+\varepsilon \text{ für alle } x \in \mathbb{R}\}$$

d_L heißt Lévy-Abstand auf $\mathfrak{I}$.

Die Funktionen d_H bzw. d_L sind bekanntlich Metriken.

Satz 20.3: Für P, $Q \in \mathfrak{J}(K_n)$ gilt

$$\Delta_2\,(\mathfrak{X}_P, \mathfrak{X}_Q) = 2\,d_H\,(B(P),\,B\,(Q))$$

Beweis: Zu jedem $x \in B\,(P)$ existiert nach dem Korollar zu Satz 1 ein $y \in B\,(Q)$ mit $||\,x - y\,|| \leq \frac{1}{2}\,\Delta_2\,(\mathfrak{X}_P, \mathfrak{X}_Q)$, also gilt $d\,(x,B(Q)) \leq \frac{1}{2}\,\Delta_2\,(\mathfrak{X}_P, \mathfrak{X}_Q)$ für alle $x \in B\,(P)$, d.h. $d_H\,(B\,(P),\,B\,(Q)) \leq \frac{1}{2}\,\Delta_2\,(\mathfrak{X}_P, \mathfrak{X}_Q)$.

Umgekehrt gibt es zu jedem $x \in B\,(P)$ nach Definition des Hausdorff-Abstandes ein $y \in B\,(Q)$ mit

$$||\,x - y\,|| = d\,(x,B(Q)) \leq d_H\,(B(P),\,B(Q)).$$

Damit gilt mit der Bezeichnung $e := (1,\ldots,1)$

$$B(P) \subset B(Q) + [-\,d_H\,(B(P),B(Q))\,e,\ +\,d_H\,(B(P),B(Q))\,e],$$

nach dem Korollar zu Satz 1 also mit $\rho_2 := \rho_{\underline{D}_2}$

$$\rho_2\,(\mathfrak{X}_P, \mathfrak{X}_Q) \leq 2\,d_H\,(B(P),B(Q)).$$

Analog folgt $\rho_2(\mathfrak{X}_Q, \mathfrak{X}_P) \leq 2\, d_H(B(P),B(Q))$ und somit die Behauptung. ⅃

<u>Satz 20.4:</u> Es seien $P, Q \in \mathcal{G}(K_n)$, und es gelte $\mathfrak{X}_P \overset{2}{\underset{\varepsilon}{\succ}} \mathfrak{X}_Q$. Dann ist der Träger von Q in der konvexen Hülle des Trägers von P enthalten.

<u>Beweis:</u> Es sei C die konvexe Hülle des Trägers von P. Man wähle abzählbar viele Linearformen $L_n \in \Psi_1$ und abzählbar viele $a_n \in \mathbb{R}$ derart, daß $C = \bigcap_{n\in\mathbb{N}} [L_n \leq a_n]$ (indem man die L_n etwa als trennende Hyperebenen zwischen C und den Punkten mit rationalen Koordinaten wählt). Aus $\mathfrak{X}_P \overset{2}{\underset{0}{\succ}} \mathfrak{X}_Q$ folgt mit Satz 19.4 d) für jedes $n \in \mathbb{N}$

$$\int (L_n - a_n)^+ \, dQ \leq \int (L_n - a_n)^+ \, dP = 0$$

und damit

$$Q(\complement C) = Q\Big(\bigcup_{n\in\mathbb{N}} [L_n > a_n]\Big) = 0. \quad ⅃$$

<u>Satz 20.5:</u> Es seien $P, Q \in \mathcal{G}(K_2)$, und es gelte $\mathfrak{X}_P \overset{2}{\underset{\varepsilon}{\succ}} \mathfrak{X}_Q$. Dann gilt $\mathfrak{X}_P \overset{k}{\underset{\varepsilon}{\succ}} \mathfrak{X}_Q$ für alle $k \geq 2$.

<u>Beweis:</u> Wir wollen benutzen, daß $\mathfrak{X}_P \overset{k}{\underset{\varepsilon}{\succ}} \mathfrak{X}_Q$ gleichbedeutend damit ist, daß für beliebiges $\psi \in \Psi_k$ gilt

$$\int \psi \, dP \geq \int \psi \, dQ - \frac{1}{2n} \sum_{i=1}^{n} \varepsilon(i)(\psi(e_i) + \psi(-e_i))$$

[Man erhält dieses Kriterium, indem man $\psi \in \Psi_k$ durch

$\psi^* := \psi - \frac{1}{2} \sum_{i=1}^{n} (\psi(e_i) - \psi(-e_i))\, X_i$ ersetzt und Satz 19.4 d) anwendet.]

Wegen n = 2 gibt es nun zu jedem $\psi \in \Psi_k$ Konstanten $a_1,\ldots,a_k$ und $b_1,\ldots,b_k$ mit $\psi = \bigvee_{i=1}^{k} (a_i X_1 + b_i X_2)$.

Nach eventueller Umordnung kann man annehmen, daß für alle y > 0 $\psi(1,y) = \bigvee_{i=1}^{s} (a_i + b_i y)$ ist, wobei s in dem Sinne minimal ist, daß es zu jedem $i \leq s$ ein $y > 0$ gibt mit $a_i + b_i\, y > \bigvee_{j \neq i}^{s} (a_j + b_j\, y)$. Dann sind alle $b_1, \ldots, b_s$ voneinander verschieden. Setzt man außerdem noch o.B.d.A. $b_1 < b_2 < \ldots < b_s$ voraus, so folgt $a_1 > a_2 > \ldots > a_s$. Auf $K_2 \cup \{-e_1, -e_2\}$ (mit Gleichheit auf K_2) ist dann

$$\psi \geq a_1\, X_1 + b_1\, X_2 + \sum_{i \geq 2} (a_i\, X_1 + b_i\, X_2 - a_{i-1}\, X_1 - b_{i-1}\, X_2)^+,$$

mit dem zu Beginn erwähnten Kriterium folgt also die Behauptung. ⌟

Satz 20.6: Es seien $P, Q \in \mathcal{S}(K_2)$, und $\beta_P, \beta_Q : \mathbb{R}_+ \to [0,1]$ seien definiert durch

$$\beta_P(\alpha) := \sup \{ \int t2X_2\, dP : t \in \mathfrak{M}_{(1)}(K_2), \int t2X_1\, dP \leq \alpha \}$$

$$\beta_Q(\alpha) := \sup \{ \int t2X_2\, dQ : t \in \mathfrak{M}_{(1)}(K_2), \int t2X_1\, dQ \leq \alpha \}$$

(alle $\alpha \in \mathbb{R}_+$)
Dann gilt

$$d_L(\beta_P, \beta_Q) = \frac{1}{2}\, \Delta_2(\mathfrak{X}_P, \mathfrak{X}_Q)$$

Beweis: Es gilt nämlich nach dem Korollar zu Satz 1 sogar schärfer

$$\mathfrak{X}_P \overset{2}{\underset{\varepsilon}{\succ}} \mathfrak{X}_Q \iff B(P) + \frac{1}{2}[-\varepsilon, \varepsilon] \supset B(Q)$$

$$\iff \beta_P\left(\alpha + \frac{\varepsilon(1)}{2}\right) + \frac{\varepsilon(2)}{2} \geq \beta_Q(\alpha) \text{ für alle } \alpha \in \mathbb{R}_+.$$ ⌟

Als letztes wollen wir noch zeigen, daß die Pseudometrik Δ auf $\mathcal{S}(K_n)$ eine Metrik ist. Wir führen als Hilfsmittel den Begriff der Laplacefunktion eines W-Maßes ein.

Definition 20.2: Die zu $P \in \mathcal{M}^1(K_n)$ durch

$$\mathcal{L}_P(x) := \int X_1^{\xi_1} \cdot \ldots \cdot X_n^{\xi_n}\, dP \text{ für } x := (\xi_1, \ldots, \xi_n) \in \Omega_{K_n}$$

definierte Funktion $\mathcal{L}_P \in \mathfrak{M}_{(1)}(K_n)$ wird Laplace-Funktion des Maßes P genannt.
Ist P ein Standardmaß in $\mathcal{M}^1(K_n)$, so spricht man auch von der Laplace-Funktion des Standard-Experiments $\mathfrak{X}_P$.

Lemma 20.1: Für Maße $P, Q \in \mathcal{M}^1(K_n)$ folgt aus $\mathcal{L}_P = \mathcal{L}_Q$ stets $P = Q$.

Beweis: Wir können o.B.d.A. $P(\mathring{\Omega}_{K_n}) = 1$ voraussetzen.

[Denn hieraus folgt der allgemeine Fall durch Zerlegung des Simplex Ω_{K_n} in niederdimensionale Rand-Simplizes.]

Wir betrachten nun die durch

$$u(x) := (\log \xi_1, \ldots, \log \xi_n)$$

für alle $x \in \mathring{\Omega}_{K_n}$ definierte Funktion $u : \mathring{\Omega}_{K_n} \to \mathbb{R}^n$.
Dann gilt für alle $y := (\eta_1, \ldots, \eta_n) \in \Omega_{K_n}$

$$\begin{aligned}\mathcal{L}_P(\eta_1, \ldots, \eta_n) &= \int e^{\eta_1 \log \xi_1 + \cdots + \eta_n \log \xi_n} P(dx) \\ &= \int e^{\langle y, x \rangle} u(P)(dx) = \widehat{u(P)}(i\eta_1, \ldots, i\eta_n) \\ &= \widehat{u(Q)}(i\eta_1, \ldots, i\eta_n),\end{aligned}$$

wobei mit ^ die Fouriertransformierte bezeichnet werde.

Da das Integral existiert, ist die durch das Integral dargestellte Funktion holomorph. Nach dem Identitätssatz für holomorphe Funktionen ist $\widehat{u(P)} = \widehat{u(Q)}$; nach dem Identitätssatz für Fourier-Transformierte ist $u(P) = u(Q)$, und da u^{-1} existiert und meßbar ist, folgt $P = Q$. ┘

Satz 20.7: Ist $\Delta(\mathcal{X}_P, \mathcal{X}_Q) = 0$ für zwei Standardmaße P,Q erfüllt, so gilt $P = Q$.

Beweis: Angenommen, es wäre $P \neq Q$. Nach Lemma 1 ist dann $\mathcal{L}_P \neq \mathcal{L}_Q$, d.h. es existiert ein $x := (\xi_1, \ldots, \xi_n) \in \Omega_{K_n}$ mit

$$\int X_1^{\xi_1} \cdot \ldots \cdot X_n^{\xi_n} \, dP \neq \int X_1^{\xi_1} \cdot \ldots \cdot X_n^{\xi_n} \, dQ.$$

Andererseits gibt es, da die Funktion $X_1^{\xi_1} \cdot \ldots \cdot X_n^{\xi_n}$ konkav ist, eine Folge affin-linearer Funktionen $f_k : \mathbb{R}^n \to \mathbb{R}$ mit

$$-X_1^{\xi_1} \cdot \ldots \cdot X_n^{\xi_n} = \lim_{k \to \infty} \bigvee_{i=1}^{k} f_i.$$

Nach Satz 19.4 d) ist aber

$$\int \bigvee_{i=1}^{k} f_i \, dP = \int \bigvee_{i=1}^{k} f_i \, dQ$$

und damit

$$- \int X_1^{\xi_1} \cdot \ldots \cdot X_n^{\xi_n} \, dP = \lim_{k \to \infty} \int \bigvee_{i=1}^{k} f_i \, dP = \lim_{k \to \infty} \int \bigvee_{i=1}^{k} f_i \, dQ$$

$$= - \int X_1^{\xi_1} \cdot \ldots \cdot X_n^{\xi_n} \, dQ,$$

und das ist ein Widerspruch. ⌟

§ 21 Erschöpftheit und Vollständigkeit

Es sei $\mathfrak{X} := (\Omega, \mathfrak{A}, \{P_1,\dots,P_n\})$ ein endliches Experiment. Nach dem Satz von Radon-Nikodym gibt es $\mathfrak{A}$-meßbare Funktionen $f_1,\dots,f_n \in \mathcal{M}_{(1)}(\Omega, \mathfrak{A})$ mit

$$\sum_{k=1}^{n} f_k = 1 \text{ und } P_k = f_k\left(\sum_{i=1}^{n} P_i\right) \text{ für alle } 1 \leq k \leq n.$$

Definition 21.1:

a) Die Abbildung $f_{\mathfrak{X}} : (\Omega, \mathfrak{A}) \to K_n$ sei gegeben durch $f_{\mathfrak{X}}(\omega) := (f_1(\omega),\dots,f_n(\omega))$ (für alle $\omega \in \Omega$).

b) Es seien $P_{\mathfrak{X}} := f_{\mathfrak{X}}\left(\frac{1}{n}\sum_{k=1}^{n} P_k\right) \in \mathcal{M}^1(K_n)$ sowie

$$P_{k\mathfrak{X}} := f_{\mathfrak{X}}(P_k) \in \mathcal{M}^1(K_n)$$

c) $\mathfrak{X}^s$ sei das Experiment $(\Omega_{K_n}, \mathfrak{A}_{K_n}, \{nX_1P_{\mathfrak{X}},\dots,nX_nP_{\mathfrak{X}}\})$.

Satz 21.1: $P_{k\mathfrak{X}} = nX_k P_{\mathfrak{X}}$ für alle $1 \leq k \leq n$.

Beweis: Für $B \in \mathfrak{A}_{K_n}$ und $1 \leq k \leq n$ gilt

$$(n X_k P_{\mathfrak{X}})(B) = \int_B n X_k \, dP_{\mathfrak{X}} = \int n 1_B X_k \, d f_{\mathfrak{X}} \cdot \left(\frac{1}{n}\sum_{i=1}^{n} P_i\right)$$

$$= \int n 1_B (f_{\mathfrak{X}}(\omega)) X_k (f_{\mathfrak{X}}(\omega)) \left(\frac{1}{n}\sum_{i=1}^{n} P_i\right)(d\omega) = \int 1_{f_{\mathfrak{X}}^{-1}(B)} f_k \, d\left(\sum_{i=1}^{n} P_i\right)$$

$$= P_k(f_{\mathfrak{X}}^{-1}(B)) = [f_{\mathfrak{X}}(P_k)](B) = P_{k\mathfrak{X}}(B) \quad \lrcorner$$

Aus Satz 1 folgt nun unmittelbar:

1. $\int X_k \, d P_{\mathfrak{X}} = \frac{1}{n}$ für alle $1 \leq k \leq n$

2. Wegen $f_k = X_k \circ f_{\mathfrak{X}}$ ist $f_{\mathfrak{X}}$ nach Satz 5.3 erschöpfend.

Damit ist eine Motivierung für folgende Definition gegeben:

Definition 21.2:

a) $\mathfrak{X}^s$ heißt das zu $\mathfrak{X}$ gehörige Standard-Experiment.

b) $P_{\mathfrak{X}}$ heißt das zu $\mathfrak{X}$ gehörige Standardmaß.

Satz 21.2: Es sei $\underline{D} := (I_n, D_k, \mathfrak{V})$ ein Entscheidungsproblem mit $\mathfrak{V} := \mathfrak{M}^b\,(I_n \otimes D_k)$. Dann gilt für zwei Experimente $\mathfrak{X}, \mathfrak{Y} \in \mathcal{E}(\underline{D})$:

$$\Delta_{\underline{D}}(\mathfrak{X},\mathfrak{Y}) = \Delta_{\underline{D}}(\mathfrak{X}^s, \mathfrak{Y}^s)$$

Bemerkung: Wegen $(\mathfrak{X}^s)^s = \mathfrak{X}^s$ wird in diesem Satz insbesondere behauptet, daß $\Delta_{\underline{D}}(\mathfrak{X},\mathfrak{X}^s) = 0$ ist, d.h. daß $\mathfrak{X} \overset{\underline{D}}{\sim} \mathfrak{X}^s$ gilt.

Beweis: Es ist hinreichend, die Behauptung $\Delta_{\underline{D}}(\mathfrak{X}, \mathfrak{X}^s) = 0$ nachzuweisen; denn daraus folgt

$$\Delta_{\underline{D}}(\mathfrak{X},\mathfrak{Y}) \leq \Delta_{\underline{D}}(\mathfrak{X}, \mathfrak{X}^s) + \Delta_{\underline{D}}(\mathfrak{X}^s, \mathfrak{Y}^s) + \Delta_{\underline{D}}(\mathfrak{Y}^s,\mathfrak{Y})$$

$$= \Delta_{\underline{D}}(\mathfrak{X}^s, \mathfrak{Y}^s)$$

und

$$\Delta_{\underline{D}}(\mathfrak{X}^s, \mathfrak{Y}^s) \leq \Delta_{\underline{D}}(\mathfrak{X}^s,\mathfrak{X}) + \Delta_{\underline{D}}(\mathfrak{X},\mathfrak{Y}) + \Delta_{\underline{D}}(\mathfrak{Y}, \mathfrak{Y}^s)$$

$$= \Delta_{\underline{D}}(\mathfrak{X},\mathfrak{Y})$$

Da nach Definition von $\mathfrak{X}^s$ stets $\mathfrak{X} \underset{o}{\overset{B}{\succ}} \mathfrak{X}^s$ gilt, genügt es nach Satz 16.2, die Beziehung $\mathfrak{X}^s \underset{o}{\overset{\underline{D}}{\succ}} \mathfrak{X}$ zu zeigen.

Es seien dazu $V \in \mathfrak{M}^b(\Omega_{I_n} \times \Omega_{D_k}, \mathfrak{A}_{I_n} \otimes \mathfrak{A}_{D_k})$ und $\delta \in \mathrm{Stoch}((\Omega,\mathfrak{A}),D_k)$ vorgegeben.

Für $j \in \Omega_{D_k}$ setzen wir $\delta_j := \delta(\cdot,\{j\})$ und wählen aufgrund der Erschöpftheit von $f_{\mathfrak{X}}$ ein $Q_{\delta_j} \in \mathfrak{M}_{(1)}(\Omega, \mathfrak{A})$ mit

$Q_{\delta_j} = E_{P_i}^{\mathfrak{A}(f_{\mathfrak{X}})}(\delta_j)\ [P_i]$ für alle $i=1,\ldots,n$.

Nach dem Faktorisierungssatz existiert demnach zu jedem $j \in \Omega_{D_k}$ ein $\delta_j^s \in \mathfrak{M}_{(1)}(K_n)$ mit $Q_{\delta_j} = \delta_j^s \circ f_{\mathfrak{X}}$, und man kann $\sum_{j=1}^{k} \delta_j^s = 1$ erreichen.

Man hat damit zu δ einen Kern $\delta^s \in$ Stoch (K_n, D_k) mit $\delta^s(x,\{j\}) = \delta_j^s(x)$ für alle $x \in K_n, j \in D_k$ gefunden, so daß für alle $i \in \Omega_{I_n}$ gilt:

$$R^V_{\delta^s}(i) = \langle P_{i\mathfrak{X}}, \delta^s V(i,\cdot)\rangle = \int P_{i\mathfrak{X}}(dx) \sum_{j=1}^k \delta^s(x,\{j\}) V(i,j)$$

$$= \sum_{j=1}^k V(i,j) \int \delta_j^s \, d\, f_{\mathfrak{X}}(P_i) = \sum_{j=1}^k V(i,j) \int \delta_j^s \circ f_{\mathfrak{X}} \, dP_i$$

$$= \int \sum_{j=1}^k \delta_j(\omega) V(i,j) P_i(d\omega) = \int (\delta V_i)(\omega) P_i(d\omega) = R_\delta^V(i),$$

d.h. $\mathfrak{X}^s \underset{o}{\overset{\overline{D}}{\succ}} \mathfrak{X}$, wie behauptet. $\lrcorner$

Wir wenden uns nun der Frage zu, wann die σ-Algebra $\mathfrak{A}(f_{\mathfrak{X}})$ vollständig für $\mathfrak{X}$ ist. Nach Satz 3.1 a) ist hiermit gleichbedeutend, daß die σ-Algebra $\mathfrak{A}_{K_n}$ vollständig für das zugeordnete Standard-Experiment ist. Wir beschränken uns zunächst auf Standard-Experimente.

Satz 21.3: Es sei $(\Omega_{K_n}, \mathfrak{A}_{K_n}, \{nX_1P, \ldots, nX_nP\})$ ein Standard-Experiment. Dann sind folgende Aussagen äquivalent:

(i) $\mathfrak{A}_{K_n}$ ist vollständig.

(ii) $\mathfrak{A}_{K_n}$ ist beschränkt vollständig.

(iii) P ist ein extremales Standardmaß, d.h. $P \in \mathcal{S}_e(K_n)$.

Beweis: (ii) $\Rightarrow$ (iii) : Es seien $Q, R \in \mathcal{S}(K_n)$ zwei Standardmaße mit $P = \frac{1}{2}(Q+R)$. Dann ist $Q \ll P$, und $\frac{dQ}{dP}$ ist beschränkt. Weiter gilt für jedes $i=1,\ldots,n$:

$$\int \left(\frac{dQ}{dP} - 1_{\Omega_{K_n}}\right) d\,(nX_i P) = \int \frac{dQ}{dP}\, n X_i \, dP - \int nX_i \, dP = \int nX_i \, dQ - 1 = 1-1=0.$$

Aus der Beschränkt-Vollständigkeit von $\mathfrak{A}_{K_n}$ folgt daher $\frac{dQ}{dP} = 1\ [X_iP]$

für alle $i=1,\ldots,n$ und damit $Q = P$, d.h. P ist extremal.

(iii) $\Rightarrow$ (i): Es sei $P \in \mathcal{S}_e(K_n)$, d.h. nach Satz 19.2 gilt $P = \sum_{i=1}^n \alpha_i \varepsilon_{x_i}$ mit nichtverschwindenden $\alpha_i \in \mathbb{R}$ und mit geometrisch unabhängigen x_i $(i=1,\ldots,n)$, in deren konvexer Hülle der Punkt $(\frac{1}{n},\ldots,\frac{1}{n})$ liegt. Sei $f \in \mathcal{M}(K_n)$ eine Funktion mit $\int f\, d\,(nX_jP) = 0$ für alle $j=1,\ldots,n$, also mit

$$0 = \int f\, X_i \, dP = \sum_{i=1}^{n} \alpha_i \, f\,(x_i)\, X_j\,(x_i).$$

Dann gilt $\sum_{i=1}^{n} \alpha_i \, f\,(x_i)\, x_i = 0$, und wegen $(\frac{1}{n},\ldots,\frac{1}{n}) \in \operatorname{conv}\,(x_1,\ldots,x_n)$ auch $\sum_{i=1}^{n} \alpha_i \, f\,(x_i) = 0$.

Aus der geometrischen Unabhängigkeit der x_i folgt also $\alpha_i \, f\,(x_i) = 0$ für alle $i=1,\ldots,n$, und wegen $\alpha_i \neq 0$ folgt hieraus weiter $f\,(x_i) = 0$, d.h. $f = 0 \; [X_i \; P]$ für alle $i=1,\ldots,n$.

Da aus der Vollständigkeit Beschränkt-Vollständigkeit folgt, sind hiermit die Äquivalenzen bewiesen. $\lrcorner$

Satz 21.4: Es sei $\mathfrak{X} := (\Omega, \mathfrak{A}, \{P_1,\ldots,P_n\})$ ein endliches Experiment. Dann gilt

(i) Ist $\mathfrak{A}$ beschränkt vollständig, so ist $P_{\mathfrak{X}}$ extremal.

(ii) Ist $P_{\mathfrak{X}}$ extremal, so ist $\mathfrak{A}$ vollständig.

Beweis: (i) Ist $\mathfrak{A}$ beschränkt vollständig, so ist erst recht $\mathfrak{A}\,(f_{\mathfrak{X}})$ beschränkt vollständig (jeweils für $\mathfrak{X}$); nach Satz 3.1 a) ist dann $\mathfrak{A}_{K_n}$ beschränkt vollständig für $\mathfrak{X}^s$, so daß nach Satz 3 $P_{\mathfrak{X}}$ ein extremales Standardmaß ist.

(ii) Es sei $h \in \mathfrak{M}\,(\Omega, \mathfrak{A})$ mit $\int h \, d\, P_k = 0$ für $k=1,\ldots,n$. Da $P_{\mathfrak{X}}$ extremal ist, gibt es n geometrisch unabhängige Punkte $x_1,\ldots,x_n \in \Omega_{K_n}$, n reelle Zahlen $0 \leq \alpha_1,\ldots,\alpha_n \leq 1$ mit $\sum_{i=1}^{n} \alpha_i \, x_i = (\frac{1}{n},\ldots,\frac{1}{n})$ und n Punkte $\omega_1,\ldots,\omega_n \in \Omega$ mit

$$P_k = n \sum_{i=1}^{n} \alpha_i \, X_k\,(x_i)\, \varepsilon_{\omega_i} \quad (k=1,\ldots,n).$$

Nach Voraussetzung gilt also

$$(*) \quad 0 = \sum_{i=1}^{n} \int h \, dP_k = \sum_{k=1}^{n} n \sum_{i=1}^{n} \alpha_i \, X_k\,(x_i)\, h\,(\omega_i) = n \sum_{i=1}^{n} \alpha_i \, h\,(\omega_i)$$

Da $f_{\mathfrak{X}}$ erschöpfend ist, existiert eine Funktion $Q_h \in \mathfrak{M}\,(\Omega, \mathfrak{A}(f_{\mathfrak{X}}))$ mit $Q_h = E_{P_k}^{\mathfrak{A}(f_{\mathfrak{X}})}\,(h)\;[P_k]$ für alle $k=1,\ldots,n$, also insbesondere

$$Q_h\,(\omega_i) = \sum_{i=1}^{n} \alpha_i \, X_k\,(x_i)\, h\,(\omega_i) \quad \text{für alle } k=1,\ldots,n.$$

Zu Q_h gibt es nach dem Faktorisierungssatz eine Funktion $Q_h' \in \mathcal{M}(K_n)$ mit $Q_h = Q_h' \circ f_{\mathfrak{X}}$. Nach Satz 3 folgt aus der Extremalität von $P_{\mathfrak{X}}$ die Vollständigkeit von $\mathfrak{A}_{K_n}$ für $\mathfrak{X}^s$.

Daher ist $Q_h' = 0$ und damit $Q_h = 0$ f.ü., d.h. es gilt

$$\sum_{i=1}^{n} \alpha_i \, h(\omega_i) \, x_i = 0.$$

Aus (*) und der geometrischen Unabhängigkeit der x_i folgt somit $h = 0$ f.ü.. $\lrcorner$

Korollar 21.1: Es sei $\mathfrak{X} := (\Omega, \mathfrak{A}, \{P_1,\ldots,P_n\})$ ein endliches Experiment. Dann gilt

(i) Ist $\mathfrak{A}$ vollständig für $\mathfrak{X}$, so ist $\mathfrak{A} = \mathfrak{A}(f_{\mathfrak{X}})\,[\{P_1,\ldots,P_n\}]$

(ii) $P_{\mathfrak{X}}$ ist genau dann ein extremales Standardmaß, wenn $\mathfrak{A}$ eine vollständige und erschöpfende Unter-σ-Algebra besitzt.

Beweis: (i) Da $\mathfrak{A}$ trivialerweise erschöpfend ist, ist $\mathfrak{A}$ dann nach Satz 3.4 minimal-erschöpfend, also $\mathfrak{A} \subset \mathfrak{A}(f_{\mathfrak{X}})\,[\{P_1,\ldots,P_n\}]$.

(ii) Ist $P_{\mathfrak{X}}$ extremal, so ist nach Satz 4 $\mathfrak{A}$ vollständig, also ist bereits $\mathfrak{A}$ selbst eine vollständige und erschöpfende Unter-σ-Algebra. Besitzt $\mathfrak{A}$ eine vollständige und erschöpfende Unter-σ-Algebra, so muß diese gleich der minimal erschöpfenden σ-Algebra $\mathfrak{A}(f_{\mathfrak{X}})$ sein.

Da für das Standardmaß $P_{\mathfrak{Y}}$ des Experiments

$$\mathfrak{Y} := (\Omega, \mathfrak{A}(f_{\mathfrak{X}}), \{\mathrm{Res}_{\mathfrak{A}(f_{\mathfrak{X}})} P_1,\ldots,\mathrm{Res}_{\mathfrak{A}(f_{\mathfrak{X}})} P_n\})$$

$P_{\mathfrak{Y}} = P_{\mathfrak{X}}$ gilt, ist dann nach Satz 4 $P_{\mathfrak{X}}$ extremal. $\lrcorner$

Satz 21.5: Es seien $P, Q \in \mathcal{S}(K_n)$ Standardmaße, und es sei P zudem extremal. Dann sind äquivalent:

(i) $\mathfrak{X}_P \overset{k}{\underset{o}{\succ}} \mathfrak{X}_Q$ für alle $k \geq 2$

(ii) $\mathfrak{X}_P \overset{2}{\underset{o}{\succ}} \mathfrak{X}_Q$

(iii) Der Träger von Q liegt in der konvexen Hülle des Trägers von P.

Beweis: (i) $\Rightarrow$ (ii) ist trivial, und (ii) $\Rightarrow$ (iii) folgt aus Satz 20.4.

(iii) $\Rightarrow$ (i): Es seien $P := \sum_{i=1}^{n} \alpha_i \varepsilon_{x_i}$ mit $\alpha_1,\ldots,\alpha_n \in \mathbb{R}, x_1,\ldots,x_n \in K_n$ geometrisch unabhängig und $C := \mathrm{conv}\,(x_1,\ldots,x_n)$.

Wir betrachten das Experiment

$$\mathfrak{X} := (\{x_1,\ldots,x_n\},\ \mathfrak{P}(\{x_1,\ldots,x_n\}),\ \{P_1,\ldots,P_n\})$$

mit $P_j := \sum_{i=1}^{n} \alpha_i\, n\, X_j\, \varepsilon_{x_i}$ $(j=1,\ldots,n)$.

Dann gilt $\mathfrak{X}^s = \mathfrak{X}_P$. Nach Satz 2 genügt es also, $\mathfrak{X} \overset{k}{\underset{o}{\succ}} \mathfrak{X}_Q$ zu zeigen.

Hierfür wieder ist nach Satz 16.2 hinreichend, einen stochastischen Kern $N : \{x_1,\ldots,x_n\} \times \mathfrak{A}_{K_n} \to \mathbb{R}$ anzugeben mit $N(P_i) = n\, X_i\, Q$ für alle $i=1,\ldots,n$.

Zur Konstruktion eines solchen Kerns benutzen wir die Existenz von affin-linearen Funktionen $f_i : C \to \mathbb{R}$ $(i=1,\ldots,n)$, so daß für jedes $y \in C$

$$(*) \qquad y = \sum_{i=1}^{n} f_i(y)\, x_i$$

gilt (baryzentrische Koordinaten).

Wir definieren eine Funktion $N : \{x_1,\ldots,x_n\} \times \mathfrak{A}_{K_n} \to \overline{\mathbb{R}}$ durch

$$N(x_i,B) := \frac{1}{\alpha_i} \int_B f_i(y)\, Q(dy) \text{ für } i=1,\ldots,n, B \in \mathfrak{A}_{K_n}.$$

Für jedes $B \in \mathfrak{A}_{K_n}$ gilt dann

$$N(\cdot,B) \in \mathbb{M}_+^b(\{x_1,\ldots,x_n\},\ \mathfrak{P}(\{x_1,\ldots,x_n\})),$$

und für jedes $x_i \in \{x_1,\ldots,x_n\}$ gilt

$$N(x_i,\cdot) \in \mathcal{M}_+^b(\Omega_{K_n},\ \mathfrak{A}_{K_n}).$$

Wegen

$$(\tfrac{1}{n},\ldots,\tfrac{1}{n}) = \int_C y\, Q(dy) = \int_C \Big(\sum_{i=1}^{n} f_i(y)\, x_i\Big)\, Q(dy)$$

$$= \sum_{i=1}^{n} \Big(\frac{1}{\alpha_i} \int f_i(y)\, Q(dy)\Big)\, \alpha_i\, x_i$$

ist außerdem $N(x_i,\Omega_{K_n}) = 1$ für alle $i=1,\ldots,n$, d.h. N ist ein stochastischer Kern.

Schließlich gilt für $B \in \mathfrak{A}_{K_n}$ und $j=1,\dots,n$:

$$[N(P_j)](B) = \sum_{i=1}^{n} P_j(\{x_i\})\, N(x_i,B) = \sum_{i=1}^{n} \alpha_i\, n\, X_j(x_i) \frac{1}{\alpha_i} \int_B f_i \, d\,Q$$

$$= \int_B \sum_{i=1}^{n} n\, X_j(x_i)\, f_i \, dQ = \int_B n\, X_j \, d\,Q \text{ (nach (*))}$$

$$= [n\, X_j\, Q]\,(B), \text{ und damit ist alles gezeigt.} \quad \lrcorner$$

Durch Spezialisierung der bisherigen Ergebnisse auf die Situation des Fundamental-Lemmas erhält man den folgenden

<u>Satz 21.6:</u> Es seien $\mathfrak{X} := (\Omega, \mathfrak{A}, \{P_1, P_2\})$ und $\mathfrak{X}' := (\Omega', \mathfrak{A}', \{P_1', P_2'\})$ zwei Experimente und $\beta, \beta' : [0,1] \to [0,1]$ die zu $\mathfrak{X}$ bzw. $\mathfrak{X}'$ wie in Satz 8.3 definierten Funktionen.

Dann sind äquivalent

(i) $\mathfrak{X} \overset{k}{\underset{o}{\succ}} \mathfrak{X}'$ für alle $k \geq 2$

(ii) $\mathfrak{X} \overset{2}{\underset{o}{\succ}} \mathfrak{X}'$

(iii) $\int \psi \, d\, P_{\mathfrak{X}} \geq \int \psi \, d\, P_{\mathfrak{X}'}$ für alle konvexen Funktionen $\psi : K_2 \to \mathbb{R}$

(iv) $\beta \geq \beta'$

<u>Beweis:</u>

(i) <=> (ii) folgt aus Satz 20.5 und 21.2.

(ii) <=> (iii) folgt aus Satz 19.4.

(ii) <=> (iv) folgt aus dem Korollar zu Satz 20.1 mit der gleichen Argumentation wie beim Beweis zu Satz 20.6. $\lrcorner$

Anhang

1. Ergodensatz und Martingalsatz

Die beiden folgenden Sätze aus der W-Theorie werden in der Theorie statistischer Experimente häufig angewandt:

Ergodensatz:

(a) Es seien $(\Omega, \mathfrak{A}, P)$ ein W-Raum und $T : L^1(\Omega, \mathfrak{A}, P) \to L^1(\Omega, \mathfrak{A}, P)$ ein linearer Operator mit $T(L^\infty(\Omega, \mathfrak{A}, P)) \subset L^\infty(\Omega, \mathfrak{A}, P)$, welcher für alle $f \in L^1(\Omega, \mathfrak{A}, P)$, $g \in L^\infty(\Omega, \mathfrak{A}, P)$ die Bedingungen $\| T(f) \|_1 \leq \| f \|_1$, $\| T(g) \|_\infty \leq \| g \|_\infty$ sowie $\int T(f) \cdot g \, dP = \int f \cdot T(g) \, dP$ erfüllt.
Dann existiert zu jeder Funktion $f \in L^1(\Omega, \mathfrak{A}, P)$ eine Funktion $\overline{f} \in L^1(\Omega, \mathfrak{A}, P)$ derart, daß $\frac{1}{n} \sum_{k=0}^{n-1} T^k(f)$ P-fast überall gegen $\overline{f}$ konvergiert.

(b) Gibt es eine meßbare Abbildung $\tau : (\Omega, \mathfrak{A}) \to (\Omega, \mathfrak{A})$ derart, daß für alle $f \in L^1(\Omega, \mathfrak{A}, P)$ die Beziehung $T(f) = f \circ \tau$ erfüllt ist, und setzt man

$$\mathfrak{F}_\tau := \{A \in \mathfrak{A} : P(\tau^{-1}(A) \,\Delta\, A) = 0\},$$

so gilt für alle $f \in L^1(\Omega, \mathfrak{A}, P)$:

$$\overline{f} = E_P^{\mathfrak{F}_\tau}(f)$$

Martingalsatz:

Es seien $(\Omega, \mathfrak{A}, P)$ ein Maßraum und $(\mathfrak{A}_n)_{n \in \mathbb{Z}}$ ein indiziertes System von σ-Algebren derart, daß für $n_1 \leq n_2$ aus $\mathbb{Z}$ $\mathfrak{A}_{n_1} \subset \mathfrak{A}_{n_2}$ gilt.

Wir setzen

$$\mathfrak{A}_{-\infty} := \bigcap_{n \in \mathbb{Z}} \mathfrak{A}_n \text{ und } \mathfrak{A}_\infty := \bigvee_{n \in \mathbb{Z}} \mathfrak{A}_n .$$

Eine Folge $(f_n)_{n \in \mathbb{Z}}$ in $L^1(\Omega, \mathfrak{A}, P)$ heißt Martingal, wenn für jedes Paar $n_1, n_2 \in \mathbb{Z}$ mit $n_1 < n_2$

$$\text{(M)} \qquad E_P^{\mathfrak{A}_{n_1}}(f_{n_2}) = f_{n_1}$$

gilt.

Die Folge $(f_n)_{n \in \mathbb{Z}}$ heißt gleichgradig integrierbar, wenn zu jedem $\varepsilon > 0$ eine Funktion $g_\varepsilon \in L^1(\Omega, \mathfrak{A}, P)$ existiert, so daß $\int (g_\varepsilon - f_n)^+ \, dP < \varepsilon$ für alle $n \in \mathbb{Z}$ gilt.

Ist $(f_n)_{n \in \mathbb{Z}}$ ein gleichgradig integrierbares Martingal, so gibt es Funktionen $f_{-\infty}, f_{+\infty} \in L^1(\Omega, \mathfrak{A}, P)$ mit

$$f_{-\infty} = \lim_{n \to -\infty} f_n \quad [P]$$

$$f_{+\infty} = \lim_{n \to \infty} f_n \quad [P]$$

Für alle $n \in \mathbb{N}$ gilt

$$E_P^{\mathfrak{A}_n}(f_{+\infty}) = f_n$$

und

$$E_P^{\mathfrak{A}_{-\infty}}(f_n) = f_{-\infty}$$

2. Sätze aus der Theorie konvexer, kompakter Mengen

Aus der Theorie der konvexen, kompakten Mengen in lokalkonvexen Hausdorff-Räumen E finden die nachstehenden drei fundamentalen Sätze über die Schwerpunktdarstellung von Maßen, über die Vertauschbarkeit von Extremwert-Bildungen und über die Existenz von Fixpunkten Anwendung:

Existenzsatz von Choquet im metrisierbaren Fall:

Ist K eine metrisierbare kompakte, konvexe Menge in E und bezeichnet man mit K_e die Menge ihrer Extremalpunkte, so gibt es zu jedem $x \in K$ ein von K_e getragenes (Radonsches) W-Maß P_x auf K derart, daß für jede stetige, affin-lineare Funktion $f : K \to \mathbb{R}$ gilt:

$$f(x) = \int f \, dP_x$$

Ist K zudem ein Simplex, so ist das zu $x \in K$ existierende W-Maß P_x auf K eindeutig bestimmt.

Minimax-Satz:

Es seien X eine konvexe, kompakte Menge, Y eine konvexe Menge in E und $f : X \times Y \to \mathbb{R}$ eine Funktion mit den Eigenschaften

(i) Für alle $y \in Y$ ist die Funktion $f(\cdot,y) : X \to \mathbb{R}$ stetig und konkav.

(ii) Für alle $x \in X$ ist die Funktion $f(x,\cdot) : Y \to \mathbb{R}$ konvex.

(iii) $-\infty < \sup_{x \in X} \inf_{y \in Y} f(x,y)$

Dann existiert ein $x_o \in X$ mit

$$\sup_{x \in X} \inf_{y \in Y} f(x,y) = \inf_{y \in Y} \sup_{x \in X} f(x,y) = \inf_{y \in Y} f(x_o,y)$$

Fixpunktsatz von Markoff-Kakutani:

Es seien K eine konvexe, kompakte Menge in E und $\Sigma \subset K^K$ eine Menge stetiger affin-linearer Abbildungen derart, daß für alle $S, T \in \Sigma$ und alle $x \in K$ die Gleichung $S(T(x)) = T(S(x))$ gilt.
Dann existiert ein $x_o \in K$ mit der Eigenschaft $S(x_o) = x_o$ für alle $S \in \Sigma$.

Bibliographische Bemerkungen

Der ideale Leser des vorliegenden Textes sollte eine elementare Einführung in die mathematische Statistik erhalten haben und die Grundzüge der Maß- und Wahrscheinlichkeitstheorie kennen. Als möglichst ökonomische Referenzen für die maßtheoretischen Vorbereitungen seien die Bücher [2] von Bauer und [22] von Zaanen genannt.

Bezeichnungen und Hilfsmittel

1. Zu einem Meßraum gehörige Funktionenräume

Es wird an die Begriffe des Meß- und Maßraumes erinnert und eine Notation für die gängigen Mengen von meßbaren Funktionen bzw. Maßen verabredet.

Die angesprochenen Charakterisierungen der Räume meßbarer reeller Funktionen findet man bei Meyer [14]. Eine detaillierte Analyse der Banachräume der beschränkten meßbaren Funktionen bzw. der beschränkten Maße ist in [22] enthalten. Besonderheiten der Dualität dieser Banachräume sind den Werken [4] und [5] von Bourbaki zu entnehmen.

Im weiteren werden Tensorprodukte von Meßräumen, Funktionen, Maßen und Operatoren eingeführt. Eine bevorzugte Klasse von Operatoren ist die Menge der stochastischen Kerne zwischen zwei Meßräumen. Ihre einfachsten Eigenschaften werden in [2] und [14] hergeleitet. Das sogenannte diagonale Tensorprodukt ist auf die Bedürfnisse der Kapitel VI und VII zugeschnitten. Die Einführung des symmetrischen Tensorprodukts von σ-Algebren zielt auf das Studium der Ordnungsstatistik in Kapitel V hin.

2. Einem Maß zugeordnete Halbnormen

In diesem Abschnitt werden die wichtigsten Fakten der L^p-Theorie zusammengetragen. Die allgemeine Dualitätstheorie der L^p-Räume ist in [6] zusammen mit [4] dargestellt. In wahrscheinlichkeitstheoretischer Verkleidung stehen die Hauptresultate auch in [16] und [14]. Die Höldersche Ungleichung und verwandte Fragen entnimmt der Leser wiederum [5] für den Fall der konkreten Maßtheorie und [22] für den Fall der abstrakten Maßtheorie. Besonders erwähnt wird der Satz von M. Riesz und G.O. Thorin (Rieszscher Konvexitätssatz), welcher in der Ergodentheorie eine große Rolle spielt.

Der Begriff der schwachen Topologie für in Dualität stehende Paare topologischer Vektorräume wird bei Bourbaki [4] erschöpfend diskutiert. Hier findet man auch einen Beweis für die Schwach-Kompaktheit der Einheitskugel von L^∞.

3. Moduln über $\mathfrak{M}^b(\Omega, \mathfrak{A})$ und $L^\infty(\Omega, \mathfrak{A}, \mu)$

Es wird die Total(Absolut)Stetigkeit von Maßen diskutiert und der Satz von Radon-Nikodym angesprochen, der wiederum im konkreten Fall bei Bourbaki [6] und im abstrakten Fall im Buch von Zaanen [22] mit all seinen Implikationen dargestellt wird. Der Übergang zum Maß mit Dichte wird als Modul-Isomorphismus aufgefaßt in Anlehnung an Neveu [16].

4. Bedingte Erwartungen

Bedingte Erwartungen bezüglich einer σ-Algebra existieren nach dem Satz von Radon-Nikodym. Ihre Eigenschaften sind bei Bauer [2], Meyer [14] und Neveu [16] zusammengestellt und bewiesen. Hervorzuheben ist die bekannte funktionalanalytische Beschreibung der bedingten Erwartung, die der Leser z.Bsp. bei Neveu [16] findet.

5. Standard-Meßräume

Der Begriff des Standard-Meßraums ist systematisch eingeführt bei Parthasarathy [17]. Der direkte (maßtheoretische) Nachweis für die Existenz eines Liftings im Falle vollständiger Maßräume ist im Buch von A. und C. Ionescu Tulcea [9] erbracht. Ein martingaltheoretischer Beweis steht bei Meyer [14]. Die für Kapitel VI wichtige Existenz eines invarianten Liftings auf einer lokalkompakten Gruppe mit abzählbarer Basis geht auf A. und C. Ionescu Tulcea zurück und wird in [38] sichergestellt.

6. Beschreibung von Maßen auf $(\mathbb{R}^n, \mathfrak{B}^n)$ durch Funktionen

Die zur Diskussion stehenden Funktionen sind die Verteilungsfunktion, die Fourier- und die Laplace-Transformierte von Wahrscheinlichkeitsmaßen auf dem n-dimensionalen Borelschen Meßraum.

Eine angemessen kurze Behandlung der Verteilungsfunktion und eine ausführliche Analyse der Fourier-Transformierten findet der Leser bei Bauer [2], die Laplace-Transformierte wird im Buch von Barra [1] behandelt. Die für die vorliegenden Ausführungen grundlegenden Eigenschaften der genannten Funktionen lassen sich jedoch ohne Schwierigkeit auch direkt einsehen.

I. Erschöpfende σ-Algebren

§ 1 Allgemeines über erschöpfende σ-Algebren und Statistiken

Der Inhalt dieses Paragraphen gehört zu jeder Grundlegung des Erschöpftheitsbegriffes. Es wird mit der klassischen Definition der für ein Experiment erschöpfenden σ-Algebren begonnen und eine Reihe von Äquivalenzen bewiesen, die mehr oder weniger versteckt in der Literatur auftreten. Man vgl. etwa Littaye-Petit, Piednoir und van Cutsem [42]. Der Zusammenhang von erschöpfenden σ-Algebren und erschöpfenden Statistiken ist in den Büchern [8] von Fraser, [11] von Lehmann und etwas ausführlicher im Buch von Schmetterer [18] behandelt.

§ 2 Eigenschaften des Systems der erschöpfenden σ-Algebren

Zunächst werden einige maßtheoretische Vorbereitungen getroffen, um Abgeschlossenheitseigenschaften des Systems der erschöpfenden σ-Algebren beweisen zu können. Satz 3 und der recht tiefliegende Satz 4 gehen auf Burkholder [30] zurück. Eine Darstellung des Beweises von Satz 4 ist in der Vorlesungsausarbeitung [19] von Schmetterer enthalten.

§ 3 Vollständigkeit und Minimalerschöpftheit

Am Anfang der Untersuchungen dieses Paragraphen steht der allgemeine Begriff der p-Vollständigkeit, der erst in Kapitel V voll ausgenutzt wird. Elementare Eigenschaften von vollständigen und beschränkt vollständigen σ-Algebren und Statistiken finden sich in der Lehrbuch-Literatur bereits bei Fraser [8] und Lehmann [11], wo auch das auf Girshick, Mosteller und L.J. Savage zurückgehende Beispiel 4 angegeben ist. Minimal erschöpfende σ-Algebren und Statistiken stehen im Mittelpunkt der Darstellung [24] von Bahadur, welche z.Bsp. Satz 3 über die Äquivalenz minimal erschöpfender σ-Algebren und Statistiken enthält. Satz 4 über die Minimalerschöpftheit erschöpfender und beschränkt vollständiger σ-Algebren steht in anderer Form bei Schmetterer [18].

II. Erschöpftheit unter Zusatzbedingungen

§ 4 Erschöpftheit im separablen Fall

Die ersten Betrachtungen über erschöpfende σ-Unteralgebren einer separablen σ-Algebra wurden von Burkholder in [30] angestellt. Beweise der Sätze 1 und 2 stehen in [30]. Hervorzuheben ist die in Korollar 2 formulierte wichtige Abgeschlossenheitseigenschaft des Systems der erschöpfenden σ-Algebren: Ist die Ausgangs-σ-Algebra separabel, so ist das Supremum jeder Folge erschöpfender σ-Unteralgebren selbst erschöpfend.

§ 5 Erschöpftheit im dominierten Fall

In diesem Paragraphen wird der grundlegende Satz von Halmos und Savage über die Charakterisierung erschöpfender σ-Algebren im Falle dominierter Experimente bewiesen. Die Sätze 1 und 2 sowie das Korollar zu Satz 2 entstammen der Arbeit [33]. Die Sätze 3 und 4 sind Folgerungen aus Satz 2. Satz 3 stellt den Ursprung der Theorie der erschöpfenden σ-Algebren dar und muß Neyman zugeschrieben werden. Der Begriff der paarweise erschöpfenden σ-Algebra geht auf Halmos und Savage [33] zurück. In der genannten Arbeit wird bereits Satz 6 bewiesen. Satz 5 ist der bisher unpublizierten Note [46] von Pfanzagl entnommen. Die besonders für die Anwendungen der Theorie der erschöpfenden σ-Algebren in der Testtheorie (Kapitel III) wichtigen exponentiellen Familien erfahren eine detaillierte Behandlung etwa bei Witting in [21]. Eine systematische Theorie wurde von Barndorff-Nielsen in [25] vorgelegt.

§ 6 Beispiele und Gegenbeispiele

Es werden die Voraussetzungen zu den Sätzen der Paragraphen 4 und 5 genauer diskutiert mit dem Ziel, die Notwendigkeit der Zusatzbedingungen nachzuweisen. Die Beispiele 1, 2 und 3 stammen von Burkholder [30], Beispiel 4 ist in der Arbeit [33] von Halmos und Savage enthalten, Beispiel 5 geht auf Pitcher in [48] zurück, Beispiel 6 wird wiederum in [30] angegeben, Beispiel 8 ist eine Modifikation des bekannten Beispiels von Dieudonné für die Nichtexistenz regulärer bedingter Wahrscheinlichkeiten; sie ist in [35] enthalten.

III. Testexperimente

§ 7 Grundbegriffe der Testtheorie

Neben der Einführung der Grundbegriffe der Testtheorie wie Test, Gütefunktion und Trennschärfe enthält der Paragraph den Satz über die Existenz von Maximin-Tests, welcher sich aus der Schwach-Kompaktheit der Einheitskugel von L^{∞} bzgl. L^1 herleiten läßt.
Das Beispiel der Berechnung einer Gütefunktion stammt aus [18].
Eine optimierungstheoretische Formulierung des Testproblems, welche in [21] systematisch dargestellt wird, liefert die Motivierung für die Ausführungen in den beiden nachfolgenden Paragraphen.

§ 8 Konstruktion α-trennscharfer Tests

Der Hauptsatz des Paragraphen ist das auf Neyman und E.S. Pearson zurückgehende Fundamental-Lemma (der Testtheorie).
Unsere Darstellung von Satz 1 schließt sich an Schmetterer [18] an.
Aus dem Fundamental-Lemma folgt die Existenz α-trennscharfer Tests für einfache Hypothesen gegen einfache Alternativen.
In Satz 3 werden Eigenschaften der Gütefunktion zusammengestellt, die erstmals von Schmetterer bewiesen wurden.
In der nachfolgenden Behauptung zitieren wir eine von G.B. Dantzig, Wald und Karlin angegebene Fassung des verallgemeinerten Fundamental-Lemmas. Ein Beweis steht bei Lehmann [11]. Im Buch von Witting [21] findet sich ein optimierungstheoretischer Zugang zum Problem der Konstruktion trennscharfer Tests, welcher am verallgemeinerten Fundamental-Lemma anknüpft.

§ 9 Möglichst ungünstige Mischverteilungen und Bayes-Tests

Die Begriffe der möglichst ungünstigen und der zulässigen Mischverteilung werden zum Nachweis der Existenz trennscharfer Tests herangezogen. Die Theorie geht in ihrem Ursprung auf Lehmann zurück und ist teilweise schon in [11] mit eingearbeitet. Eine neuere Behandlung des Problems der möglichst ungünstigen Mischverteilungen findet man bei Laurant, Oheix und Raoult [40], in deren Arbeit auch die Existenz solcher Mischverteilungen erörtert wird. Im zweiten Teil des Paragraphen werden mittels der Methode der Apriori-Verteilungen Bayes-Tests behandelt. Auch hierzu vgl. man die Arbeit [40].

IV. Trennschärfe und isotoner Likelihoodquotient

§ 10 Isotoner Likelihoodquotient

Den Likelihoodquotienten für den Nachweis der Existenz trennscharfer Tests auszunützen, verdankt man Lehmann, Karlin und Rubin [11]. Satz 1 wird mit einer Idee von Pfanzagl bewiesen, die auch in den Beweis von Satz 2 eingeht. Vgl. hierzu [47]. Die Darstellung des Beweises schließt sich der in [18] gegebenen an.

§ 11 Exponential-Experimente der Ordnung 1

In diesem Paragraphen wird gezeigt, daß aus der Existenz des isotonen Likelihoodquotienten auf die Exponentialstruktur des zugrunde liegenden Experiments geschlossen werden kann. Es zeigt sich (Satz 4), daß α-trennscharfe Tests im wesentlichen nur für Exponential-Experimente existieren, ein Resultat, das auf Borges und Pfanzagl [29] zurückgeht.

§ 12 Weitere Begriffsbildungen der Testtheorie

Im Anschluß an § 11 würde eine ausführliche über die Darstellung der Grundbegriffe hinausreichende Präsentation der Testtheorie beginnen. Wir begnügen uns mit einzelnen weiterführenden Bemerkungen und verweisen den Leser auf die Bücher [7], [8] und [11].
Tests mit Neyman-Struktur wurden bereits von Neyman eingeführt.
Aus der gerade in letzter Zeit stark ausgebauten Theorie der strengen Tests wählen wir nur Satz 2 aus, um das nachfolgende Beispiel in Anlehnung an [18] ausführen zu können. Unverfälschte und ähnliche Tests werden besonders bei Barra [1] und Linnik [13] den Anwendungen erschlossen. Im Mittelpunkt der Studien steht die Konstruktion derartiger Tests für Exponential-Experimente. Vgl. auch [11].

V. Schätzexperimente

§ 13 Erwartungstreue Minimalschätzungen

Grundbegriffe der Schätztheorie sind Erwartungstreue und Minimalität. Wir gehen zunächst von einem sehr allgemeinen Begriff der Verlustfunktion aus, der noch im Kapitel V einer Spezialisierung unterworfen wird. Der Hauptsatz des Paragraphen über die Konstruktion von Minimalschätzungen (Satz 2) geht auf C.R. Rao und Blackwell zurück und steht in ähnlicher Form u.a. bei Fraser [8] und Lehmann [12]. Satz 3 von Lehmann und Scheffé liefert die Eindeutigkeit von Minimalschätzungen im Falle von Vollständigkeit. Eine reiche Beispiel-Sammlung zu diesem Satz entnimmt der Leser der Vorlesungsausarbeitung [12].

§ 14 p-Minimalität

Durch Spezialisierung der Verlustfunktion (in Anpassung an die L^p-Theorie) werden p-Minimalschätzungen definiert und studiert.
Die Hauptresultate des Paragraphen wurden von Schmetterer gefunden und in den Arbeiten [51] und [52] veröffentlicht. Es wird besonders auf den Gebrauch der schwachen Ableitung im Sinne von Gateau hingewiesen, mit deren Hilfe p-Minimalschätzungen charakterisiert werden können. Der Begriff des Gateau-Differentials steht auch im Mittelpunkt der Darstellung von [19].

§ 15 Schätzung mittels der Ordnungsstatistik

Nachdem die Ordnungsstatistik im § 1 als erschöpfend erwiesen wurde für jede Menge von Produktmaßen, soll nunmehr die Vollständigkeit für möglichst umfangreiche Klassen von Maßen etabliert werden.
Satz 2 geht auf Fraser zurück und wird z.Bsp. in [18] bewiesen. In Ergänzung zu diesem auf den atomfreien Fall ausgerichteten Satz liefert Satz 3 für den Fall von konvexen Kombinationen von Dirac-Maßen weitgehende Anwendungen. Unter den grundlegenden Arbeiten zur Vollständigkeit der Ordnungsstatistik sei die Note [26] von Bell, Blackwell und Breiman erwähnt.

VI. Vergleich von Experimenten

§ 16 Entscheidungstheoretische Deutung von Experimenten

In diesem Paragraphen wird eine den nachfolgenden Studien angemessene abstrakte Formulierung der Grundbegriffe der Entscheidungstheorie gegeben, welche auf die speziellere Grundlegung in den Büchern [7] und [18] (Anhang) sowie in [15] aufbaut.

Die Informativität bzgl. einer Toleranzfunktion zwischen Experimenten, welche in Satz 1 eine erste Charakterisierung erfährt, ist von Blackwell in seinen bahnbrechenden Arbeiten [27] und [28] in die mathematische Statistik eingeführt worden. In der Arbeit [28] wird auch bereits (unter anderer Bezeichnung) der Begriff der Blackwell-Informativität eingeführt, der in § 17 genauer analysiert werden wird. Neuere Arbeiten über den abstrakten Rahmen der Theorie des Vergleichs von Experimenten stammen von Romier [49] und Martin, Petit, Petit-Littaye [43]. Satz 2 über den Zusammenhang beider Informativitätsbegriffe sowie Satz 3 über die Vererbung der Blackwell-Informativität auf Produktexperimente sind [41] bzw. [34] entnommen.

§ 17 Erschöpftheit beim Vergleich von Experimenten

Wir beginnen mit der Definition von erschöpfendem und Blackwell-erschöpfendem Kern, zwei Begriffen, unter die sich die klassischen Erschöpftheitsbegriffe der Paragraphen 1 und 2 subsummieren lassen. Als den intuitiv eingängigsten Erschöpftheitsbegriff stellen wir den auf Kullback und Leibler in [39] zurückgehenden informationstheoretisch motivierten in den Mittelpunkt der Darstellung. Wir wählen einen über die Darstellung im Buch [10] von Kullback hinausgehenden neueren Weg, welcher bei der Arbeit [32] von Csiszár anknüpft. Csiszárs Begriff der f-Divergenz hat seinen Ursprung in früheren Arbeiten von Renyi. Zum Beweis von Satz 3 wurde schon bei Heyer in [34] die f-Divergenz herangezogen. Die Methode des Beweises von Satz 4 geht auf [34] zurück. Satz 5 stellt ein Resumée der Äquivalenzen für die diskutierten Erschöpftheitsbegriffe dar, die in [23], [34] und [41] dargelegt sind. Dabei sei angemerkt, daß Le Cam in [41] von einem noch allgemeineren Erschöpftheitsbegriff ausgeht, der auch den entsprechenden Studien in

[15] und bei Littaye-Petit, Piednoir und van Cutsem [42] zugrundeliegt. Inzwischen konnte auch die Theorie der stochastischen Morphismen zwischen Meßräumen im Sinne von Morse, Sacksteder [44], [50] und von Mussmann [45] in den allgemeinen Rahmen eingegliedert werden.
Die Beispiele am Ende des Paragraphen zur Abgrenzung der Voraussetzungen in Satz 5 sind Modifikationen der Beispiele 3 und 8 in § 6. Vgl. hierzu auch [35], wo zudem ein weiterer Beweis von Satz 5 zu finden ist.

§ 18 Vergleich von Translationsexperimenten

Der kurze Paragraph hat zum Ziel, den Vergleich von Experimenten am Beispiel von Translationsexperimenten zu exemplifizieren.
Die ersten drei Äquivalenzen von Satz 1 gehen auf Torgersen [54] und Heyer [37] zurück, die letzte Äquivalenz steht in der Arbeit [36] von Heyer und Tortrat, wo die Aussage im Rahmen der Zerlegbarkeit von Wahrscheinlichkeitsmaßen auf Gruppen auftritt. Der Beweis des Äquivalenzsatzes umgeht die Verwendung des in [54] zitierten Satzes von Boll und verwendet ein allgemeines Fixpunkt-Argument.

VII. Vergleich endlicher Experimente

§ 19 Standard-Experimente

Der Begriff des Standard-Experimentes eines endlichen Experiments ist eine Erfindung von Blackwell in [27] und [28]. Die Theorie der endlichen Experimente steht in engem Zusammenhang mit der Theorie der Integraldarstellung in kompakten, konvexen Mengen, die von Choquet zur Blüte geführt wurde. Vgl. hierzu als allgemeine Referenz das Buch [14] von Meyer. Eine endgültige Form dieses Zusammenhangs ist in der Arbeit [31] von Cartier, Fell und Meyer enthalten und für die statistischen Fragestellungen von Heyer in [34] nutzbar gemacht worden. Eine wesentliche Bereicherung erfuhr die Theorie durch die Arbeit [53] von Torgersen, die auch für die Darstellung in den Paragraphen 20 und 21 grundlegend war. Z.Bsp. wurden die Sätze 3 und 4 erstmals von Torgersen in [53] bewiesen.

§ 20 Vergleich von Testexperimenten

Die Resultate dieses Pargraphen stammen größtenteils aus der Arbeit [53] von Torgersen. Dabei sind die einschlägigen Beiträge von Blackwell in [27] und [28] mit eingearbeitet. Die Idee, Metriken in Mengen von Experimenten einzuführen, muß Le Cam [41] zugeschrieben werden. Auf die Aussage von Satz 6 wird bereits bei Heyer [34] hingewiesen. Instruktiv für die Anwendungen der Theorie ist der entsprechende Paragraph im Buch [11] von Lehmann.

§ 21 Erschöpftheit und Vollständigkeit

Im Mittelpunkt der Erörterung stehen das zu einem endlichen Experiment gehörige Standard-Experiment sowie dessen Standardmaß. In versteckter Form trat bereits bei Blackwell in [27] der (klassische) Erschöpftheitsbegriff in den Zusammenhang mit dem Standard-Experiment. Satz 3 von Torgersen [53] charakterisiert extremale Standardmaße mittels vollständiger bzw. beschränkt vollständiger σ-Algebren. Die meisten der angegebenen Sätze mit statistischem Hintergrund sind Übersetzungen von Fakten aus der Theorie kompakter, konvexer Mengen in lokalkonvexen Vektorräumen.

Anhang

Der Ergodensatz in der vorgelegten Form wird etwa bei Zaanen [22] bewiesen, der zitierte Martingalsatz ist Bestandteil der sorgfältig ausgeführten Martingal-Theorie in den Werken [2] von Bauer und [14] von Meyer. Als Standard-Referenz für die grundlegenden Sätze der Choquet-Theorie sei das Buch [14] von Meyer genannt, wo auch elementare Eigenschaften konvexer Funktionen aufgeführt sind. Der Minimax-Satz spielt eine fundamentale Rolle für die Konzeption des Buches [7] von Ferguson; speziell für die Theorie des Vergleichs von Experimenten zugeschnittene Fassungen stehen bei Le Cam [41] und Heyer [34]. Schließlich findet man einen Beweis des Fixpunktsatzes von Markoff-Kakutani in [3].

Literaturverzeichnis

I Lehrbücher und Vorlesungsausarbeitungen

[1] J.-R. BARRA, Notions Fondamentales de Statistique Mathématique
Dunod (1971)

[2] H. BAUER, Probability Theory and Elements of Measure Theory
Holt, Rinehart and Winston, Inc. (1972)

[3] N. BOURBAKI, Espaces Vectoriels Topologiques
chapitres I, II, 2e édition (1966)

[4] N. BOURBAKI, Espaces Vectoriels Topologiques
chapitres III, IV (1964)

[5] N. BOURBAKI, Intégration
chapitres 1-4, 2e édition (1965)

[6] N. BOURBAKI, Intégration
chapitre 5 (1956)

[7] Th.S. FERGUSON, Mathematical Statistics
Academic Press (1967)

[8] D.A.S. FRASER, Nonparametric Methods in Statistics
John Wiley & Sons (1967)

[9] A. IONESCU-TULCEA, C. IONESCU-TULCEA, Topics in the
Theory of Lifting
Springer (1969)

[10] S. KULLBACK, Information Theory and Statistics
John Wiley & Sons (1959)

[11] E.L. LEHMANN, Testing Statistical Hypotheses
John Wiley & Sons (1959)

[12] E.L. LEHMANN, Notes on the Theory of Estimation
Associated Student's Store, University of
California, Berkeley (1950)

[13] Yu.V. LINNIK, Leçons sur les Problêmes Statistiques Analytiques
Gauthier-Villars (1967)

[14] P.A. MEYER, Probability and Potentials
Blaisdell Publishing Company (1966)

[15] D.W. MÜLLER, Statistische Entscheidungstheorie
Institut für Mathematische Statistik
der Universität Göttingen (1971)

[16] J. NEVEU, Bases Mathématiques du Calcul des Probabilités
Masson et Cie (1964)

[17] K.R. PARTHASARATHY, Probability Measures on Metric Spaces
Academic Press (1967)

[18] L. SCHMETTERER, Einführung in die Mathematische Statistik
2. Auflage, Springer Wien - New York (1966)

[19] L. SCHMETTERER, Quelques Problèmes Mathématiques de la
Statistique, Université de Clermont,
Faculté des Sciences (1967)

[20] B.L. van der WAERDEN, Mathematical Statistics
Springer (1969)

[21] H. WITTING, Mathematische Statistik
B.G. Teubner (1966)

[22] A.C. ZAANEN, Integration
North Holland Publishing Company (1967)

II Ausgewählte spezielle Arbeiten

[23] R.R. BAHADUR, A characterization of sufficiency
Ann.Math.Stat. 26, 286-293 (1955)

[24] R.R. BAHADUR, Statistics and Subfields
Ann.Math.Stat. 26, 490-497 (1955)

[25] O. BARNDORFF-NIELSEN, Exponential Families. Exact Theory
Matematisk Institut Aarhus (1970)

[26] C.B. BELL, D. BLACKWELL, L. BREIMAN, On the completeness
of order statistics
Ann.Math.Stat. 31, 794-797 (1960)

[27] D. BLACKWELL, Comparison of experiments
Proc.Second Berkeley Symposium Math.Stat.Prob.,
93-102 (1951)

[28] D. BLACKWELL, Equivalent comparison of experiments Ann.Math.Stat. 24, 265-272 (1953)

[29] R. BORGES, J. PFANZAGL, A characterization of the one-parameter expontential family of distributions by monotonicity of Likelihood ratios Z.Wahrscheinlichkeitstheorie verw.Geb. 2 (1963), 111-117

[30] D.L. BURKHOLDER, Sufficiency in the undominated case Ann.Math.Stat. 32, 1191-1200 (1961)

[31] P. CARTIER, J.M.G. FELL, P.A. MEYER, Comparaison des mesures portées par un ensemble convexe compact Bull.Soc.Math.France 29, 435-445 (1964)

[32] I. CSISZÂR, Information-type measures of difference of probability distributions and indirect observations Studia Sc.Math.Hung. 2, 299-318 (1967)

[33] P.R. HALMOS, L.J. SAVAGE, Applications of the Radon-Nikodym theorem to the theory of sufficient statistics Ann.Math.Stat. 20, 225-241 (1949)

[34] H. HEYER, Erschöpftheit und Invarianz beim Vergleich von Experimenten Z.Wahrscheinlichkeitstheorie verw.Geb. 12, 21-55 (1969)

[35] H. HEYER, Zum Erschöpftheitsbegriff von D. Blackwell Metrika 19, 54-67 (1972)

[36] H. HEYER, A. TORTRAT, Sur la divisibilité des probabilités dans un groupe topologique Z.Wahrscheinlichkeitstheorie verw.Geb. 16, 307-320 (1970)

[37] H. HEYER, ε-Zerlegbarkeit für Wahrscheinlichkeitsmaße Unpubliziertes Manuskript (1970)

[38] A. IONESCU-TULCEA, C. IONESCU-TULCEA, On the existence of a lifting commuting with the left translations of an arbitrary locally compact group Proc.Fifth Berkeley Symposium on Math.Stat. and Probability, University of California Press, 63-97 (1967)

[39] S. KULLBACK, R.A. LEIBLER, On information and sufficiency
Ann.Math.Stat. 22, 79-86 (1951)

[40] F. LAURANT, M. OHEIX, J.-P. RAOULT, Tests d'hypothèses
Ann.Inst.Henri Poincaré V, 4, 385-414 (1969)

[41] L. LE CAM, Sufficiency and approximate sufficiency
Ann.Math.Stat. 35, 1419-1455 (1964)

[42] M. LITTAYE-PETIT, J.-L. PIEDNOIR, B. van CUTSEM, Exhaustivité
Ann.Inst.Henri Poincaré V, 4, 289-322 (1969)

[43] F. MARTIN, J.L. PETIT, M. LITTAYE-PETIT, Comparaison des expériences
Ann.Inst.Henri Poincaré VII, 2, 145-176 (1971)

[44] N. MORSE, R. SACKSTEDER, Statistical isomorphism
Ann.Math.Stat. 37, 203-214 (1966)

[45] D. MUSSMANN, Schwach dominierte Familien von Maßen
Dissertation München (1971)

[46] J. PFANZAGL, A characterization of sufficiency by power functions
Unpubliziertes Manuskript (1970)

[47] J. PFANZAGL, Überall trennscharfe Tests und monotone Dichtequotienten
Z.Wahrscheinlichkeitstheorie verw.Geb. 1, 109-115 (1963)

[48] T.S. PITCHER, Sets of measures not admitting necessary and sufficient statistics or subfields
Ann.Math.Stat. 28, 267-268 (1957)

[49] G. ROMIER, Modèle d'expérimentation statistique
Ann.Inst.Henri Poincaré V, 4, 275-288 (1969)

[50] R. SACKSTEDER, A note on statistical equivalence
Ann.Math.Stat. 38, 787-794 (1967)

[51] L. SCHMETTERER, On unbiased estimation
Ann.Math.Stat. 31, 1154-1163 (1960)

[52] L. SCHMETTERER, Über eine allgemeine Theorie der erwartungstreuen Schätzungen
Publ.Math.Inst.Hung. Acad.Sci., Ser. A, 6, 295-300 (1961)

[53] E.N. TORGERSEN, Comparison of experiments when the parameter space is finite
Z.Wahrscheinlichkeitstheorie verw.Geb. 16, 219-249 (1970)

[54] E.N. TORGERSEN, Comparison of translation experiments
Ann.Math.Stat. 43, 1400-1411 (1972)

Symbolverzeichnis

Sachverzeichnis

Hochschultext

Innerhalb der *Hochschultexte* werden auf dem Gebiet der Mathematik wichtige Vorlesungsausarbeitungen und Lehrbücher publiziert. Ebenfalls Aufnahme in die *Hochschultexte* finden Übersetzungen bewährter Lehrbücher; wir glauben, auf diese Weise dem Studierenden der Anfangs- und mittleren Semester Bücher zugänglich machen zu können, die in Form und Inhalt im wahrsten Sinn des Wortes brauchbare Arbeitsmittel sind.

Hochschultexte sind auf dem Gebiet der Mathematik Vorstufe und Ergänzung der Lehrbuchreihe *Graduate Texts in Mathematics*, einer Reihe, die (ausschließlich in englischer Sprache) es sich zum Ziel gesetzt hat, in knappen Leitfäden den Studierenden unmittelbar an den heutigen Stand der Wissenschaft heranzuführen.

O. Endler, Valuation Theory. 1972. DM 25,–

M. Gross und A. Lentin, Mathematische Linguistik. 1971. DM 28,–

H. Hermes, Introduction to Mathematical Logic. 1972. DM 28,–

H. Heyer, Mathematische Theorie statistischer Experimente. 1973. DM 19,80

K. Hinderer, Grundbegriffe der Wahrscheinlichkeitstheorie. 1972. DM 19,80

G. Kreisel und J.-L. Krivine, Modelltheorie – Eine Einführung in die mathematische Logik. 1972. DM 28,–

S. Mac Lane, Kategorien – Begriffssprache und mathematische Theorie. 1972. DM 34,–

H. Lüneburg, Einführung in die Algebra. 1973. DM 19,–

G. Owen, Spieltheorie. 1971. DM 28,–

J. C. Oxtoby, Maß und Kategorie. 1971. DM 16,–

G. Preuß, Allgemeine Topologie. 1972. DM 28,–

B. v. Querenburg, Mengentheoretische Topologie. 1973. DM 14,80

H. Werner, Praktische Mathematik I. 1970. DM 14,– (Ursprünglich erschienen als „Mathematica Scripta, Band 1")

H. Werner und R. Schaback, Praktische Mathematik II. 1972. DM 19,80

Preisänderungen vorbehalten

Graduate Texts in Mathematics

Vol. 1 Takeuti/Zaring: Introduction to Axiomatic Set Theory. VII, 250 pages. DM 35,–

Vol. 2 Oxtoby: Measure and Category. VIII, 95 pages. DM 28,–

Vol. 3 Schaefer: Topological Vector Spaces. XI, 294 pages. DM 35,–

Vol. 4 Hilton/Stammbach: A Course in Homological Algebra. IX, 338 pages. DM 44,40

Vol. 5 Mac Lane: Categories. For the Working Mathematician. X, 262 pages. DM 31,50

Vol. 6 Hughes/Piper: Projective Planes. XII, 291 pages. DM 42,50

Vol. 7 Serre: A Course in Arithmetic. X, 115 pages. DM 21,10

Vol. 8 Takeuti/Zaring: Axiomatic Set Theory. VIII, 238 pages. DM 34,10

Vol. 9 Humphreys: Introduction to Lie Algebras and Representation Theory. XIV, 169 pages. DM 34,10

Vol. 10 Cohen: A Course in Simple-Homotopy Theory. XII, 114 pages. DM 23,70

Vol. 11 Conway: Functions of One Complex Variable. Approx. 320 pages. DM 41,10

Vol. 12 Beals: Advanced Mathematical Analysis. Approx. 256 pages. DM 21,10

Vol. 13 Anderson/Fuller: Rings and Categories of Modules. Approx. 384 pages. DM 30,–

Vol. 14 Golubitsky/Guillemin: Stable Mappings and Their Singularities. Approx. 225 pages. In preperation.

Vol. 16 Winter: The Structure of Fields. In preperation.

Heidelberger Taschenbücher

50 Rademacher/Toeplitz: Von Zahlen und Figuren. DM 8,80
51 Dynkin/Juschkewitsch: Sätze und Aufgaben über Markoffsche Prozesse. DM 14,80
64 Rehbock: Darstellende Geometrie. 3. Auflage. DM 12,80
65 Schubert: Kategorien I. DM 12,80
66 Schubert: Kategorien II. DM 10,80
67 Selecta Mathematica II. Herausgegeben von K. Jacobs. DM 12,80
73 Pólya/Szegö: Aufgaben und Lehrsätze aus der Analysis I. 4. Auflage. DM 12,80
74 Pólya/Szegö: Aufgaben und Lehrsätze aus der Analysis II. 4. Auflage. DM 14,80
80 Bauer/Goos: Informatik. Eine einführende Übersicht I (Sammlung Informatik). DM 9,80
85 Hahn: Elektronik-Praktikum für Informatiker (Sammlung Informatik). DM 10,80
86 Selecta Mathematica III. Herausgegeben von K. Jacobs. DM 12,80
87 Hermes: Aufzählbarkeit, Entscheidbarkeit, Berechenbarkeit. 2., revidierte Auflage. DM 14,80
91 Bauer/Goos: Informatik. Eine einführende Übersicht II. (Sammlung Informatik). DM 12,80
98 Selecta Mathematica IV. Herausgegeben von K. Jacobs. DM 14,80
99 Deussen: Halbgruppen und Automaten. DM 11,80
103 Diederich/Remmert: Funktionentheorie I. DM 14,80
105 Stoer: Einführung in die Numerische Mathematik I. DM 14,80
107 Klingenberg: Eine Vorlesung über Differentialgeometrie. DM 14,80
108 Schäfke/Schmidt: Gewöhnliche Differentialgleichungen. DM 14,80
110 Walter: Gewöhnliche Differentialgleichungen. DM 14,80
114 Stoer/Bulirsch: Einführung in die Numerische Mathematik II. DM 14,80
127 Schecher: Funktioneller Aufbau digitaler Rechenanlagen (Sammlung Informatik) DM 16,80

Preisänderungen vorbehalten